普通高等教育电子信息类系列教材
江苏省一流本科课程配套教材

数字信号处理

主　编　李洪均
副主编　李蕴华　高月红
参　编　陈俊杰　赵灵冬

机 械 工 业 出 版 社

本书系统介绍了数字信号处理的基本理论和方法，主要内容包括离散时间信号与系统、z 变换和离散时间傅里叶变换、离散傅里叶变换、快速傅里叶变换、数字滤波器的结构、无限长冲激响应数字滤波器设计、有限长冲激响应数字滤波器设计。

本书可以作为电子信息工程、通信工程、电子科学与技术、电气工程及其自动化、物联网工程等本科专业“数字信号处理”课程的教材，也可以作为相关专业研究生入学考试的参考书，同时可为从事相关领域工作的工程技术人员提供参考。

图书在版编目（CIP）数据

数字信号处理／李洪均主编．—北京：机械工业出版社，2022.5
普通高等教育电子信息类系列教材
ISBN 978-7-111-70506-2

Ⅰ．①数…　Ⅱ．①李…　Ⅲ．①数字信号处理-高等学校-教材
Ⅳ．①TN911.72

中国版本图书馆 CIP 数据核字（2022）第 058018 号

机械工业出版社（北京市百万庄大街 22 号　邮政编码 100037）
策划编辑：路乙达　　责任编辑：路乙达　王　荣
责任校对：潘　蕊　李　婷　封面设计：张　静
责任印制：李　昂
北京捷迅佳彩印刷有限公司印刷
2022 年 8 月第 1 版第 1 次印刷
184mm×260mm · 13.5 印张 · 334 千字
标准书号：ISBN 978-7-111-70506-2
定价：43.00 元

电话服务　　网络服务
客服电话：010-88361066　机　工　官　网：www.cmpbook.com
010-88379833　机　工　官　博：weibo.com/cmp1952
010-68326294　金　书　网：www.golden-book.com

机工教育服务网：www.cmpedu.com

前　言

数字信号处理是一门电子信息类专业课程，其指导思想是培养学生从整体的角度认识、研究和解决信号处理工程问题的能力，为学生在信号处理工程领域研究和开发奠定基础。地方本科院校承担着培养应用型人才的重任，这就要求培养的人才应具有较强的实操能力和工程能力。结合课程特点和相关技术，本书内容分为基础理论、算法分析、软件仿真三大部分，各部分之间相互渗透，联系紧密。

本书全面介绍了数字信号处理的基本理论和方法，主要内容包括离散时间信号与系统、z变换和离散时间傅里叶变换、离散傅里叶变换、快速傅里叶变换、数字滤波器的结构、无限长冲激响应数字滤波器设计、有限长冲激响应数字滤波器设计。本书内容针对性强，可供学生进行课内外的实习实训、项目设计等，让学生体会“学中做，做中学”的乐趣，达到专业课程的教学目的，保证人才培养目标的实现。

本书为江苏省首批省一流本科课程配套教材，读者可登录中国大学MOOC网（www. icourse163. org）进行辅助学习。

本书由李洪均任主编，李蕴华、高月红任副主编，陈俊杰、赵灵冬参与编写。其中，李洪均负责规划、组织和统稿，并编写绪论、第5章和第7章，李蕴华负责编写第1、第2章，高月红负责编写第3章，陈俊杰负责编写第4章，赵灵冬负责编写第6章。申栩林、罗圣钦、陈金怡、孙晓虎、李超波、李嘉信等研究生参与了部分书稿的资料整理、图表绘制和程序校验等工作。感谢参考文献中所列文献的各位作者，以及众多未能在参考文献中一一列出的作者，正是因为他们在各自领域发表的独到见解和做出的特别贡献为编者提供了宝贵而丰富的参考资料，使本书在总结现有成果、汲取各家之长的基础上得以提升。

本书的编写得到了国家一流本科专业建设点资助，在此表示衷心感谢。

随着信息技术的发展，硬件设备的不断更新换代，数字信号处理也处于不断发展的阶段。限于自身的水平和学识，书中难免存在疏漏和错误之处，诚望读者不吝赐教，以利修正，让更多的读者获益。联系电子邮箱：lihongjun@ ntu. edu. cn。

编　者

目　录

绪　　论

导读

数字信号处理是高等院校电子信息工程、电子信息科学与技术、通信工程、自动化、生物医学工程、测控技术与仪器、电子科学与技术、计算机科学与技术等专业的一门重要的专业基础课程。随着信息时代的发展，数字信号处理理论与技术日益完善，已成为一门重要的学科与技术，其应用领域日益扩大，几乎遍及工程技术的各个方面。

数字信号处理是指利用数字计算机或专用数字硬件，对数字信号所进行的一切变换或按预定规则所进行的一切加工处理运算，例如滤波、检测、参数提取、频谱分析等。数字信号处理可狭义理解为数字信号处理器（Digital Signal Processor，DSP），也可广义理解为数字信号处理（Digital Signal Processing，DSP）技术。本书讨论的是广义的理解。

【本章教学目标与要求】

- 理解数字信号处理的基本概念。
- 了解数字信号处理的研究内容和实现方法。
- 了解数字信号处理的系统构成和应用。
- 数字信号处理的优点。

0.1　数字信号处理的研究内容

数字信号处理主要研究以下内容：信号的采集和数字化，包括抽样、量化；信号的分析，包括信号描述与运算、z变换、离散傅里叶变换（Discrete Fourier Transform，DFT）、希尔伯特（Hilbert）变换、离散余弦变换（Discrete Cosine Transform，DCT）、离散小波变换（Discrete Wavelet Transform，DWT）、快速傅里叶变换（Fast Fourier Transform，FFT）、快速卷积、相关算法、信号建模、特征估计（自相关函数、功率谱估计）；数字滤波器设计理论，包括无限长冲激响应（Infinite Impulse Response，IIR）数字滤波器设计、有限长冲激响应（Finite Impulse Response，FIR）数字滤波器设计和卡尔曼滤波器设计理论等。

0.2　数字信号处理的实现方法

数字信号处理的主要对象是数字信号，采用数值运算的方法达到处理目的。因此，其实现方法不同于模拟信号的实现方法，基本上可以分成三种，即软件实现方法、硬件实现方法和片上实现方法。软件实现方法指的是按照原理和算法，自己编写程序或者采用现成的程序在通用计算机上实现。硬件实现是按照具体的要求和算法，设计硬件结构图，用乘法器、加法器、延时器、控制器、存储器以及输入输出接口等基本部件实现的一种方法。片上系统实现方法包含数字和模拟电路、模拟和数字转换电路、微处理器、微控制器以及数字信号处理器等。片上系统设计以组装为基础，采用自上至下的设计方法，设计过程中大量重复使用自行设计或第三方拥有知识产权（IP）的模块。

0.3　数字信号处理系统构成

数字信号处理系统构成如图 0-1 所示，前置抽样滤波器也称为抗混叠滤波器，将输入信号 $x_a(t)$ 中高于某一频率（称为折叠频率，等于抽样频率的一半）的分量加以滤除。模拟信号经由 A/D 转换器产生一个二进制流。在 A/D 转换器中每隔 T 秒（抽样周期）取出一次 $x_a(t)$ 的幅度，抽样后的信号 $x(n)$ 成为离散信号。数字信号处理器按照预定要求，对数字信号序列 $x(n)$ 按一定的要求加工处理（滤波、运算等），得到输出信号 $y(n)$。一个二进制流经由 D/A 转换器产生一个阶梯波形，这是形成模拟信号的第一步。后置的模拟滤波器把阶梯波形平滑成预期的模拟信号，以滤除掉不需要的高频分量，生成所需的模拟信号$y_a(t)$。

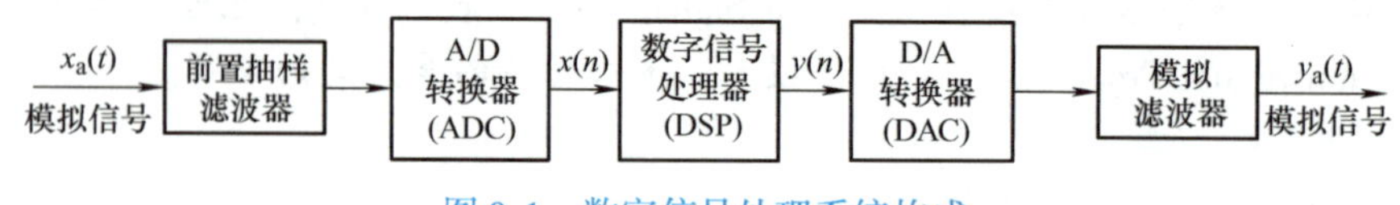

图 0-1　数字信号处理系统构成

0.4　数字信号处理的典型应用

数字信号处理被广泛地应用于各行各业，在机械制造中，基于 FFT 算法的频谱分析仪用于振动分析和机械故障诊断；医学中使用数字信号处理技术对心电和脑电等生物电信号做分析和处理；数字音频广播广泛使用数字信号处理技术。

1）语音处理：语音编码、语音合成、语音识别、语音增强、语音邮件和语音存储等。

2）图像/图形：二维和三维图形处理、图像压缩与传输。

3）军事：保密通信、雷达处理、声呐处理、导航、全球定位、跳频电台、搜索与反搜索等。

4）仪器仪表：频谱分析、函数发生、数据采集和地震信号处理。

5）自动控制：控制、深空作业、自动驾驶、机器人控制和磁盘控制等。

6）医疗：助听、超声设备、诊断工具、病人监护和心电图等。

7）家用电器：数字音响、数字电视、可视电话、音乐合成、音调控制、玩具与游戏等。

0.5　数字信号处理的优点

数字信号处理采用数字系统完成信号处理的任务，它具有数字系统的一些共同优点，例如抗干扰、可靠性强，便于大规模集成等。除此以外，与传统的模拟信号处理方法相比，它还具有以下明显的优点：

1）精度高。在模拟系统的电路中，通常模拟元器件的精度很难达到 10^{-3} 数量级以上；

而数字处理系统的精度取决于系统的字长，只要 16 位字长精度就可达到 10^{-5}。现在计算机的字长一般都在 32 位及以上，如基于 DFT 的数字式频谱分析仪，其幅度精度和频率分辨率均远远高于模拟式频谱分析仪。

2）灵活性强。数字信号处理采用了专用或通用的数字系统，其性能取决于运算程序和乘法器的各系数，这些均存储在数字系统中，只要改变运算程序或系数，即可改变系统的特性参数，比改变模拟系统方便得多。

3）稳定性高。模拟系统中，元器件的值会随环境变化，造成系统性能不稳定。数字系统中，只有“0”和“1”两种电平，一般不随环境条件变化，工作稳定。

4）易于大规模集成。数字器件由于具有高度的规范性，便于大规模集成和生产，相对于模拟集成电路具有体积小、功能强、功耗小和使用方便等优点。

5）可进行二维和多维处理。数字信号处理利用庞大的存储单元，可以存储二维的图像信号或多维的阵列信号，实现二维或多维的滤波及频谱分析。

第 1 章　离散时间信号与系统

导读

信号是信息的载体，对信号进行分析的目的在于揭示信号的自身特性，以便有效地对信息进行传输、加工和处理，实现应用。信号通常是一个或几个自变量的函数，比如一维的语音信号、二维的图像信号。按时间变量的取值形式，信号可分为连续时间信号和离散时间信号。连续时间信号是指信号的时间变化范围是连续的，而离散时间信号是指信号的时间变化范围是不连续的。本章主要讨论一维离散时间信号的时域分析方法，包括信号的时域描述、典型信号的特点、信号的基本运算等。

处理离散时间信号的系统称为离散时间系统。离散时间系统的作用是处理离散时间信号，以达到所需要的目的。因此，离散时间信号的处理，其核心是离散时间系统的设计。为了理解并设计离散时间系统，需要知道离散时间系统的时域特性，这就是本章讨论的另外一个主要内容，包括离散时间系统的线性/时不变性/因果性/稳定性判断、单位抽样响应的概念及运用卷积求解系统响应的方法、差分方程的概念和求解方法、时域抽样定理等。

【本章教学目标与要求】

- 掌握序列的概念及几种典型序列的定义，掌握序列的基本运算，并会判断序列的周期性。
- 掌握线性/时不变性/因果性/稳定性的离散时间系统的特点并会判断，掌握线性时不变系统具有因果性/稳定性的充要条件。
- 掌握卷积的定义及求解过程，掌握运用卷积求解系统响应的方法。
- 理解离散时间系统的差分方程描述及响应的求解方法。
- 了解连续时间信号的时域抽样过程，掌握时域抽样定理，了解抽样的恢复过程。

1.1　离散时间信号——序列

对连续时间信号 $x_a(t)$ 进行等间隔抽样，设抽样间隔为 T，则可以得到：$x_a(nT)=x_a(t)\big|_{t=nT}$，$n$ 取整数，且 $-\infty<n<\infty$。当 n 取不同的值时，$x_a(nT)$ 构成了有序的数字序列，称之为离散时间信号，简称为序列。通常信号的数据先被记录下来，然后用计算机或者专用信号处理器进行处理和分析，所以 nT 不代表具体的时刻，只表明离散时间信号的先后顺序。为简化，$x_a(nT)$ 中的抽样间隔 T 可以不写，故序列可记作 $x(n)$，$-\infty<n<\infty$。

序列可以用函数表达式表示，如：$x(n)=\sin(0.5\pi n)$，亦可以用波形表示，或用集合表示，如 $x(n)=\{\cdots,1,\underset{\uparrow}{2},5,\cdots\}$。在集合表示方法中，箭头指向的是 $n=0$ 时的信号值。

1.1.1　典型序列

1. 单位抽样序列 $\delta(n)$

单位抽样序列也称为单位脉冲序列、单位采样序列，或简称为单位序列，定义为

$$\delta(n)=\begin{cases}0, & n\neq 0\\1, & n=0\end{cases} \tag{1-1}$$

单位抽样序列 $\delta(n)$ 类似于连续信号和系统中的单位冲激函数 $\delta(t)$，但不同于 $\delta(t)$ 的是，$\delta(n)$ 在 $n=0$ 时取值是 1，不是∞。单位抽样序列的波形如图 1-1 所示。

$\delta(n)$ 的移位序列 $\delta(n-m)$ 定义为

$$\delta(n-m)=\begin{cases}0, & n\neq m\\1, & n=m\end{cases} \tag{1-2}$$

式中　m——序列移位的序数（点数）。

用 $\delta(n)$ 可以表示任意的序列，如

$$x(n)=\sum_{k=-\infty}^{\infty}x(k)\delta(n-k) \tag{1-3}$$

比如 $x(n)=\{2,\underset{\uparrow}{3},0,1\}$，用 $\delta(n)$ 可表示为 $x(n)=2\delta(n+1)+3\delta(n)+\delta(n-2)$。

2. 单位阶跃序列 $u(n)$

单位阶跃序列 $u(n)$ 定义为

$$u(n)=\begin{cases}1, & n\geqslant 0\\0, & n<0\end{cases} \tag{1-4}$$

其波形如图 1-2 所示。

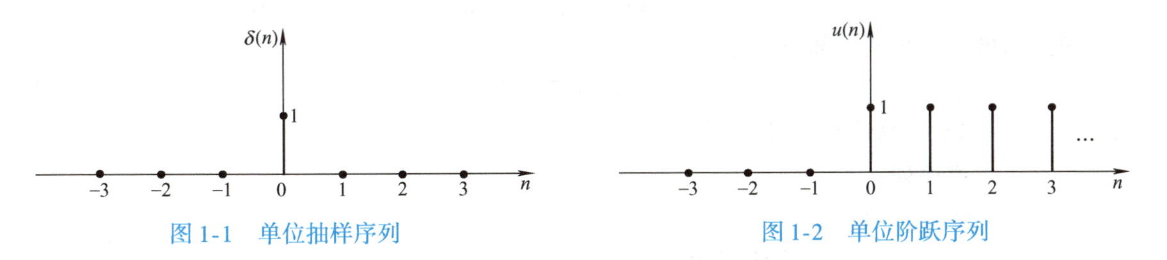

图 1-1　单位抽样序列　　图 1-2　单位阶跃序列

$u(n)$ 的移位序列 $u(n-m)$ 定义为

$$u(n-m)=\begin{cases}1, & n\geqslant m\\0, & n<m\end{cases} \tag{1-5}$$

单位阶跃序列 $u(n)$ 和单位抽样序列 $\delta(n)$ 的关系是

$$u(n)=\delta(n)+\delta(n-1)+\delta(n-2)+\cdots=\sum_{i=0}^{\infty}\delta(n-i)=\sum_{k=-\infty}^{n}\delta(k) \tag{1-6}$$

$$\delta(n)=u(n)-u(n-1) \tag{1-7}$$

3. 矩形序列 $R_N(n)$

矩形序列的定义为

$$R_N(n)=\begin{cases}1, & 0\leqslant n\leqslant N-1\\0, & \text{其他}\end{cases} \tag{1-8}$$

式中　N——矩形序列的长度。

矩形序列的波形如图 1-3 所示。

矩形序列用阶跃序列表示为

$$R_N(n) = u(n) - u(n-N) \quad (1\text{-}9)$$

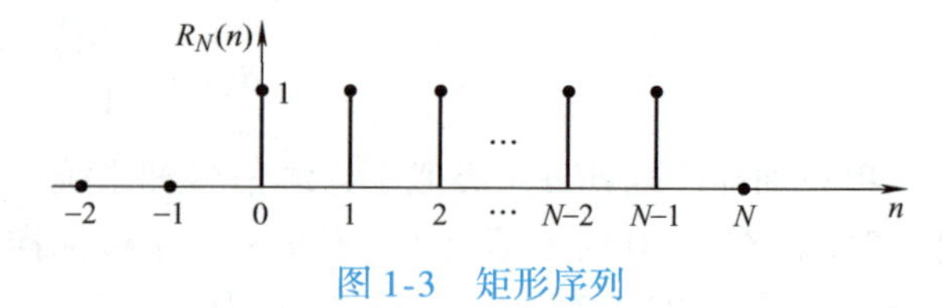

图 1-3 矩形序列

4. 实指数序列

$$x(n) = a^n u(n) \quad (1\text{-}10)$$

式中 a——实数且不为 0。

如果$|a|<1$，则 $x(n)$ 收敛；如果$|a|>1$，则 $x(n)$ 发散。如果 $a>0$，则 $x(n)$ 均为正值；如果 $a<0$，则 $x(n)$ 的值正负摆动。图 1-4 给出了 $a>1$ 及 $0<a<1$ 时实指数序列的波形。

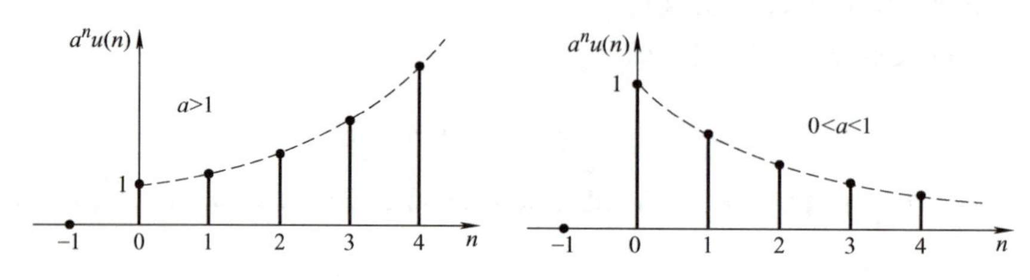

图 1-4 实指数序列

5. 复指数序列

$$x(n) = e^{(\sigma + j\omega_0)n} \quad (1\text{-}11)$$

复指数序列可以分解为实部和虚部两个部分，即

$$x(n) = e^{\sigma n}\cos(\omega_0 n) + je^{\sigma n}\sin(\omega_0 n) \quad (1\text{-}12)$$

或者分解为模和辐角两个部分，即

$$x(n) = e^{\sigma n} e^{j\omega_0 n} \quad (1\text{-}13)$$

式中 ω_0——数字域频率（rad）

$e^{\sigma n}$——模序列；

$\omega_0 n$——辐角序列。

当 $\sigma = 0$ 时，$x(n) = e^{j\omega_0 n}$为纯虚指数序列。

6. 正弦序列

$$x(n) = \sin(\omega n) \quad (1\text{-}14)$$

式中 ω——正弦序列的数字域频率（rad）。

正弦序列的波形如图 1-5 所示。

由于 n 无量纲，故 ω 的单位是弧度（rad）。ω 表示序列变化的速率，具体地讲，就是表示相邻的两个样点间变化的弧度数。

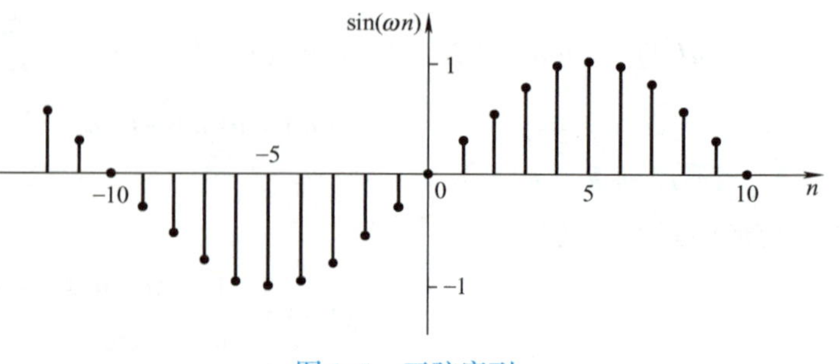

图 1-5 正弦序列

正弦序列 $x(n)$ 可以看作通过对连续正弦信号 $x_a(t) = \sin(\Omega t)$ 抽样得到的，故

$$x(n) = x_a(t)\big|_{t=nT} = \sin(\Omega nT) = \sin(\omega n) \quad (1\text{-}15)$$

式中　T——抽样间隔（s）;

Ω——模拟角频率（rad/s）;

ω——数字域频率（rad）。

由此可以得到 ω 和 Ω 之间的关系为

$$\omega=\Omega T=\Omega/f_s=2\pi f/f_s \tag{1-16}$$

式中　f——连续正弦信号的频率;

f_s——抽样频率。

1.1.2　周期序列

如果对于所有的 n，都存在一个最小的正整数 N，使等式

$$x(n)=x(n+rN),\quad r=0,\pm1,\pm2,\cdots \tag{1-17}$$

成立，则称序列 $x(n)$ 为周期序列，N 称为周期。

连续正弦信号 $x_a(t)=\sin(\Omega_0 t)$ 一定是周期信号，其周期为 $T_0=2\pi/\Omega_0$。正弦序列则不一定具有周期性。下面讨论正弦序列具有周期性的条件及周期的计算方法。

设 $x(n)=\sin(\omega_0 n)$，则

$$x(n+N)=\sin[\omega_0(n+N)]=\sin(\omega_0 n+\omega_0 N)$$

要使 $x(n+N)=x(n)$，则要求 $\omega_0 N=2\pi k$，即

$$N=\frac{2\pi}{\omega_0}k \tag{1-18}$$

式(1-18) 中，k 和 N 都是整数，k 的取值必须保证 N 是最小正整数，此时的 N 即是正弦序列的周期。

下面分三种情况讨论：

1）当 $2\pi/\omega_0$ 是整数的时候，则正弦序列的周期 $N=2\pi/\omega_0$，此时 $k=1$。例如：$x(n)=\sin(0.25\pi n)$，$\omega_0=0.25\pi$，$2\pi/\omega_0=8$，该正弦序列的周期 $N=8$。

2）当 $2\pi/\omega_0$ 不是整数且是有理数时，设 $2\pi/\omega_0=P/Q$，其中 P 和 Q 是互为素数的正整数，则正弦序列的周期 $N=(2\pi/\omega_0)k=(P/Q)k=P$，此时 $k=Q$。例如：$x(n)=\sin(7\pi n/3)$，$2\pi/\omega_0=6/7$，周期 $N=(2\pi/\omega_0)k=(6/7)\times7=6$（$k$ 取 7）。

3）当 $2\pi/\omega_0$ 是无理数时，任何整数 k 都不能使（$2\pi/\omega_0)k$ 为正整数，此时正弦序列不是周期序列。例如：$x(n)=\sin(0.3n)$，找不到整数 k 使（$2\pi/\omega_0)k$ 为正整数，故该序列是非周期序列。

由于复指数序列 $e^{j\omega_0 n}=\cos(\omega_0 n)+j\sin(\omega_0 n)$，故其周期性的讨论及周期值的确定，可采用以上相同的方法。

1.1.3　序列的运算

信号处理是通过对序列做各种运算来实现的，下面介绍几种基本的序列运算。

1. 序列的相加、相乘

（1）相加　对 $x(n)$ 和 $y(n)$ 相同序号 n 下的序列值逐项对应相加，从而构成了新的序列 $z(n)$。

$$z(n)=x(n)+y(n) \tag{1-19}$$

（2）相乘　对 $x(n)$ 和 $y(n)$ 相同序号 n 下的序列值逐项对应相乘，从而构成了新的序列 $f(n)$。

$$f(n)=x(n)y(n) \tag{1-20}$$

2. 序列的移位、翻转及时间尺度变换

（1）移位　将序列 $x(n)$ 水平移位 n_0 个序数，变为序列 $x(n-n_0)$。当 $n_0>0$ 时，序列右移 n_0 个序数；当 $n_0<0$ 时，序列左移 $|n_0|$ 个序数。

（2）翻转（翻褶）　将序列 $x(n)$ 以 $n=0$ 的纵轴为对称轴左右反褶，生成序列 $x(-n)$。

（3）时间尺度变换　将序列 $x(n)$ 沿水平方向压缩或者扩展，生成序列 $x(an)$。若 $|a|>1$，则实现序列的压缩；若 $|a|<1$，则实现序列的扩展。时间尺度变换常用于上抽样变换及下抽样变换。

3. 序列绝对值之和、序列的能量

（1）序列绝对值之和　若序列为 $x(n)$，则

$$S=\sum_{n=-\infty}^{\infty}|x(n)| \tag{1-21}$$

被称为序列的绝对值之和。

若 $S<\infty$，则 $x(n)$ 为绝对可和序列。

（2）序列的能量　序列 $x(n)$ 的能量定义为

$$E=\sum_{n=-\infty}^{\infty}|x(n)|^2 \tag{1-22}$$

若 $E<\infty$，则 $x(n)$ 为平方可和序列。

4. 序列的卷积和

$x(n)$ 和 $h(n)$ 的卷积和 $y(n)$ 定义为

$$y(n)=x(n)*h(n)=\sum_{m=-\infty}^{\infty}x(m)h(n-m) \tag{1-23}$$

此运算将在 1.2.3 节进行讨论。

1.2　离散时间系统

假设离散时间系统的输入为 $x(n)$，通过某种变换或运算，得到输出序列 $y(n)$。将运算关系用 $T[\cdot]$ 表示，则系统的输入、输出关系可以表示为

$$y(n)=T[x(n)] \tag{1-24}$$

其框图如图 1-6 所示。

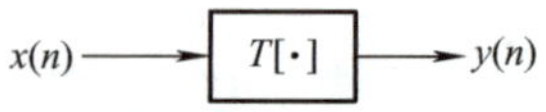

$x(n)$ → $T[\cdot]$ → $y(n)$

图 1-6　离散时间系统框图

1.2.1　线性系统

满足叠加原理的系统称为线性系统。叠加原理包含两层含义，即可加性和比例性（齐次性）。设 $x_1(n)$、$x_2(n)$ 作为输入信号时系统的输出分别为 $y_1(n)$、$y_2(n)$，即 $y_1(n)=T[x_1(n)]$，$y_2(n)=T[x_2(n)]$。

可加性表明

$$T[x_1(n)+x_2(n)]=y_1(n)+y_2(n) \tag{1-25}$$

比例性表明

$$\begin{cases}T[a_1x_1(n)]=a_1\,y_1(n)\\T[a_2x_2(n)]=a_2\,y_2(n)\end{cases} \tag{1-26}$$

式中　a_1、a_2——任意常数。

综合式(1-25) 和式(1-26) 可以得到线性系统必须满足以下条件：

$$T[a_1x_1(n)+a_2x_2(n)]=a_1T[x_1(n)]+a_2T[x_2(n)]=a_1\,y_1(n)+a_2\,y_2(n) \tag{1-27}$$

若系统不满足式(1-27)，则该系统为非线性系统。

例 1-1　判断 $y(n)=[x(n)]^2$ 所代表的系统是否为线性系统。

解： $y_1(n)=T[x_1(n)]=[x_1(n)]^2$

$y_2(n)=T[x_2(n)]=[x_2(n)]^2$

$y(n)=T[x_1(n)+x_2(n)]=[x_1(n)+x_2(n)]^2$

$y(n)\neq y_1(n)+y_2(n)$

故不满足可加性，该系统不是线性系统。

1.2.2　时不变系统

如果系统对输入的运算关系 $T[\cdot]$不随时间发生变化，即系统的响应与激励加于系统的时刻无关，这样的系统称为时不变系统，其数学表示如下：

$$\begin{cases}T[x(n)]=y(n)\\T[x(n-n_0)]=y(n-n_0)\end{cases} \tag{1-28}$$

这说明不管输入信号作用的时间先后，输出信号的波形形状都相同，只是出现的时刻不同而已。

例 1-2　判断 $y(n)=nx(n)$ 是否为时不变系统。

解： $y(n)=T[x(n)]=nx(n)$

由于 $T[x(n-n_0)]=nx(n-n_0)\neq y(n-n_0)$，所以该系统不是时不变系统。

1.2.3　线性时不变系统

如果一个系统同时满足线性特性和时不变特性，那么该系统被称为线性时不变（Linear Time Invariant，LTI）系统或者线性移不变（Linear Shift Invariant，LSI）系统。

单位抽样响应 $h(n)$ 是线性时不变系统的一种重要表示法。单位抽样响应（也称为单位取样响应、单位脉冲响应、单位冲激响应）是输入为单位抽样序列 $\delta(n)$ 时系统的输出（或响应），即

$$h(n)=T[\delta(n)] \tag{1-29}$$

设系统的输入为 $x(n)$，由式(1-3) 可知，任意序列可以用延时单位抽样序列的加权表示，即

$$x(n)=\sum_{m=-\infty}^{\infty}x(m)\delta(n-m)$$

则系统的输出为

$$y(n)=T[x(n)]=T\left[\sum_{m=-\infty}^{\infty}x(m)\delta(n-m)\right]$$

根据线性系统的可加性，则

$$y(n)=\sum_{m=-\infty}^{\infty}x(m)T[\delta(n-m)]$$

根据时不变性质，得出

$$y(n)=\sum_{m=-\infty}^{\infty}x(m)h(n-m)=x(n)*h(n) \tag{1-30}$$

即 LTI 系统的响应等于输入和该系统的单位抽样响应的卷积和。卷积和也可以简称为卷积，为区别于其他种类的卷积，这种卷积也称为“线性卷积”。

可以看出，若对式(1-30) 进行换元，令 $k=n-m$，则可以得到

$$y(n)=\sum_{k=-\infty}^{\infty}x(n-k)h(k)=h(n)*x(n) \tag{1-31}$$

由此可见，在计算卷积时，参与卷积运算的两个信号的位置可以互换。

下面介绍卷积运算的求解过程。

根据式(1-30)，卷积运算的步骤如下：

1）将 $x(n)$ 和 $h(n)$ 中的变量 n 换成 m，用 $x(m)$ 和 $h(m)$ 表示，并将 $h(m)$ 进行翻褶，生成 $h(-m)$。

2）将 $h(-m)$ 位移 n 点得到 $h(n-m)$。若 $n>0$，则将 $h(-m)$ 右移 n 点；若 $n<0$，则将 $h(-m)$ 左移 $|n|$ 点；若 $n=0$，则不移位，$h(n-m)=h(0-m)=h(-m)$。

3）将 $x(m)$ 和 $h(n-m)$ 相同 m 下的序列值对应相乘，再逐次相加，便可得到该 n 下的 $y(n)$ 的值。重复上述过程，可以得到不同 n 下的 $y(n)$ 的值，从而求出 $x(n)$ 和 $h(n)$ 的卷积。

例 1-3　LTI 系统的单位抽样响应 $h(n)=a^n u(n)$，输入 $x(n)=u(n)-u(n-N)$。求该系统的响应 $y(n)$。

解： 系统的响应 $y(n)$ 等于 $x(n)$ 与 $h(n)$ 的卷积，本例题根据式(1-30) 计算卷积。

卷积运算是对 m 进行运算，先将 $h(n)$ 和 $x(n)$ 波形的横轴由 n 轴改为 m 轴，再将 $h(m)$ 翻褶变为 $h(-m)$，并位移 n 点，根据 n 不同的取值范围，由公式 $y(n)=\sum_{m=-\infty}^{\infty}x(m)h(n-m)$ 计算出相应的 $y(n)$ 的值或表达式。

1）当 $n<0$ 时，$x(m)$ 和 $h(n-m)$ 没有任何交叠，所以 $y(n)=0$。

2）当 $0\leqslant n\leqslant N-1$ 时，$m=0$ 到 $m=n$ 范围内 $x(m)$ 和 $h(n-m)$ 有交叠，每个 m 点处相乘后的值不为 0，$y(n)=\sum_{m=0}^{n}a^{n-m}=a^n\sum_{m=0}^{n}a^{-m}=a^n\frac{1-a^{-(n+1)}}{1-a^{-1}}=\frac{1-a^{n+1}}{1-a}$。

3）当 $n\geqslant N$ 时，$m=0$ 到 $m=N-1$ 范围内 $x(m)$ 和 $h(n-m)$ 有交叠，每个 m 点处相乘后的值不为 0，$y(n)=\sum_{m=0}^{N-1}a^{n-m}=a^n\sum_{m=0}^{N-1}a^{-m}=a^n\frac{1-a^{-N}}{1-a^{-1}}=\frac{a^{n-N+1}-a^{n+1}}{1-a}$。

图 1-7 给出了卷积计算的过程演示及计算结果。

当 $x(n)$、$h(n)$ 是有限长序列时，两者的卷积 $y(n)$ 也是有限长的，若 $x(n)$ 的取值在 $n=n_1\sim n_2$ 之间，其长度为 M，$h(n)$ 的取值在 $n=n_3\sim n_4$ 之间，其长度为 N，则 $y(n)$ 的取值在 $n=(n_1+n_3)\sim(n_2+n_4)$ 之间，且长度 $L=M+N-1$。

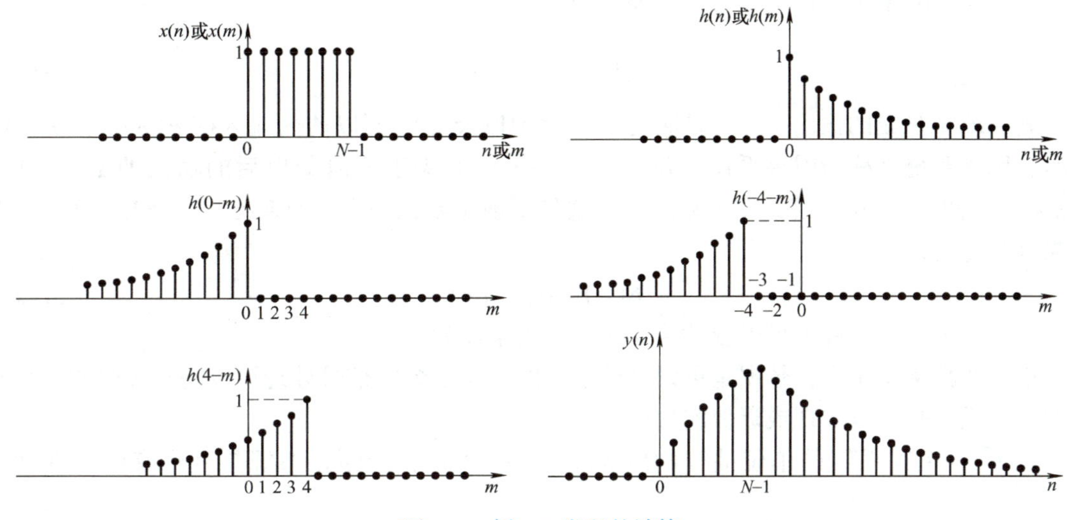

图 1-7　例 1-3 卷积的计算

当两个序列是有限长序列时，也可以采用对位相乘相加的方法计算卷积。

例 1-4　$x(n)=\{\underset{\uparrow}{3},2,3,1\}$，$h(n)=\{-2,\underset{\uparrow}{1},4\}$，求 $y(n)=x(n)*h(n)$。

解：

$x(n)$：			3	2	3	1
$h(n)$：				−2	1	4
			12	8	12	4
		3	2	3	1	
	−6	−4	−6	−2		
	−6	−1	8	9	13	4

由于 $x(n)$ 的取值区间为 $n=0\sim3$，$h(n)$ 的取值区间为 $n=-1\sim1$，故 $y(n)$ 的取值区间为 $n=-1\sim4$，$y(n)$ 的长度为 6，$y(n)=\{-6,\underset{\uparrow}{-1},8,9,13,4\}$。

卷积服从交换律、分配率和结合律，用公式表示分别如下：

$$x(n)*h(n)=h(n)*x(n) \tag{1-32}$$

$$x(n)*[h_1(n)+h_2(n)]=x(n)*h_1(n)+x(n)*h_2(n) \tag{1-33}$$

$$x(n)*[h_1(n)*h_2(n)]=[x(n)*h_1(n)]*h_2(n) \tag{1-34}$$

另外，任一序列和单位抽样序列相卷积，等于序列本身，即

$$x(n)*\delta(n)=x(n) \tag{1-35}$$

任一序列和移位的单位抽样序列相卷积，其结果等于序列的移位，即

$$x(n)*\delta(n-n_0)=x(n-n_0) \tag{1-36}$$

1.2.4 稳定系统和因果系统

当系统的输入有界时，输出必定有界，这样的系统被称为稳定系统。LTI 系统稳定的充要条件是系统的单位抽样响应绝对可和，即

$$\sum_{n=-\infty}^{\infty} |h(n)| < \infty \tag{1-37}$$

若系统 n 时刻的输出 $y(n)$ 只取决于 n 时刻以及 n 时刻以前的输入即 $x(n)$、$x(n-1)$ 等时，则该系统被称为因果系统。反之，若 $y(n)$ 取决于 n 时刻以后的输入即 $x(n+1)$、$x(n+2)$ 等时，则该系统是非因果系统，这是不现实或无法实现的系统。一个 LTI 系统具有因果性的充要条件是

$$h(n)=0,\quad n<0 \tag{1-38}$$

以上这个充要条件也可以叙述为 $h(n)$ 是因果序列。

由于在数字系统中，数据是可以存储起来的，所以数字信号处理可以是非实时的，故有些非因果系统是可以实现或近似实现的。

例 1-5 LTI 系统的单位抽样响应 $h(n)=2^n u(n)$，判断该系统是否具有稳定性和因果性。

解： 由于 $\sum_{n=-\infty}^{\infty} |h(n)| = \sum_{n=-\infty}^{\infty} |2^n u(n)| = \sum_{n=0}^{\infty} 2^n \to \infty$，所以该系统不具有稳定性。由于 $h(n)$ 在 $n<0$ 时其值为 0，所以该系统具有因果性。

1.2.5 系统的差分方程描述

离散时间系统的输入和输出关系，可以用差分方程来描述。若是 LTI 离散时间系统，则用常系数的线性差分方程来描述。一个 N 阶的常系数线性差分方程的一般形式为

$$\sum_{k=0}^{N} a_k y(n-k) = \sum_{m=0}^{M} b_m x(n-m) \tag{1-39}$$

其中，a_0，a_1，…，a_N 及 b_0，b_1，…，b_M 都是常数。所谓线性方程是指输出 $y(n-k)$ 项和输入 $x(n-m)$ 项都只是一次幂且不存在它们的相乘项，否则就是非线性的方程。

在时域法求解中，由输入序列求解差分方程得到输出序列的方法有三种：

(1) 经典法　这种方法是先求出齐次解与特解的形式，然后由给定的边界条件得出齐次解中的待定系数，该方法计算烦琐，工程上很少使用。

(2) 迭代法　这种方法又称为递推法，方法简单，适合计算机求解，但不易得到闭合形式(解析形式)。

(3) 卷积和计算法　这种方法适用于起始状态为 0 的情况，求出的是零状态响应。

在变换域法求解中，先将差分方程通过 z 变换得到 z 域的方程，求出方程的解后再通过逆 z 变换得到时域形式的解，该方法简便且有效。

例 1-6 若系统的差分方程为 $y(n)+3y(n-1)+2y(n-2)=x(n)$，初始值 $y(0)=0$，$y(1)=2$，输入序列 $x(n)=2^n u(n)$。运用迭代法，求输出序列 $y(n)$。

解： $y(n)=-3y(n-1)-2y(n-2)+x(n)$

当 $n=2$ 时，$y(2)=-3y(1)-2y(0)+x(2)=-2$

当 $n=3$ 时，$y(3)=-3y(2)-2y(1)+x(3)=10$

⋮

可见，这种迭代法不易得出解析形式的输出序列 $y(n)$。

1.3　连续时间信号的抽样

要运用数字信号处理技术来处理连续时间信号，必须首先将连续时间信号转换为离散时间信号（序列）。在某些合理条件的限制下，一个连续时间信号可以用其抽样序列完全给予表示。本节将介绍抽样的过程，讨论对连续时间信号进行抽样后信号的频谱将发生怎样的变化，以及由抽样后的信号恢复出连续时间信号必须具备的条件等。

1.3.1　抽样过程

将连续时间信号变为离散时间信号最常用的方法是进行均匀抽样，即每隔固定的时间 T 抽取一个信号值。抽样器 S 可以看作是一个电子开关，每隔 T 秒开关短暂地闭合一次，将连续时间信号接通，实现一次抽样，如图 1-8a 所示。图中 $x_a(t)$ 代表输入的连续时间信号，$\hat{x}_a(t)$ 代表抽样后的输出信号。$x_a(t)$ 和 $\hat{x}_a(t)$ 的数学关系可表示为：$\hat{x}_a(t)=x_a(t)p(t)$，运算过程如图 1-8b 所示。$p(t)$ 是一个开关函数，在实际抽样的情况下，$p(t)$ 是宽度为 τ、周期为 T 的矩形脉冲串（$\tau \ll T$）。若令电子开关合上的时间 $\tau \to 0$，则变为理想抽样，此时上述的脉冲串变为等间隔的无限多项的单位冲激信号，即单位冲激串。本节对抽样的讨论都是基于这种理想的均匀抽样。

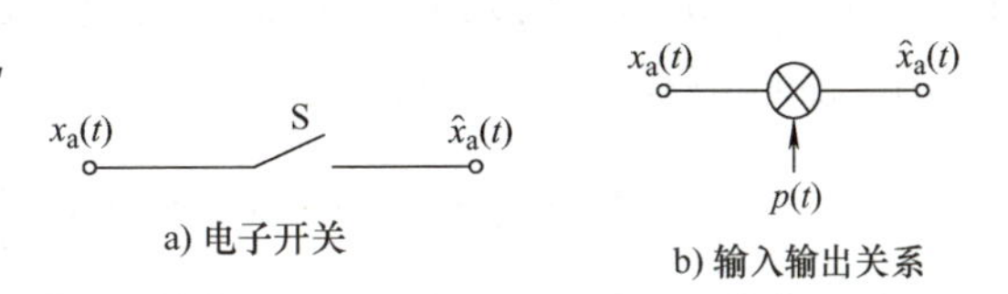

图 1-8　抽样过程

1.3.2　连续时间信号的理想抽样

1. 抽样过程的时域分析

在理想抽样中，开关函数 $p(t)$ 是周期性的单位冲激函数（单位冲激串），可表示为

$$p(t)=\delta_T(t)=\sum_{m=-\infty}^{\infty}\delta(t-mT) \tag{1-40}$$

式中　T——抽样周期或抽样间隔（s）。

把 $f_s=1/T$ 称为抽样频率，$\Omega_s=2\pi f_s=2\pi/T$ 称为抽样角频率。理想抽样信号（即经理想抽样后得到的输出）$\hat{x}_a(t)$ 为

$$\hat{x}_a(t)=x_a(t)p(t)=x_a(t)\delta_T(t)=x_a(t)\sum_{m=-\infty}^{\infty}\delta(t-mT)=\sum_{m=-\infty}^{\infty}x_a(mT)\delta(t-mT) \tag{1-41}$$

式(1-41) 表明，抽样信号 $\hat{x}_a(t)$ 是无穷多个单位冲激函数的加权组合，权值是 $x_a(t)$ 的各个抽样值。

理想抽样过程中各信号的波形如图 1-9 所示。

2. 抽样过程的频域分析

由傅里叶变换的频域卷积定理可知，时域相乘，则傅里叶变换域（频域）为卷积运算，对式(1-41)两边求傅里叶变换，得出 $\hat{x}_a(t)$ 的傅里叶变换为

$$\mathrm{FT}[\hat{x}_a(t)] = \hat{X}_a(\mathrm{j}\Omega) = \frac{1}{2\pi}[X_a(\mathrm{j}\Omega) * \Delta_T(\mathrm{j}\Omega)] \tag{1-42}$$

其中，$X_a(\mathrm{j}\Omega) = \mathrm{FT}[x_a(t)]$，$\Delta_T(\mathrm{j}\Omega) = \mathrm{FT}[\delta_T(t)]$。

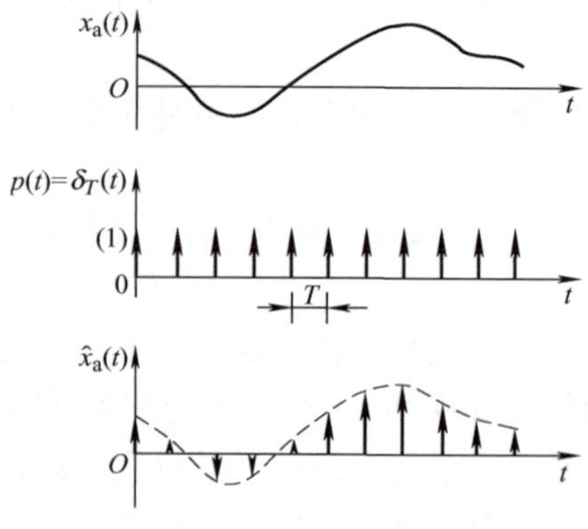

现在来求 $\Delta_T(\mathrm{j}\Omega) = \mathrm{FT}[\delta_T(t)]$。由于 $\delta_T(t)$ 是周期信号，故可以表示成傅里叶级数形式，即

$$\delta_T(t) = \sum_{k=-\infty}^{\infty} A_k \mathrm{e}^{\mathrm{j}k\Omega_s t} \tag{1-43}$$

图 1-9　理想抽样

式中　Ω_s——$\delta_T(t)$ 的角频率（或称为该级数的基频），$\Omega_s = 2\pi/T$。

傅里叶级数的系数 A_k 可表示为

$$A_k = \frac{1}{T}\int_{-\frac{T}{2}}^{\frac{T}{2}} \delta_T(t)\mathrm{e}^{-\mathrm{j}k\Omega_s t}\mathrm{d}t = \frac{1}{T}\int_{-\frac{T}{2}}^{\frac{T}{2}} \sum_{m=-\infty}^{\infty} \delta(t-mT)\mathrm{e}^{-\mathrm{j}k\Omega_s t}\mathrm{d}t \tag{1-44}$$

由于积分区间 $[-T/2, T/2]$ 范围内只存在一个冲激 $\delta(t)$，$m \neq 0$ 时 $\delta(t-mT)$ 都不在这个积分区间内，所以可以得到

$$A_k = \frac{1}{T}\int_{-\frac{T}{2}}^{\frac{T}{2}} \delta(t)\mathrm{e}^{-\mathrm{j}k\Omega_s t}\mathrm{d}t = \frac{1}{T}\int_{-\frac{T}{2}}^{\frac{T}{2}} \delta(t)\mathrm{d}t = \frac{1}{T} \tag{1-45}$$

将式(1-45) 代入式(1-43)，可求出

$$\delta_T(t) = \frac{1}{T}\sum_{k=-\infty}^{\infty} \mathrm{e}^{\mathrm{j}k\Omega_s t} \tag{1-46}$$

因此

$$\begin{aligned}\Delta_T(\mathrm{j}\Omega) &= \mathrm{FT}[\delta_T(t)] = \frac{1}{T}\sum_{k=-\infty}^{\infty}\mathrm{FT}[\mathrm{e}^{\mathrm{j}k\Omega_s t}] = \frac{1}{T}\sum_{k=-\infty}^{\infty} 2\pi\delta(\Omega - k\Omega_s) \\ &= \frac{2\pi}{T}\sum_{k=-\infty}^{\infty}\delta(\Omega - k\Omega_s) = \Omega_s\sum_{k=-\infty}^{\infty}\delta(\Omega - k\Omega_s)\end{aligned} \tag{1-47}$$

图 1-10 画出了周期性冲激串 $\delta_T(t)$ 的波形及其频谱 $\Delta_T(\mathrm{j}\Omega)$。

将式(1-47) 代入式(1-42) 可得

$$\begin{aligned}\hat{X}_a(\mathrm{j}\Omega) &= \frac{1}{2\pi}\left[X_a(\mathrm{j}\Omega) * \frac{2\pi}{T}\sum_{k=-\infty}^{\infty}\delta(\Omega - k\Omega_s)\right] \\ &= \frac{1}{T}\sum_{k=-\infty}^{\infty}[X_a(\mathrm{j}\Omega) * \delta(\Omega - k\Omega_s)] = \frac{1}{T}\sum_{k=-\infty}^{\infty} X_a[\mathrm{j}(\Omega - k\Omega_s)]\end{aligned} \tag{1-48}$$

或

$$\hat{X}_a(\mathrm{j}\Omega) = \frac{1}{T}\sum_{k=-\infty}^{\infty} X_a\left[\mathrm{j}\left(\Omega - k\frac{2\pi}{T}\right)\right] \tag{1-49}$$

式(1-48) 和式(1-49) 描述了在理想抽样情况下，抽样信号的频谱 $\hat{X}_a(\mathrm{j}\Omega)$ 和原连续信

号的频谱 $X_a(j\Omega)$ 之间的关系：

1）抽样信号的频谱 $\hat{X}_a(j\Omega)$ 是原连续信号频谱 $X_a(j\Omega)$ 的周期延拓，延拓的周期为 $\Omega_s=2\pi/T=2\pi f_s$。

2）$\hat{X}_a(j\Omega)$ 幅度是 $X_a(j\Omega)$ 幅度的 $1/T$。

可见，抽样信号的频谱是连续信号频谱以抽样角频率为周期进行无限项周期延拓的结果，这是信号抽样带来的最主要的变化。图 1-11 表示出了抽样前后频谱的这种变化。图 1-11a 是带限连续信号 $x_a(t)$ 的频谱，Ω_h 为该信号的最高截止角频率，即当 $|\Omega|\geqslant\Omega_h$ 时，$|X_a(j\Omega)|=0$。图 1-11b、c 分别表示在两种抽样角频率（$\Omega_s/2\geqslant\Omega_h$ 及 $\Omega_s/2<\Omega_h$）情况下得到的抽样信号的频谱。由图 1-11c 发现，当抽样角频率 Ω_s 较小（$\Omega_s/2<\Omega_h$）时，相邻的频谱在抽样角频率的一半（$\Omega_s/2$）处会产生混叠，运用式(1-49) 计算时，这区域的频谱会进行叠加，从而生成的抽样信号频谱与图 1-11b 中 Ω_s 较大（$\Omega_s/2\geqslant\Omega_h$）时的频谱有一定的差异。其中图 1-11b 中没有混叠现象产生。

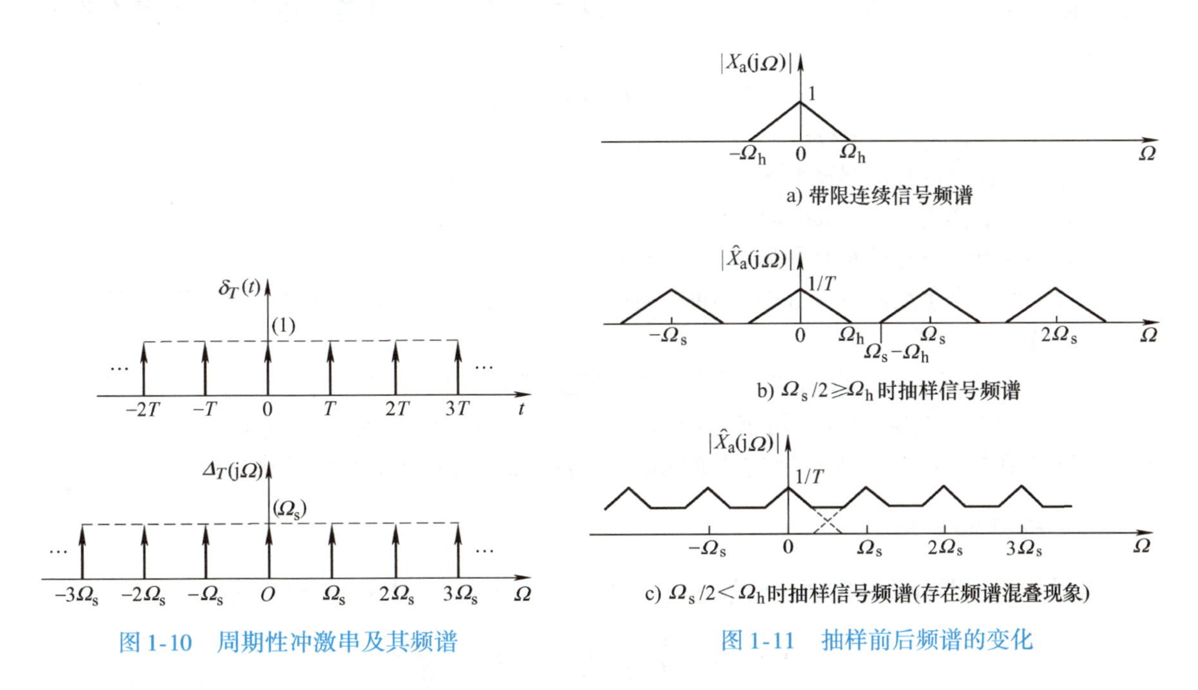

图 1-10　周期性冲激串及其频谱

图 1-11　抽样前后频谱的变化

应该说明的是，一般频谱是复函数，相加应该是复数相加，图 1-11 只是示意图。

同样的方法可以证明［亦可将 $j\Omega=s$ 代入式(1-48) 得出］，在复频域（s 域）中，抽样信号的拉普拉斯变换 $\hat{X}_a(s)$ 是原连续信号的拉普拉斯变换 $X_a(s)$ 在 s 平面上沿虚轴的周期延拓，即有

$$\hat{X}_a(s)=\frac{1}{T}\sum_{k=-\infty}^{\infty}X_a(s-jk\Omega_s)=\frac{1}{T}\sum_{k=-\infty}^{\infty}X_a\left(s-jk\frac{2\pi}{T}\right)\tag{1-50}$$

1.3.3　时域抽样定理

由图 1-11 可以看出，若连续信号 $x_a(t)$ 是带限信号（信号的最高角频率为 Ω_h），当抽

样角频率 Ω_s 满足 $\Omega_s/2 \geqslant \Omega_h$，即 $\Omega_s \geqslant 2\Omega_h$ 时，$x_a(t)$ 的频谱 $X_a(j\Omega)$ 的各延拓周期互不重叠，即抽样信号 $\hat{x}_a(t)$ 的频谱 $\hat{X}_a(j\Omega)$ 中不存在混叠现象，此时有

$$\hat{X}_a(j\Omega) = \frac{1}{T}X_a(j\Omega), \quad |\Omega| < \frac{\Omega_s}{2} \tag{1-51}$$

在这种情况下，只要采用一个截止角频率为 $\Omega_s/2$ 的理想低通滤波器，就可以由 $\hat{X}_a(j\Omega)$ 不失真地得到 $X_a(j\Omega)$，从而恢复出抽样前的信号 $x_a(t)$。

如果 $\Omega_s/2 < \Omega_h$ 即 $\Omega_s < 2\Omega_h$，则 $X_a(j\Omega)$ 各周期的延拓分量在 $\Omega_s/2$ 附近产生频谱交叠，即 $\hat{X}_a(j\Omega)$ 中存在混叠失真现象，此时无法由 $\hat{X}_a(j\Omega)$ 得出完整的 $X_a(j\Omega)$，即无法不失真地恢复出 $x_a(t)$。

将抽样频率的一半（$f_s/2$）称为折叠频率，它如同一面镜子，当信号 $x_a(t)$ 的最高频率分量 f_h 超过它时，就把频谱折叠回来，造成频谱的混叠。$f_s/2 = 1/(2T)$ 或 $\Omega_s/2 = \pi/T$。

总结以上内容，将时域抽样定理叙述如下：对带限的连续时间信号进行等间隔抽样，若要从抽样信号中不失真地还原出原信号，则抽样频率必须大于或等于原信号最高频率的两倍，即

$$\Omega_s \geqslant 2\Omega_h \text{ 或 } f_s \geqslant 2f_h \tag{1-52}$$

式中　f_s——抽样频率（Hz）；

f_h——连续信号的最高频率（Hz）；

Ω_s——抽样角频率（rad/s）；

Ω_h——连续信号的最高角频率（rad/s）。

把 $2f_h$ 称为奈奎斯特（Nyquist）抽样频率，把 $1/(2f_h)$ 称为奈奎斯特抽样间隔。该定理也称为奈奎斯特抽样定理。

实际中对连续信号进行抽样，按照抽样定理的要求，Ω_s 必须大于或等于 $2\Omega_h$，但考虑到信号的频谱在最高频率以上可能还有较小的高频分量，故一般选取 $\Omega_s = (3 \sim 5)\Omega_h$。另外，也可以在抽样之前加保护性的低通滤波器，滤去高于 $\Omega_s/2$ 的无用高频分量。

1.3.4　抽样的恢复

若满足奈奎斯特抽样定理，则抽样后不会产生频谱混叠。由式(1-51）可知

$$\hat{X}_a(j\Omega) = \frac{1}{T}X_a(j\Omega), \quad |\Omega| < \frac{\Omega_s}{2}$$

将 $\hat{X}_a(j\Omega)$ 通过一个理想低通滤波器，该理想低通滤波器只让 $X_a(j\Omega)$ 频谱通过，故滤波器的截止角频率可取为 $\Omega_s/2$。滤波器的频率响应为

$$H(j\Omega) = \begin{cases} T, & |\Omega| \leqslant \dfrac{\Omega_s}{2} \\ 0, & |\Omega| > \dfrac{\Omega_s}{2} \end{cases} \tag{1-53}$$

理想低通滤波器的频率响应曲线如图 1-12 所示。

抽样信号通过这个滤波器后，可滤除高频分量，得到原连续信号的频谱，即

$$Y_a(j\Omega) = \hat{X}_a(j\Omega)H(j\Omega) = X_a(j\Omega) \tag{1-54}$$

因此，在滤波器的输出端可得到原连续信号：$y_a(t)=x_a(t)$。抽样恢复过程如图 1-13 所示。

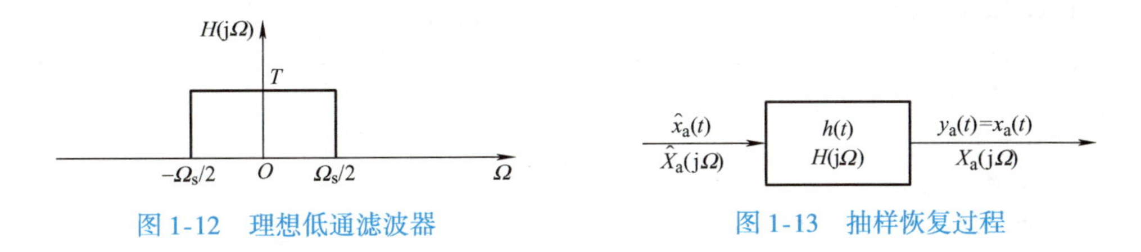

图 1-12　理想低通滤波器　　图 1-13　抽样恢复过程

1.4　本章涉及的 MATLAB 程序

例 1-7　产生移位单位阶跃序列 $u(n-2)$ 的程序。

解：程序如下：

```
n=[0:10];
x=[(n-2)>=0];
stem(n,x);
xlabel('n');ylabel('u(n-2)');
axis([0,10,-0.5,1.5]);
```

程序运行结果如图 1-14 所示。

例 1-8　产生复指数序列 $x(n)=K\mathrm{e}^{(a+\mathrm{j}b)n}$的程序。

解：程序如下：

```
a=input('Type in real exponent=');
b=input('Type in imaginary exponent=');
c=a + b* i;
K=input('Type in the gain constant=');
N=input('Type in length of sequence=');
n=1:N;
x=K * exp(c* n);
subplot(2,2,1);
stem(n,real(x));
xlabel('n');ylabel('Re(x)');
disp('Press Return for imaginary part');
pause
subplot(2,2,2);
stem(n,imag(x));
xlabel('n');ylabel('Im(x)');
disp('Press Return for imaginary part')
```

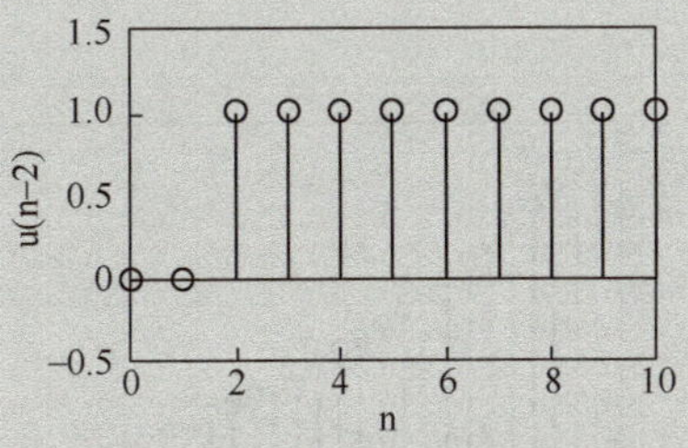

图 1-14　移位单位阶跃序列

```
pause
subplot(2,2,3);
stem(n,abs(x));
xlabel('n');ylabel('Magnitude');
disp('Press Return for phase part');
pause
subplot(2,2,4);
stem(n,(180/pi)* angle(x));
xlabel('n');ylabel('Phase');
```

当输入 a = −0.05，b = 0.3，K = 3，N = 40 时，程序运行结果如图 1-15 所示。

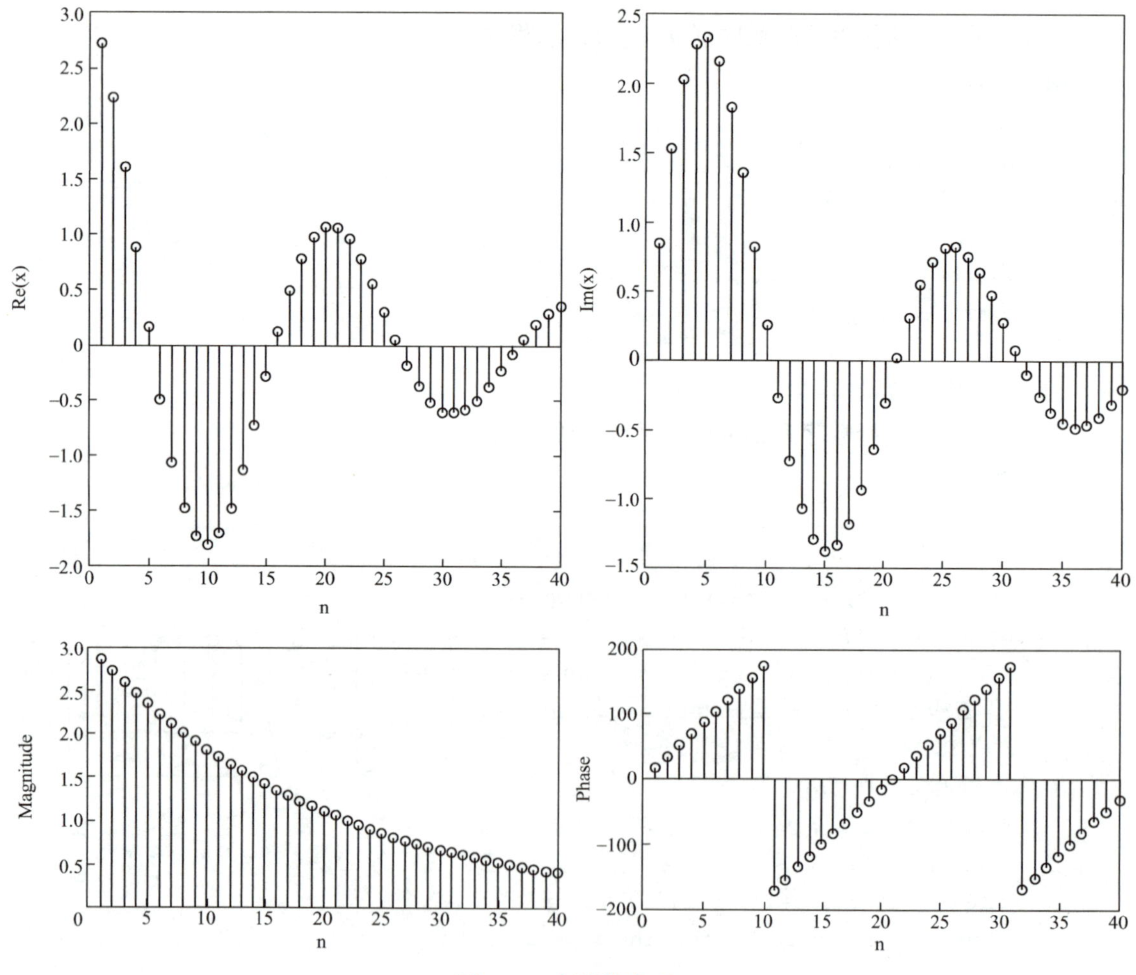

图 1-15　复指数序列

例 1-9　已知下面两个序列：

$x(n)=\{\underset{\uparrow}{2},1,-3,7,4,2\}$，$0\leqslant n\leqslant5$，$h(n)=\{\underset{\uparrow}{3},0,2,5,1\}$，$0\leqslant n\leqslant4$。用程序来完成卷积和 $y(n)=x(n)*h(n)$ 运算。

解： 程序如下：

```
x=[2 1  -3 7 4 2];
h=[3 0 2 5 1];
y=conv(x,h);
N=length(y)-1;
n=0:N;
stem(n,y);
xlabel('n');ylabel('y(n)');
```

程序运行结果如图 1-16 所示。

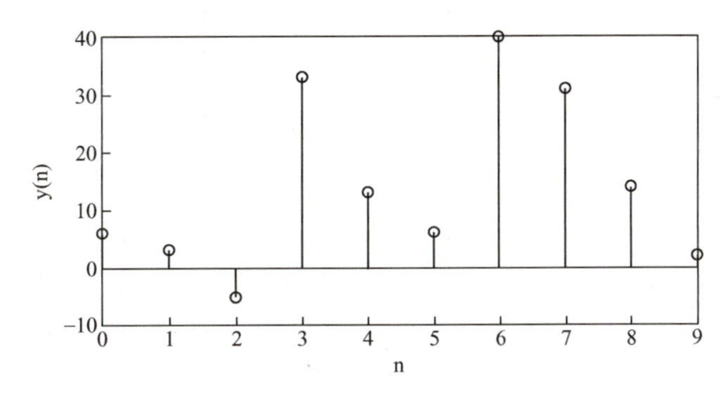

图 1-16　卷积结果序列

例 1-10　已知下面两个序列：$x(n)=\{2,1,-3,\underset{\uparrow}{7},4,2\}$，$-3\leqslant n\leqslant 2$，$h(n)=\{3,\underset{\uparrow}{0},2,5,1\}$，$-1\leqslant n\leqslant 3$。用程序来完成卷积和 $y(n)=x(n)*h(n)$ 运算。

解： 程序如下：

```
x=[2 1  -3 7 4 2];nx=[-3:2];
h=[3 0 2 5 1];nh=[-1:3];
nys=nx(1)+nh(1);
nyf=length(x)+nx(1)+length(h)+nh(1)-2;
ny=[nys:nyf];
y=conv(x,h);
stem(ny,y);
xlabel('n');ylabel('y(n)');
```

程序运行结果如图 1-17 所示。

例 1-11　已知离散时间系统可用下列差分方程表示：

$$y(n)-y(n-1)+0.65y(n-2)=0.9x(n)+0.68x(n-1)-0.53x(n-2)$$

计算：(1) 系统的单位抽样响应；(2) 系统的单位阶跃响应。

解： 单位抽样响应可用以下程序来实现：

```
N=31;
b=[0.9 0.68 -0.53];
a=[1 -1 0.65];
x=[1 zeros(1,N-1)];
y=filter(b,a,x);
n=0:N-1;
stem(n,y);
xlabel('n');ylabel('y(n)');
```

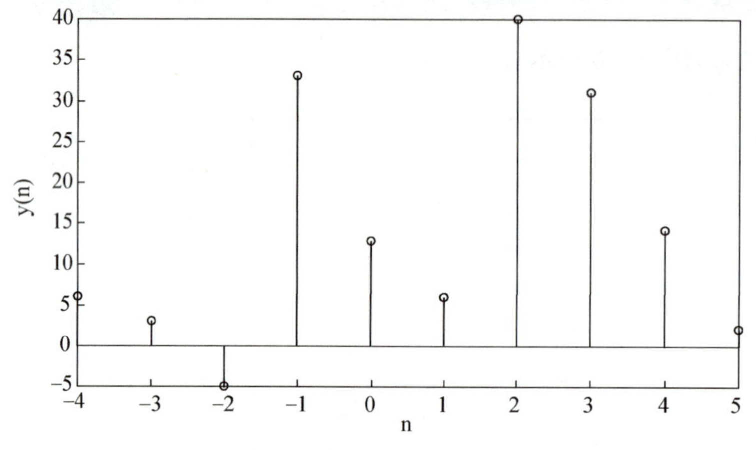

图 1-17　卷积结果序列

程序运行结果如图 1-18a 所示。把程序第 4 行 x = [1 zeros(1, N - 1)] 改写为 x = [ones(1, N)]，即可得到系统的单位阶跃响应，如图 1-18b 所示。

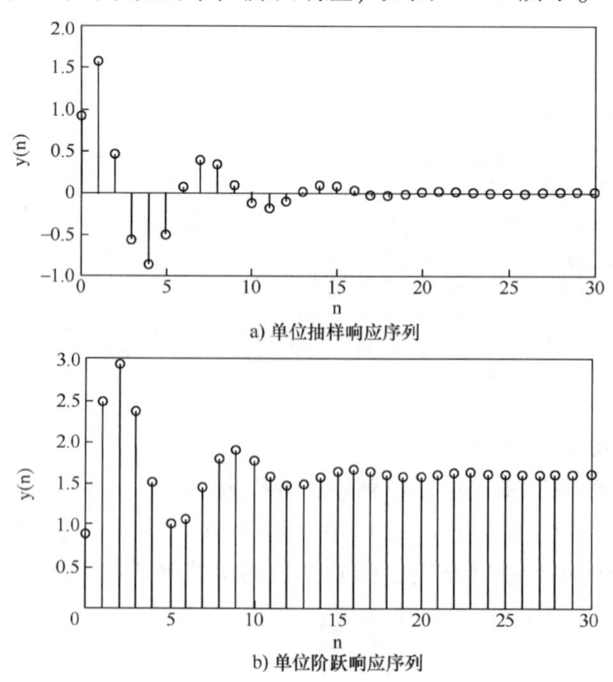

图 1-18　系统响应序列

本章小结

本章介绍了序列的定义及基本运算、典型序列的特点、序列周期性判断及周期计算方法，系统的线性、时不变性、因果性及稳定性的判别方法，卷积的定义及计算方法，差分方程的特点及求解法，时域抽样定理及抽样的恢复过程。

习　题

1-1　用单位抽样序列 $\delta(n)$ 及其加权和来表示图 1-19 中的序列。

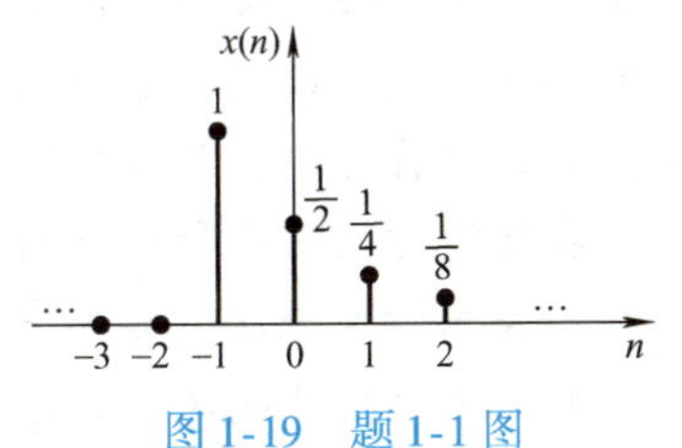

图 1-19　题 1-1 图

1-2　判断下列各序列是否具有周期性，若具有周期性，确定其周期。

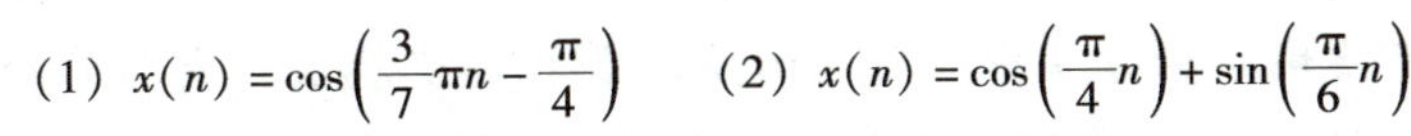

(1) $x(n)=\cos\left(\frac{3}{7}\pi n-\frac{\pi}{4}\right)$　(2) $x(n)=\cos\left(\frac{\pi}{4}n\right)+\sin\left(\frac{\pi}{6}n\right)$

(3) $x(n)=\mathrm{e}^{\mathrm{j}(0.7\pi n-\pi/3)}$　(4) $x(n)=\cos(0.6n)$

1-3　$x(n)$ 的波形如图 1-20 所示，画出 $x(-n+2)$ 和 $x(2n)$ 的波形。

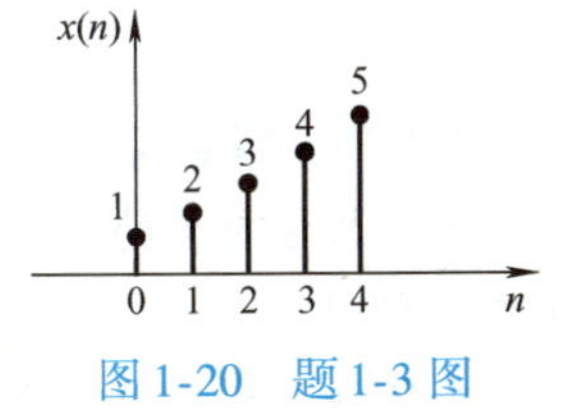

图 1-20　题 1-3 图

1-4　判断下列系统是否是线性系统、是否是时不变系统。

(1) $y(n)=2x(n)+3$　(2) $y(n)=x(-n)$　(3) $y(n)=x^2(n)$

(4) $y(n)=nx(n)$　(5) $y(n)=\sum_{m=0}^{n}x(m)$　(6) $y(n)=x(n^2)$

1-5　LTI 系统单位抽样响应 $h(n)$ 和输入 $x(n)$ 有以下 4 种情况，分别求出输出 $y(n)$。

(1) $h(n)=\delta(n)+2\delta(n-1)+\delta(n-3)$，$x(n)=2\delta(n)+\delta(n-2)+2\delta(n-3)$

(2) $h(n)=R_4(n)$，$x(n)=2\delta(n)-\delta(n-1)$

(3) $h(n)=R_4(n)$，$x(n)=R_3(n)$

(4) $h(n)=R_4(n)$，$x(n)=0.5^n u(n)$

1-6　简化下列表达式。

(1) $x(n)=u(n)*\delta(n-1)*\delta(n+2)$

(2) $x(n)=2^n u(n)*[\delta(n-1)+\delta(n)]$

1-7　系统的单位抽样响应如下，判断系统是否具有稳定性，是否具有因果性。

(1) $h(n)=R_4(n)$

(2) $h(n)=2^n u(n)$

(3) $h(n)=u(n+2)-u(n)$

(4) $h(n)=u(-n)$

1-8　连续信号 $x_a(t)=\cos(2\pi ft+\varphi)$，其中 $f=20\mathrm{Hz}$，$\varphi=\pi/2$。

(1) 求 $x_a(t)$ 的周期；

(2) 对 $x_a(t)$ 进行理想抽样得到 $\hat{x}_a(t)$，抽样间隔为 $T=0.02\mathrm{s}$，写出 $\hat{x}_a(t)$ 的表达式；

(3) 若要能从 $\hat{x}_a(t)$ 中不失真的恢复出原信号 $x_a(t)$，则抽样的频率至少为多少？抽样间隔不能大于多少？

第2章 z变换和离散时间傅里叶变换

导读

对信号和系统进行分析可以在时域进行，也可以在变换域中进行。第1章的内容是在时域对离散时间信号和系统进行分析。在时域对信号和系统进行分析的优点是，比较直观，物理概念清楚，但在有些情况下仅在时域分析并不方便或者并不完善，这时，变换域分析就体现出了其优越性。比如某信号中含有噪声，为了滤除噪声，同时又不损伤信号，可以研究信号的频谱结构，设置离散时间系统——数字滤波器的通带范围。而为了得到信号的频谱结构，就必须将时域信号转换到频域进行分析，求出它的频域函数。

在连续时间信号和系统的变换域分析方法中，采用的是拉普拉斯变换法（复频域分析法）和傅里叶变换法（频域分析法）。在离散时间信号和系统的变换域分析方法中，采用的是z变换法（复频域分析法）和傅里叶变换法（频域分析法），这里的傅里叶变换是指序列的傅里叶变换，与连续时间信号的傅里叶变换表示形式及计算方法是有区别的。本章主要介绍序列的z变换、傅里叶变换的概念和性质，同时利用z变换及傅里叶变换分析系统的频域特征。

【本章教学目标与要求】

- 掌握z变换的定义、z变换收敛域的概念及典型序列z变换收敛域的特点，掌握逆z变换的求解过程。
- 掌握离散时间傅里叶变换的定义及主要性质。
- 掌握离散时间系统的系统函数及频率响应的概念。
- 了解周期性序列傅里叶变换的特性，了解z变换与拉普拉斯变换、傅里叶变换之间的关系。
- 理解频率响应的几何确定法。
- 了解IIR系统及FIR系统的特点及区别。

2.1 序列的z变换

2.1.1 z变换的定义

序列的z变换定义为

$$X(z)=\sum_{n=-\infty}^{\infty}x(n)z^{-n} \tag{2-1}$$

式中 z——复数变量，它所在的复数平面被称为z平面。

z变换也可以记为$X(z)=Z[x(n)]$。

当$x(n)$是因果序列时，其z变换为

$$X(z)=\sum_{n=0}^{\infty}x(n)z^{-n} \tag{2-2}$$

2.1.2　z 变换的收敛域

式(2-1) 的级数收敛即 z 变换存在，必须满足绝对可和的条件，即满足

$$\sum_{n=-\infty}^{\infty}|x(n)z^{-n}|<\infty \tag{2-3}$$

使 z 变换存在的 z 的取值的集合被称为 z 变换的收敛域（Region of Convergence，ROC），由式(2-3) 得出的收敛域一般是一个环形的区域，即

$$R_{x_-}<|z|<R_{x_+} \tag{2-4}$$

满足式(2-4) 的收敛域如图 2-1 所示。

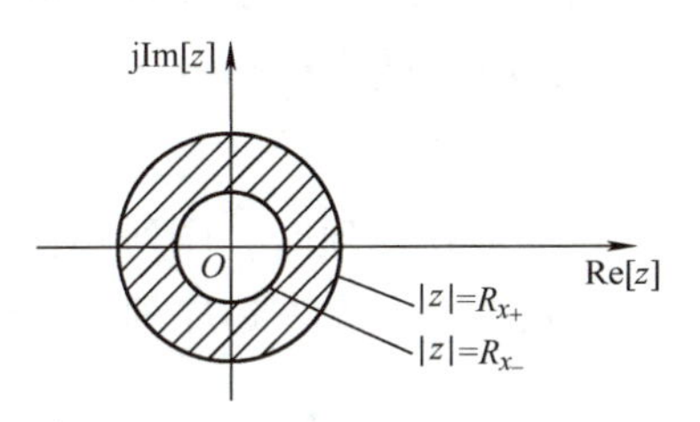

图 2-1　z 变换的收敛域

z 变换一般是个有理函数，表示为两个多项式之比，即 $X(z)=P(z)/Q(z)$。使 $P(z)=0$ 得到的根为零点，使 $Q(z)=0$ 得到的根为极点。由于在极点处 $X(z)$ 不存在，故序列的 z 变换在其收敛域中不包含任何极点。收敛域是以极点所在的圆为边界的，且收敛域是连通的。

2.1.3　四种典型序列 z 变换收敛域的特点

1. 有限长序列

若 $x(n)$ 仅在 $n_1\leqslant n\leqslant n_2$ 区间内有不等于零的信号值，则称 $x(n)$ 为有限长序列。其 z 变换为

$$X(z)=\sum_{n=n_1}^{n_2}x(n)z^{-n} \tag{2-5}$$

式(2-5) 中 n_1 和 n_2 为有限整数。由于该表达式是有限项的求和，所以我们只需要考虑在 0 点和∞处是否收敛，除此而外的 z 平面其他各处都是收敛的。当式(2-5) 的求和项中含有 z 的负数次幂时，$X(z)$ 在 $|z|=0$ 处不收敛；当求和项中含有 z 的正数次幂时，$X(z)$ 在 $|z|=\infty$ 处不收敛。所以 $X(z)$ 在 0 和∞两点是否收敛取决于 n_1 和 n_2 的取值，总结可以得到有限长序列收敛域表示如下：

$$n_1\geqslant 0、n_2>0\text{ 时，}0<|z|\leqslant\infty$$
$$n_1<0、n_2>0\text{ 时，}0<|z|<\infty$$
$$n_1<0、n_2\leqslant 0\text{ 时，}0\leqslant|z|<\infty$$

2. 右边序列

右边序列是指 $n\geqslant n_1$ 时序列有不等于零的值，在 $n<n_1$ 时序列值都为零。右边序列的 z 变换为

$$X(z)=\sum_{n=n_1}^{\infty}x(n)z^{-n} \tag{2-6}$$

右边序列的 z 变换收敛域是一个半径为 R_{x_-} 的圆的外围区域，即

$$|z|>R_{x_-}$$

若 $n_1 \geqslant 0$，即 $x(n)$ 是因果序列，则收敛域包含 $|z| = \infty$，收敛域为 $R_{x_-} < |z| \leqslant \infty$；若 $n_1 < 0$，则 $|z| = \infty$ 处不收敛，收敛域为 $R_{x_-} < |z| < \infty$。

3. 左边序列

左边序列是指在 $n \leqslant n_2$ 时序列有不等于零的值，在 $n > n_2$ 时，序列值都为零。左边序列的 z 变换为

$$X(z) = \sum_{n=-\infty}^{n_2} x(n) z^{-n} \tag{2-7}$$

左边序列 z 变换的收敛域是一个半径为 R_{x_+} 的圆的内部区域，即

$$|z| < R_{x_+}$$

若 $n_2 \leqslant 0$，则在 $|z| = 0$ 点收敛，收敛域为 $0 \leqslant |z| < R_{x_+}$；若 $n_2 > 0$，则收敛域不包含 $|z| = 0$，收敛域为 $0 < |z| < R_{x_+}$。

4. 双边序列

当 n 取任意值时，序列都有可能取不等于零的值，这类序列称为双边序列，一个双边序列可以看成是一个左边序列和一个右边序列之和，则其 z 变换为

$$X(z) = \sum_{n=-\infty}^{\infty} x(n) z^{-n} = \sum_{n=-\infty}^{n_1} x(n) z^{-n} + \sum_{n=n_1+1}^{\infty} x(n) z^{-n} = X_1(z) + X_2(z)$$

式中，$X_1(z)$ 的收敛域为 $|z| < R_{x_+}$ $X_2(z)$ 的收敛域为 $|z| > R_{x_-}$。

$X(z)$ 的收敛域是 $X_1(z)$ 和 $X_2(z)$ 的收敛域的公共区域，若这个公共区域存在（$R_{x_-} < R_{x_+}$），则 $X(z)$ 的收敛域是一个环形区域 $R_{x_-} < |z| < R_{x_+}$，若这个公共区域不存在（$R_{x_-} \geqslant R_{x_+}$），则 $X(z)$ 没有收敛域，即 $X(z)$ 不存在。

例 2-1 求 $x(n) = \delta(n)$ 的 z 变换及收敛域。

解： $\delta(n)$ 是有限长序列的特例，$n_1 = n_2 = 0$，它的 z 变换为

$$X(z) = \sum_{n=-\infty}^{\infty} \delta(n) z^{-n} = \delta(0) \times z^{-0} = 1,\ 0 \leqslant |z| \leqslant \infty$$

它的收敛域是整个 z 平面。

例 2-2 求矩形序列 $x(n) = R_N(n)$ 的 z 变换及收敛域。

解： $R_N(n)$ 是有限长的因果序列，它的 z 变换为

$$X(z) = \sum_{n=-\infty}^{\infty} R_N(n) z^{-n} = \sum_{n=0}^{N-1} 1 \times z^{-n} = \frac{1 - z^{-N}}{1 - z^{-1}},\ |z| > 0$$

该 z 变换的表达式中看起来有一个 $z = 1$ 的极点，但由于 $z = 1$ 处同时存在一个零点，故零点和极点相互抵消掉，收敛域不再以 $|z| = 1$ 为界，而是扩大到了 $|z| > 0$ 的区域。

例 2-3 求 $x(n) = a^n u(n)$ 的 z 变换及收敛域。

解： 这是一个右边序列，且是一个因果序列，它的 z 变换为

$$X(z) = \sum_{n=-\infty}^{\infty} a^n u(n) z^{-n} = \sum_{n=0}^{\infty} a^n z^{-n} = \sum_{n=0}^{\infty} (az^{-1})^n = \frac{1}{1 - az^{-1}}$$

在收敛域中必须满足 $|az^{-1}| < 1$，即收敛域为 $|z| > |a|$（见图 2-2）。

例 2-4 求 $x(n) = -b^n u(-n-1)$ 的 z 变换及收敛域。

解：这是一个左边序列，它的 z 变换为

$$X(z)=\sum_{n=-\infty}^{\infty}[-b^n u(-n-1)]z^{-n}=\sum_{n=-\infty}^{-1}(-b^n z^{-n})$$

$$=-\sum_{n=1}^{\infty}(b^{-1}z)^n=-\frac{b^{-1}z}{1-b^{-1}z}=\frac{1}{1-bz^{-1}}$$

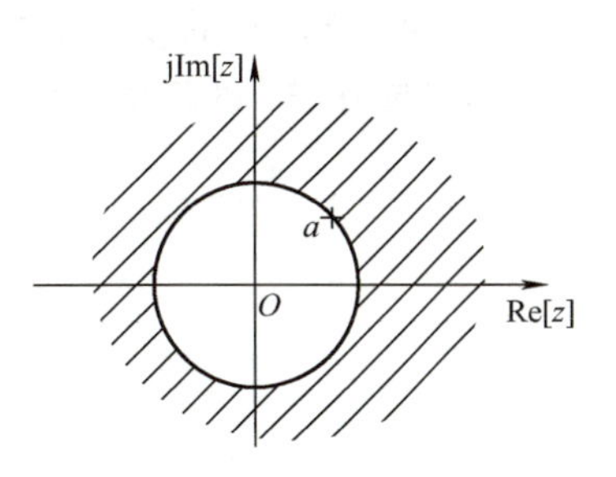

图 2-2 $a^n u(n)$ 的 z 变换收敛域

在收敛域中必须满足 $|b^{-1}z|<1$，即收敛域为 $|z|<|b|$（见图 2-3）。

例 2-5 求 $x(n)=a^n u(n)-b^n u(-n-1)$ 的 z 变换及收敛域（其中 $|a|<|b|$）。

解：这是一个双边序列，是由例 2-3 和例 2-4 的两个序列求和构成的，故其 z 变换为

$$X(z)=\frac{1}{1-az^{-1}}+\frac{1}{1-bz^{-1}}=\frac{z}{z-a}+\frac{z}{z-b}=\frac{z(2z-a-b)}{(z-a)(z-b)}$$

收敛域是 $|z|>|a|$ 和 $|z|<|b|$ 的公共区域，即 $|a|<|z|<|b|$（见图 2-4）。

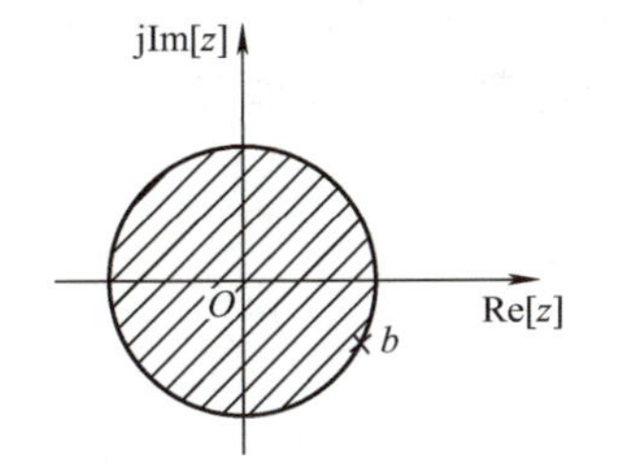

图 2-3 $-b^n u(-n-1)$ 的 z 变换收敛域

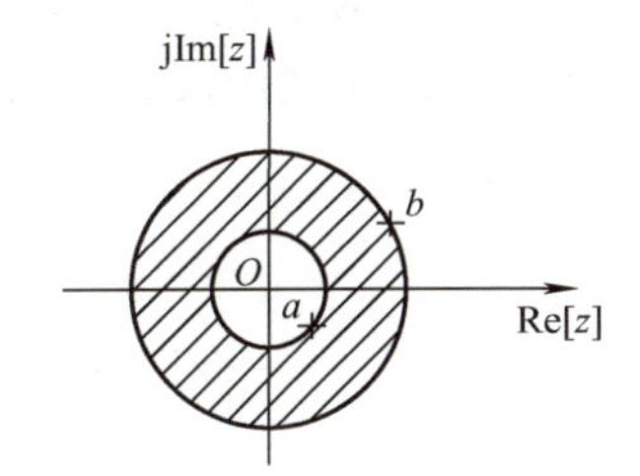

图 2-4 $a^n u(n)-b^n u(-n-1)$ 的 z 变换收敛域

比较例 2-3 和例 2-4，若令 $a=b$，可以得到相同的 z 变换，但序列一个是右边序列，一个是左边序列，是不一样的，收敛域也不同，所以可以得到一个结论：同一个 z 变换的函数，若收敛域不同，则对应于不同的序列。

2.1.4 逆 z 变换

由序列 $x(n)$ 的 z 变换 $X(z)$ 以及收敛域，求原序列 $x(n)$，称为求逆 z 变换（z 反变换），表达式为 $x(n)=Z^{-1}[X(z)]$。从 z 变换的定义式 $X(z)=\sum_{n=-\infty}^{\infty}x(n)z^{-n}$ 可以看出，求逆 z 变换实质上就是求 $X(z)$ 的幂级数展开式的系数。

求逆 z 变换的方法通常有三种：幂级数法、部分分式展开法和留数法。下面主要介绍幂级数法和部分分式展开法。

1. 幂级数法（长除法）

从 $X(z)=\sum_{n=-\infty}^{\infty}x(n)z^{-n}=\cdots+x(-1)z+x(0)z^0+x(1)z^{-1}+x(2)z^{-2}+\cdots$ 可以看出，$x(n)$ 的 z 变换是 z^{-1} 的幂级数的形式，只要运用长除法把 $X(z)$ 写成幂级数的形式，幂级数的系数就是序列 $x(n)$。

例 2-6 若 $X(z)=\dfrac{1}{1-az^{-1}}$，$|z|>|a|$，求逆 z 变换。

解：由于 $X(z)$ 的收敛域在极点 $z=a$ 所处在的圆的外围，所以序列 $x(n)$ 是右边序列，$X(z)$ 应该展开成 z 的降幂次级数，故将 $X(z)$ 的分子及分母都写成降幂多项式形式进行相除。

$$
\begin{array}{r|l}
 & 1+az^{-1}+a^2z^{-2}+\cdots \\
\hline
1-az^{-1} & 1 \\
 & \underline{1-az^{-1}} \\
 & \quad az^{-1} \\
 & \quad \underline{az^{-1}-a^2z^{-2}} \\
 & \qquad a^2z^{-2} \\
 & \qquad \cdots
\end{array}
$$

所以 $X(z)=1+az^{-1}+a^2z^{-2}+\cdots=\sum\limits_{n=0}^{\infty}a^nz^{-n}$，则 $x(n)=a^nu(n)$。

例 2-7　若 $X(z)=\dfrac{1}{1-az^{-1}}$，$|z|<|a|$，求逆 z 变换。

解：由于 $X(z)$ 的收敛域在极点 $z=a$ 所处的圆的内部，所以序列 $x(n)$ 是左边序列，$X(z)$ 应该展开成 z 的升幂次级数，故将 $X(z)$ 的分子及分母都写成升幂多项式形式进行相除。

$$
\begin{array}{r|l}
 & -a^{-1}z-a^{-2}z^2-a^{-3}z^3-\cdots \\
\hline
-az^{-1}+1 & 1 \\
 & \underline{1-a^{-1}z} \\
 & \quad a^{-1}z \\
 & \quad \underline{a^{-1}z-a^{-2}z^2} \\
 & \qquad a^{-2}z^2 \\
 & \qquad \cdots
\end{array}
$$

所以 $X(z)=-a^{-1}z-a^{-2}z^2-a^{-3}z^3\cdots=-\sum\limits_{n=-\infty}^{-1}(a^nz^{-n})$，则 $x(n)=-a^nu(-n-1)$。

从例 2-6 和例 2-7 可以看出，运用长除法把 $X(z)$ 表示成升幂或是降幂级数的形式，这取决于所给定的收敛域。另外，长除法的缺点是，难得出 $x(n)$ 的解析形式(函数形式)。

2. 部分分式展开法

当 $X(z)$ 是 z 的有理分式时，可以将其表示为部分分式之和的形式，即

$$X(z)=\frac{P(z)}{Q(z)}=X_1(z)+X_2(z)+\cdots+X_k(z) \tag{2-8}$$

其中，$P(z)$ 和 $Q(z)$ 都是变量 z 的实系数多项式，且没有公因式，则

$$x(n)=Z^{-1}[X_1(z)]+Z^{-1}[X_2(z)]+\cdots+Z^{-1}[X_k(z)] \tag{2-9}$$

各部分分式 $X_1(z)$，$X_2(z)$，…，$X_k(z)$ 的反变换要能很容易地求出或从已知 z 变换表中查到。

利用部分分式展开法求逆 z 变换的步骤如下：

1）将 $X(z)$ 除以 z 得到 $X(z)/z$。

2）将 $X(z)/z$ 展开成部分分式形式。

3）将展开的部分分式乘以 z，得到 $X(z)$ 的部分分式形式。

4）结合收敛域，对 $X(z)$ 的各部分分式进行逆 z 变换，得出 $x(n)$。

需要注意的是，上述部分分式展开法适用于 $X(z)/z$ 为有理真分式的情况。

例 2-8　已知 $X(z)=\dfrac{5z^{-1}}{1+z^{-1}-6z^{-2}}$，$2<|z|<3$，求逆 z 变换 $x(n)$。

解： $\dfrac{X(z)}{z}=\dfrac{5}{z^2+z-6}=\dfrac{5}{(z+3)(z-2)}=\dfrac{A_1}{z+3}+\dfrac{A_2}{z-2}$

$$A_1=\frac{X(z)}{z}(z+3)\Big|_{z=-3}=\frac{5}{z-2}\Big|_{z=-3}=-1$$

$$A_2=\frac{X(z)}{z}(z-2)\Big|_{z=2}=\frac{5}{z+3}\Big|_{z=2}=1$$

$$\frac{X(z)}{z}=\frac{-1}{z+3}+\frac{1}{z-2}$$

$$X(z)=\frac{-1}{1+3z^{-1}}+\frac{1}{1-2z^{-1}}$$

上式中第一项的极点是 -3，第二项的极点是 2，为了使这两项的收敛域的公共区域满足题中的 $2<|z|<3$，第一项的收敛域必须是 $|z|<3$，第二项的收敛域必须是 $|z|>2$，即 $X(z)$ 的表达式中第一项的反变换序列是左边序列，第二项的反变换序列是右边序列。

所以 $x(n)=(-3)^n u(-n-1)+2^n u(n)$。

2.1.5　z 变换的性质和定理

1. 线性性质

z 变换具有线性特性，即满足比例性和可加性。

设：$X(z)=Z[x(n)]$，$R_{x_-}<|z|<R_{x_+}$

$Y(z)=Z[y(n)]$，$R_{y_-}<|z|<R_{y_+}$

则

$$Z[ax(n)+by(n)]=aX(z)+bY(z),\ R_-<|z|<R_+ \tag{2-10}$$

式中　a、b——任意常数。

两个序列线性组合后，z 变换的收敛域一般是这两个序列 z 变换收敛域的重叠部分，即

$$R_-=\max(R_{x_-},R_{y_-}),\ R_+=\min(R_{x_+},R_{y_+})$$

若没有重叠部分，则该序列的 z 变换不存在。

如果线性组合后某些零点和极点可以相互抵消，则收敛域可能会扩大。

例 2-9　已知 $x(n)=u(n)-u(n-4)$，求 z 变换 $X(z)$。

解： $Z[u(n)]=\dfrac{1}{1-z^{-1}}$，$|z|>1$

$$Z[u(n-4)]=\sum_{n=-\infty}^{\infty}u(n-4)z^{-n}=\sum_{n=4}^{\infty}z^{-n}=\frac{z^{-4}}{1-z^{-1}},\ |z|>1$$

$$X(z)=Z[x(n)]=Z[u(n)]-Z[u(n-4)]=\frac{1}{1-z^{-1}}-\frac{z^{-4}}{1-z^{-1}}=\frac{1-z^{-4}}{1-z^{-1}},\ |z|>0$$

由于 $X(z)$ 中存在零点 $z=1$ 和极点 $p=1$，两者相互抵消，故收敛域扩大了。

2. 序列的移位

设 $X(z)=Z[x(n)]$，$R_{x_-}<|z|<R_{x_+}$，则

$$Z[x(n-m)]=Z^{-m}X(z),\ R_{x_-}<|z|<R_{x_+} \tag{2-11}$$

一般情况，$x(n-m)$ 与 $x(n)$ 的 z 变换收敛域相同，只是对单边序列或有限长序列，在 $z=0$ 或 $z=\infty$ 处可能有例外，而对于双边序列，移位后的 z 变换收敛域没有受影响。

例 2-10　求 $\delta(n-2)$，$\delta(n+1)$ 的 z 变换及收敛域。

解： 因为 $Z[\delta(n)]=1$，$0\leqslant|z|\leqslant\infty$

所以 $Z[\delta(n-2)]=1\times z^{-2}=z^{-2}$，$0<|z|\leqslant\infty$

$Z[\delta(n+1)]=1\times z^{1}=z$，$0\leqslant|z|<\infty$

3. 乘以指数序列（z 域尺度变换）

设 $X(z)=Z[x(n)]$，$R_{x_-}<|z|<R_{x_+}$，则

$$Z[a^n x(n)]=X\left(\frac{z}{a}\right),\ |a|R_{x_-}<|z|<|a|R_{x_+} \tag{2-12}$$

其中 a 是不为 0 的常数（可以是复数）。

该性质表明，在时域中序列乘以指数序列，相当于 z 域的函数进行了尺度变换，故称该性质为 z 域尺度变换性质。

例 2-11　求 $a^n u(n)$ 的 z 变换及收敛域。

解： 由于 $Z[u(n)]=\dfrac{1}{1-z^{-1}}$，$1<|z|\leqslant\infty$

所以

$$Z[a^n u(n)]=\frac{1}{1-\left(\dfrac{z}{a}\right)^{-1}}=-\frac{1}{1-az^{-1}},\ |a|<|z|\leqslant\infty$$

4. 序列的线性加权（z 域微分）

设 $X(z)=Z[x(n)]$，$R_{x_-}<|z|<R_{x_+}$，则

$$Z[nx(n)]=-z\frac{\mathrm{d}X(z)}{\mathrm{d}z},\ R_{x_-}<|z|<R_{x_+} \tag{2-13}$$

例 2-12　求 $nu(n)$ 的 z 变换及收敛域。

解： 由于 $Z[u(n)]=\dfrac{1}{1-z^{-1}}=\dfrac{z}{z-1}$，$|z|>1$

所以

$$Z[nu(n)]=-z\frac{\mathrm{d}\left(\dfrac{z}{z-1}\right)}{\mathrm{d}z}=\frac{z}{(z-1)^2},\ |z|>1$$

5. 序列的翻褶

设 $X(z)=Z[x(n)]$，$R_{x_-}<|z|<R_{x_+}$，则

$$Z[x(-n)]=X(z^{-1}),\ \frac{1}{R_{x_+}}<|z|<\frac{1}{R_{x_-}} \tag{2-14}$$

6. 复序列取共轭

设 $X(z)=Z[x(n)]$，$R_{x_-}<|z|<R_{x_+}$，则

$$Z[x^*(n)]=X^*(z^*),\ R_{x_-}<|z|<R_{x_+} \tag{2-15}$$

7. 初值定理

若 $x(n)$ 是因果序列，即当 $n<0$ 时 $x(n)=0$，且 $X(z)=Z[x(n)]$，则有

$$x(0)=\lim_{z\to\infty}X(z) \tag{2-16}$$

8. 终值定理

若 $x(n)$ 是因果序列，且 $X(z)=Z[x(n)]$ 的全部极点除有一个一阶极点可以在 $z=1$ 处，其余极点都在单位圆内，则有

$$x(\infty)=\lim_{n\to\infty}x(n)=\lim_{z\to 1}[(z-1)X(z)] \tag{2-17}$$

9. 时域卷积定理（序列的卷积）

设 $y(n)=x(n)*h(n)$

$X(z)=Z[x(n)],\ R_{x_-}<|z|<R_{x_+}$

$H(z)=Z[h(n)],\ R_{h_-}<|z|<R_{h_+}$

则

$$Y(z)=Z[y(n)]=X(z)H(z),\ \max(R_{x_-},R_{h_-})<|z|<\min(R_{x+},R_{h+}) \tag{2-18}$$

例 2-13　已知 $h(n)=a^nu(n)$，$x(n)=u(n)$，求 $y(n)=h(n)*x(n)$。

解：$H(z)=Z[h(n)]=\frac{z}{z-a},\ |z|>|a|$

$X(z)=Z[x(n)]=\frac{z}{z-1},\ |z|>1$

则

$$Y(z)=H(z)X(z)=\frac{z}{z-a}\frac{z}{z-1}=\frac{z^2}{(z-a)(z-1)}=\frac{z}{a-1}\left(\frac{a}{z-a}-\frac{1}{z-1}\right),\ |z|>\max(1,|a|)$$

$$y(n)=\frac{a}{a-1}a^nu(n)-\frac{1}{a-1}u(n)=\frac{1}{a-1}(a^{n+1}-1)u(n)$$

10. 复卷积定理（序列的乘积）

设 $y(n)=x(n)h(n)$

$X(z)=Z[x(n)],\ R_{x_-}<|z|<R_{x_+}$

$H(z)=Z[h(n)],\ R_{h_-}<|z|<R_{h_+}$

则

$$Y(z)=Z[y(n)]=Z[x(n)h(n)]=\frac{1}{2\pi j}\oint_c X(v)H\left(\frac{z}{v}\right)v^{-1}\mathrm{d}v,\ R_{x_-}R_{h_-}<|z|R_{x_+}R_{h_+} \tag{2-19}$$

式(2-19) 中，v 平面上被积函数的收敛域为

$$\max\left(R_{x_-},\frac{|z|}{R_{h_+}}\right)<|v|<\min\left(R_{x_+},\frac{|z|}{R_{h_-}}\right)$$

11. 帕塞瓦尔（Parseval）定理

设 $X(z)=Z[x(n)],\ R_{x_-}<|z|<R_{x_+}$

$H(z)=Z[h(n)],\ R_{h_-}<|z|<R_{h_+}$

且 $R_{x_-}R_{h_-}<1<R_{x_+}R_{h_+}$，则

$$\sum_{n=-\infty}^{\infty} x(n)h^*(n) = \frac{1}{2\pi \mathrm{j}}\oint_c X(v)H^*\left(\frac{1}{v^*}\right)v^{-1}\mathrm{d}v \tag{2-20}$$

积分围线 c 必须在 $X(v)$ 和 $H^*\left(\frac{1}{v^*}\right)$的公共收敛域内，即

$$\max\left(R_{x_-},\frac{1}{R_{h_+}}\right) < |v| < \min\left(R_{x_+},\frac{1}{R_{h_-}}\right)$$

2.2 离散时间傅里叶变换——序列的傅里叶变换

离散时间傅里叶变换（Discrete Time Fourier Transform，DTFT），也称为序列的傅里叶变换，这是分析序列的频谱以及离散时间系统频域特性的主要工具。

2.2.1 序列的傅里叶变换的定义

序列 $x(n)$ 的傅里叶变换（DTFT）定义为

$$X(\mathrm{e}^{\mathrm{j}\omega}) = \sum_{n=-\infty}^{\infty} x(n)\mathrm{e}^{-\mathrm{j}\omega n} \tag{2-21}$$

从定义式(2-21) 可以看出，$X(\mathrm{e}^{\mathrm{j}\omega})$ 是 ω 的连续函数，同时不难证明 $X(\mathrm{e}^{\mathrm{j}\omega})$ 还是一个周期为 2π 的周期函数，故它的一个周期包含了信号的全部信息。

在物理意义上，$X(\mathrm{e}^{\mathrm{j}\omega})$ 是序列 $x(n)$ 的频谱，ω 是数字域频率。$X(\mathrm{e}^{\mathrm{j}\omega})$ 是关于 ω 的复函数，故 $X(\mathrm{e}^{\mathrm{j}\omega})$ 可以表示为

$$X(\mathrm{e}^{\mathrm{j}\omega}) = X_{\mathrm{R}}(\mathrm{e}^{\mathrm{j}\omega}) + \mathrm{j}X_{\mathrm{I}}(\mathrm{e}^{\mathrm{j}\omega}) = |X(\mathrm{e}^{\mathrm{j}\omega})|\mathrm{e}^{\mathrm{j}\varphi(\omega)}$$

式中　$|X(\mathrm{e}^{\mathrm{j}\omega})|$——$x(n)$ 的幅度频谱（幅频特性）；

$\varphi(\omega)$——$x(n)$ 的相位频谱（相频特性），$\varphi(\omega) = \arg[X(\mathrm{e}^{\mathrm{j}\omega})]$。

式(2-21) 是周期函数 $X(\mathrm{e}^{\mathrm{j}\omega})$ 的傅里叶级数的表达式，其中的傅里叶级数系数 $x(n)$ 可以由下式得出：

$$x(n) = \frac{1}{2\pi}\int_{-\pi}^{\pi} X(\mathrm{e}^{\mathrm{j}\omega})\mathrm{e}^{\mathrm{j}\omega n}\mathrm{d}\omega \tag{2-22}$$

式(2-22) 可以理解为，序列是$\frac{1}{2\pi}\mathrm{e}^{\mathrm{j}\omega n}\mathrm{d}\omega$ 形式的无穷小复指数信号的线性组合，其权重是 $X(\mathrm{e}^{\mathrm{j}\omega})$。该式代表 $X(\mathrm{e}^{\mathrm{j}\omega})$ 的离散时间傅里叶反变换（Inverse Discrete Time Fourier Transform，IDTFT），简称傅里叶反变换（或傅里叶逆变换）。

式(2-21) 和式(2-22) 组成了一对傅里叶变换公式，反映了 $x(n)$ 和 $X(\mathrm{e}^{\mathrm{j}\omega})$ 的对应关系，即

$$X(\mathrm{e}^{\mathrm{j}\omega}) = \mathrm{DTFT}[x(n)]$$

$$x(n) = \mathrm{IDTFT}[X(\mathrm{e}^{\mathrm{j}\omega})]$$

值得注意的是，$x(n)$ 是任意一个序列时，其 DTFT 定义式(2-21) 右边的级数并不总是收敛的。当 $x(n)$ 绝对可和，即

$$\sum_{n=-\infty}^{\infty} |x(n)\mathrm{e}^{-\mathrm{j}\omega n}| = \sum_{n=-\infty}^{\infty} |x(n)| < \infty \tag{2-23}$$

时，式(2-21) 右边的级数才收敛，此时 $x(n)$ 的傅里叶变换一定存在，这是序列 $x(n)$ 傅里叶变换存在的充分条件。

将序列 z 变换的定义式与 DTFT 定义式相比较，不难发现，z 变换和 DTFT 之间有如下关系：

$$X(e^{j\omega}) = X(z)\big|_{z=e^{j\omega}} \tag{2-24}$$

式(2-24) 表明，序列的傅里叶变换，可以看作序列的 z 变换在单位圆上的取值。所以，当知道序列的 z 变换后，则其傅里叶变换很容易根据式(2-24) 得出，条件是 z 变换的收敛域包含 $z=e^{j\omega}$，即包含单位圆。

例 2-14　设 $x(n)=R_N(n)$，求 $x(n)$ 的 DTFT。

解：

$$X(e^{j\omega}) = \sum_{n=-\infty}^{\infty} R_N(n)e^{-j\omega n} = \sum_{n=0}^{N-1} e^{-j\omega n}$$

$$= \frac{1-e^{-j\omega N}}{1-e^{-j\omega}} = \frac{e^{-\frac{j\omega N}{2}}\left(e^{\frac{j\omega N}{2}} - e^{-\frac{j\omega N}{2}}\right)}{e^{-\frac{j\omega}{2}}\left(e^{\frac{j\omega}{2}} - e^{-\frac{j\omega}{2}}\right)}$$

$$= e^{\frac{j\omega(N-1)}{2}} \cdot \frac{\sin\left(\frac{\omega N}{2}\right)}{\sin\left(\frac{\omega}{2}\right)} = |X(e^{j\omega})|e^{j\varphi(\omega)}$$

其中幅度频谱 $|X(e^{j\omega})| = \left|\frac{\sin\left(\frac{\omega N}{2}\right)}{\sin\left(\frac{\omega}{2}\right)}\right|$，相位频谱 $\varphi(\omega) = -\frac{N-1}{2}\omega + \arg\left[\frac{\sin\left(\frac{\omega N}{2}\right)}{\sin\left(\frac{\omega}{2}\right)}\right]$。

图 2-5 画出了当 $N=5$ 时 $R_N(n)$ 的波形及幅度频谱、相位频谱。

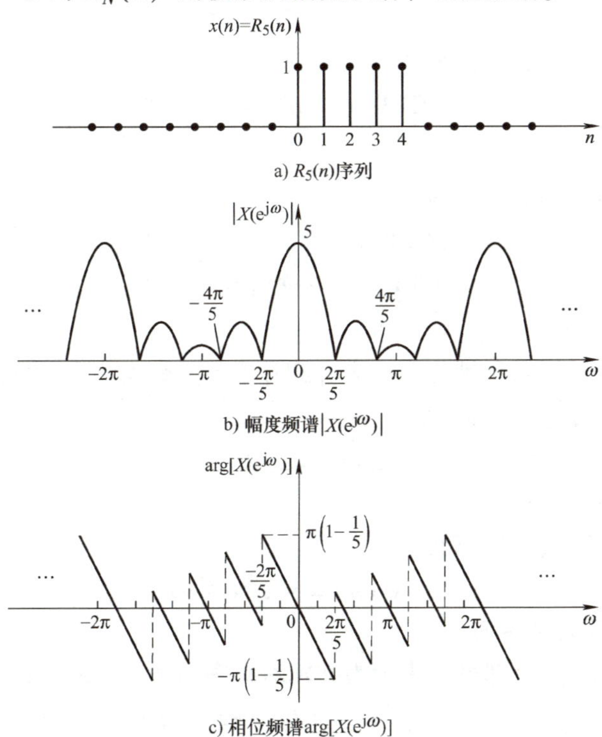

图 2-5　矩形序列 $R_5(n)$ 及其 DTFT

2.2.2 序列的傅里叶变换的主要性质

1. 线性性质

若 $X_1(e^{j\omega})=\mathrm{DTFT}[x_1(n)]$，$X_2(e^{j\omega})=\mathrm{DTFT}[x_2(n)]$，则

$$\mathrm{DTFT}[ax_1(n)+bx_2(n)]=aX_1(e^{j\omega})+bX_2(e^{j\omega}) \tag{2-25}$$

式中　a，b——常数。

2. 时移性质

若 $X(e^{j\omega})=\mathrm{DTFT}[x(n)]$，则

$$\mathrm{DTFT}[x(n-n_0)]=e^{-j\omega n_0}X(e^{j\omega}) \tag{2-26}$$

由于 $|e^{-j\omega n_0}|=1$，这个性质表明，若序列在时域移了 n_0 点，则其幅度频谱不变，相位频谱改变了 $-\omega n_0$，即时域的移位对应于频域的相移。

3. 频移性质

若 $X(e^{j\omega})=\mathrm{DTFT}[x(n)]$，则

$$\mathrm{DTFT}[e^{j\omega_0 n}\cdot x(n)]=X[e^{j(\omega-\omega_0)}] \tag{2-27}$$

这个性质表明，时域中将序列乘以 $e^{j\omega_0 n}$（对序列进行调制），对应于频域的移位。

4. 频域微分性质（序列乘以 n）

若 $X(e^{j\omega})=\mathrm{DTFT}[x(n)]$，则

$$\mathrm{DTFT}[nx(n)]=j\frac{dX(e^{j\omega})}{d\omega} \tag{2-28}$$

5. 序列的翻褶

若 $X(e^{j\omega})=\mathrm{DTFT}[x(n)]$，则

$$\mathrm{DTFT}[x(-n)]=X(e^{-j\omega}) \tag{2-29}$$

6. 序列的共轭

若 $X(e^{j\omega})=\mathrm{DTFT}[x(n)]$，则

$$\mathrm{DTFT}[x^*(n)]=X^*(e^{-j\omega}) \tag{2-30}$$

$$\mathrm{DTFT}[x^*(-n)]=X^*(e^{j\omega}) \tag{2-31}$$

7. 对称性质

在介绍傅里叶变换的对称性之前，先介绍什么是共轭对称和共轭反对称。

定义 1：若复序列 $x_e(n)$ 满足

$$x_e(n)=x_e^*(-n) \tag{2-32}$$

则 $x_e(n)$ 称为共轭对称序列。

定义 2：若复序列 $x_o(n)$ 满足

$$x_o(n)=-x_o^*(-n) \tag{2-33}$$

则 $x_o(n)$ 称为共轭反对称序列。

任何一个复序列 $x(n)$ 都可以表示为共轭对称序列和共轭反对称序列之和，即

$$x(n)=x_e(n)+x_o(n) \tag{2-34}$$

其中 $x_e(n)$、$x_o(n)$ 可以由下面两式求得

$$x_e(n)=\frac{1}{2}[x(n)+x^*(-n)] \tag{2-35}$$

$$x_o(n)=\frac{1}{2}[x(n)-x^*(-n)] \tag{2-36}$$

同样，序列的傅里叶变换也可以分解为共轭对称分量 $X_e(e^{j\omega})$ 和共轭反对称分量 $X_o(e^{j\omega})$ 两个部分：

$$X(e^{j\omega})=X_e(e^{j\omega})+X_o(e^{j\omega}) \tag{2-37}$$

式中

$$X_e(e^{j\omega})=\frac{1}{2}[X(e^{j\omega})+X^*(e^{-j\omega})] \tag{2-38}$$

$$X_o(e^{j\omega})=\frac{1}{2}[X(e^{j\omega})-X^*(e^{-j\omega})] \tag{2-39}$$

下面研究傅里叶变换的对称性，从两个方面进行分析。

1）将复序列 $x(n)$ 用实部 $x_r(n)$ 和虚部 $x_i(n)$ 表示：

$$x(n)=x_r(n)+jx_i(n)$$

将 $x(n)$ 的 DTFT $X(e^{j\omega})$ 用共轭对称分量 $X_e(e^{j\omega})$ 和共轭反对称分量 $X_o(e^{j\omega})$ 表示：

$$X(e^{j\omega})=X_e(e^{j\omega})+X_o(e^{j\omega})$$

根据傅里叶变换的序列共轭性质不难得出

$$\text{DTFT}[x_r(n)]=\frac{1}{2}\text{DTFT}[x(n)+x^*(n)]=\frac{1}{2}[X(e^{j\omega})+X^*(e^{-j\omega})]=X_e(e^{j\omega}) \tag{2-40}$$

$$\text{DTFT}[jx_i(n)]=\frac{1}{2}\text{DTFT}[x(n)-x^*(n)]=\frac{1}{2}[X(e^{j\omega})-X^*(e^{-j\omega})]=X_o(e^{j\omega}) \tag{2-41}$$

以上两式表明，复序列的实部，其傅里叶变换等于序列傅里叶变换的共轭对称分量，复序列的虚部乘以 j 后，其傅里叶变换等于序列傅里叶变换的共轭反对称分量。

2）将复序列 $x(n)$ 用共轭对称分量 $x_e(n)$ 和共轭反对称分量 $x_o(n)$ 表示：

$$x(n)=x_e(n)+x_o(n)$$

将 $x(n)$ 的 DTFT $X(e^{j\omega})$ 用实部 $X_R(e^{j\omega})$ 和虚部 $X_I(e^{j\omega})$ 表示：

$$X(e^{j\omega})=X_R(e^{j\omega})+jX_I(e^{j\omega})$$

同样，根据序列共轭性质，并结合式(2-35)、式(2-36)，不难得出

$$\text{DTFT}[x_e(n)]=\frac{1}{2}\text{DTFT}[x(n)+x^*(-n)]=\frac{1}{2}[X(e^{j\omega})+X^*(e^{j\omega})]=X_R(e^{j\omega}) \tag{2-42}$$

$$\text{DTFT}[x_o(n)]=\frac{1}{2}\text{DTFT}[x(n)-x^*(-n)]=\frac{1}{2}[X(e^{j\omega})-X^*(e^{j\omega})]=jX_I(e^{j\omega}) \tag{2-43}$$

以上两式表明，序列的共轭对称分量和共轭反对称分量的傅里叶变换，分别等于序列傅里叶变换的实部、j 乘以序列傅里叶变换的虚部。

由1）和2）可以将傅里叶变换的对称性归纳表示如下：

$$
\begin{array}{ccccc}
x(n) & = & x_r(n) & + & jx_i(n) \\
\Updownarrow \text{DTFT} & & \Updownarrow \text{DTFT} & & \Updownarrow \text{DTFT} \\
X(e^{j\omega}) & = & X_e(e^{j\omega}) & + & X_o(e^{j\omega})
\end{array}
$$

$$
\begin{array}{ccccc}
x(n) & = & x_e(n) & + & x_o(n) \\
\Updownarrow \text{DTFT} & & \Updownarrow \text{DTFT} & & \Updownarrow \text{DTFT} \\
X(e^{j\omega}) & = & X_R(e^{j\omega}) & + & jX_I(e^{j\omega})
\end{array}
$$

若 $x(n)$ 是实序列，即 $x(n)=x_r(n)$，则其傅里叶变换只有共轭对称分量，即 $X(e^{j\omega})=X_e(e^{j\omega})$，此时频谱具有共轭对称性：$X(e^{j\omega})=X^*(e^{-j\omega})$，由此得出

$$
\begin{cases} |X(e^{j\omega})| = |X^*(e^{-j\omega})| = |X(e^{-j\omega})| \\ \arg[X(e^{j\omega})] = -\arg[X(e^{-j\omega})] \end{cases} \tag{2-44}
$$

式(2-44) 表明，实序列的幅度频谱是偶函数、相位频谱是奇函数。

8. 时域卷积定理

若 $X(e^{j\omega})=\text{DTFT}[x(n)]$，$H(e^{j\omega})=\text{DTFT}[h(n)]$，且有 $y(n)=x(n)*h(n)$，则

$$
Y(e^{j\omega}) = X(e^{j\omega})H(e^{j\omega}) \tag{2-45}
$$

9. 频域卷积定理

若 $X(e^{j\omega})=\text{DTFT}[x(n)]$，$H(e^{j\omega})=\text{DTFT}[h(n)]$，且有 $y(n)=x(n)h(n)$，则

$$
Y(e^{j\omega}) = \frac{1}{2\pi}[X(e^{j\omega}) * H(e^{j\omega})] = \frac{1}{2\pi}\int_{-\pi}^{\pi} X(e^{j\theta})H(e^{j(\omega-\theta)})\,d\theta \tag{2-46}
$$

10. 帕塞瓦尔（Parseval）定理

$$
\sum_{n=-\infty}^{\infty} x(n)y^*(n) = \frac{1}{2\pi}\int_{-\pi}^{\pi} X(e^{j\omega})Y^*(e^{j\omega})\,d\omega \tag{2-47}
$$

$$
\sum_{n=-\infty}^{\infty} |x(n)|^2 = \frac{1}{2\pi}\int_{-\pi}^{\pi} |X(e^{j\omega})|^2\,d\omega \tag{2-48}
$$

帕塞瓦尔定理表明，信号时域的总能量等于频域的总能量，$|X(e^{j\omega})|^2/2\pi$ 称为能量谱密度。

2.2.3　周期性序列的傅里叶变换

由于周期性序列不满足绝对可和条件，所以不能运用傅里叶变换的定义求出其傅里叶变换，当引入了频域的冲激函数 $\delta(\omega)$ 后，我们就可以将周期性序列的傅里叶变换表示出来，从而描述出周期性序列的频谱特性。

1. 复指数序列的傅里叶变换

在连续时间系统中，角频率为 Ω_0 的单一频率复指数信号 $x_a(t)=e^{j\Omega_0 t}$ 的傅里叶变换是 $\Omega=\Omega_0$ 处强度为 2π 的冲激函数，即

$$
X_a(j\Omega) = 2\pi\delta(\Omega-\Omega_0) \tag{2-49}
$$

在离散时间系统中，当 $2\pi/\omega_0$ 是有理数时，复指数序列 $x(n)=e^{j\omega_0 n}$ 为周期序列。假定

$x(n)$ 的傅里叶变换的形式与式(2-49) 一样，是在 $\omega=\omega_0$ 处强度为 2π 的单位冲激函数，同时考虑到序列的傅里叶变换具有周期性，则 $x(n)$ 的傅里叶变换可以写成以下形式：

$$X(e^{j\omega})=\mathrm{DTFT}[x(n)]=\sum_{r=-\infty}^{\infty}2\pi\delta(\omega-\omega_0-2\pi r) \tag{2-50}$$

式(2-50) 表明，复指数序列 $x(n)=e^{j\omega_0 n}$的傅里叶变换是在 $\omega=\omega_0+2\pi r$（r 为整数）处强度为 2π 的一串单位冲激函数，它是一个周期为 2π 的周期函数，如图 2-6 所示。

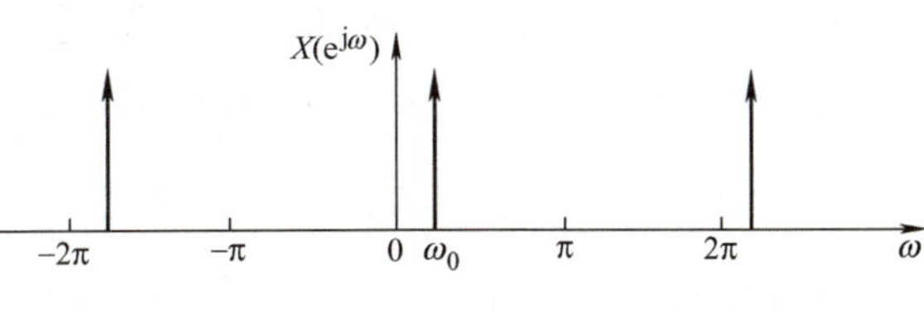

图 2-6　$e^{j\omega_0 n}$的傅里叶变换 $X(e^{j\omega})$

式(2-50) 是一种假设，如果该假设成立，则式(2-50) 的反变换必须存在且唯一，等于 $e^{j\omega_0 n}$。

式(2-50) 中 $X(e^{j\omega})$ 的傅里叶反变换为

$$\begin{aligned}\mathrm{IDTFT}[X(e^{j\omega})]&=\frac{1}{2\pi}\int_{-\pi}^{\pi}X(e^{j\omega})e^{j\omega n}d\omega=\frac{1}{2\pi}\int_{-\pi}^{\pi}\sum_{r=-\infty}^{\infty}2\pi\delta(\omega-\omega_0-2\pi r)e^{j\omega n}d\omega\\&=\frac{1}{2\pi}\int_{-\pi}^{\pi}2\pi\delta(\omega-\omega_0)e^{j\omega n}d\omega=e^{j\omega_0 n}\end{aligned} \tag{2-51}$$

即 $X(e^{j\omega})$ 的傅里叶反变换是 $e^{j\omega_0 n}$，故式(2-50) 的假设成立，$X(e^{j\omega})$ 是 $e^{j\omega_0 n}$的傅里叶变换。

2. 一般周期序列 $\tilde{x}(n)$ 的傅里叶变换

对于周期为 N 的一般周期序列 $\tilde{x}(n)$，可以将它表示成 N 次谐波叠加的形式，即

$$\tilde{x}(n)=\frac{1}{N}\sum_{k=0}^{N-1}\tilde{X}(k)e^{j\frac{2\pi}{N}kn} \tag{2-52}$$

其中谐波系数 $\tilde{X}(k)=\sum_{n=0}^{N-1}\tilde{x}(n)e^{-j\frac{2\pi}{N}kn}$ 被称为 $\tilde{x}(n)$ 的离散傅里叶级数，离散傅里叶级数在下一章将会详细介绍。

由于式(2-52) 中每项都是复指数序列，根据式(2-50) 复指数序列傅里叶变换的结论，可以得出 $\tilde{x}(n)$ 的傅里叶变换为

$$\begin{aligned}X(e^{j\omega})&=\mathrm{DTFT}[\tilde{x}(n)]=\mathrm{DTFT}\left[\frac{1}{N}\sum_{k=0}^{N-1}\tilde{X}(k)e^{j\frac{2\pi}{N}kn}\right]=\frac{1}{N}\sum_{k=0}^{N-1}\tilde{X}(k)\cdot\mathrm{DTFT}(e^{j\frac{2\pi}{N}kn})\\&=\frac{1}{N}\sum_{k=0}^{N-1}\tilde{X}(k)\cdot 2\pi\sum_{r=-\infty}^{\infty}\delta\left(\omega-\frac{2\pi}{N}k-2\pi r\right)\end{aligned}$$

如果让 k 在 $\pm\infty$ 之间变化，上式可简化为

$$X(e^{j\omega})=\frac{2\pi}{N}\sum_{k=-\infty}^{\infty}\tilde{X}(k)\delta\left(\omega-\frac{2\pi}{N}k\right) \tag{2-53}$$

由此可见，周期序列 $\tilde{x}(n)$（周期为 N）的傅里叶变换，是频率为$\frac{2\pi}{N}$的整数倍上的一系列冲激函数，而每个冲激函数的强度等于$\frac{2\pi}{N}\tilde{X}(k)$。周期序列的傅里叶变换仍是周期函数，

其周期为 2π，而且每一个周期中只有 N 个用冲激函数表示的谐波。

2.3　序列的 z 变换与连续信号的拉普拉斯变换、傅里叶变换的关系

在第 1 章 1.3 节讨论了连续信号的理想抽样，本节将借助于理想抽样，把连续时间信号的拉普拉斯变换、傅里叶变换与离散时间信号的 z 变换联系起来，讨论它们之间的关系。

2.3.1　z 变换和拉普拉斯变换的关系

设连续信号为 $x_a(t)$，对它进行理想抽样后得到抽样信号为 $\hat{x}_a(t)$，$\hat{x}_a(t)$ 可表示为

$$\hat{x}_a(t) = x_a(t)\delta_T(t) = \sum_{n=-\infty}^{\infty} x_a(nT)\delta(t-nT) \tag{2-54}$$

$x_a(t)$ 和 $\hat{x}_a(t)$ 的拉普拉斯变换分别为

$$X_a(s) = \int_{-\infty}^{\infty} x_a(t)\mathrm{e}^{-st}\mathrm{d}t$$

$$\begin{aligned}\hat{X}_a(s) &= \int_{-\infty}^{\infty} \hat{x}_a(t)\mathrm{e}^{-st}\mathrm{d}t = \int_{-\infty}^{\infty}\sum_{n=-\infty}^{\infty} x_a(nT)\delta(t-nT)\mathrm{e}^{-st}\mathrm{d}t \\ &= \sum_{n=-\infty}^{\infty}\int_{-\infty}^{\infty} x_a(nT)\delta(t-nT)\mathrm{e}^{-st}\mathrm{d}t = \sum_{n=-\infty}^{\infty} x_a(nT)\int_{-\infty}^{\infty}\delta(t-nT)\mathrm{e}^{-st}\mathrm{d}t \\ &= \sum_{n=-\infty}^{\infty} x_a(nT)\mathrm{e}^{-nsT}\end{aligned} \tag{2-55}$$

抽样序列 $x(n)=x_a(nT)$ 的 z 变换为

$$X(z) = \sum_{n=-\infty}^{\infty} x_a(nT)z^{-n} = \sum_{n=-\infty}^{\infty} x(n)z^{-n} \tag{2-56}$$

比较式(2-55) 和式(2-56) 可以看出，当 $z=\mathrm{e}^{sT}$时，抽样序列 $x(n)$ 的 z 变换等于理想抽样信号 $\hat{x}_a(t)$ 的拉普拉斯变换，即

$$X(z)\big|_{z=\mathrm{e}^{sT}} = X(\mathrm{e}^{sT}) = \hat{X}_a(s) \tag{2-57}$$

拉普拉斯变换和 z 变换的关系，就是 s 平面到 z 平面的映射关系，该映射关系为

$$z=\mathrm{e}^{sT},\ s=\frac{1}{T}\ln z \tag{2-58}$$

式中　T——抽样间隔（抽样周期）。

下面讨论这一映射关系。将 s 平面的变量用直角坐标表示为

$$s=\sigma+\mathrm{j}\Omega$$

而将 z 平面的变量用极坐标表示为

$$z=r\mathrm{e}^{\mathrm{j}\omega}$$

将它们代入式(2-58)，得出

$$r\mathrm{e}^{\mathrm{j}\omega} = \mathrm{e}^{(\sigma+\mathrm{j}\Omega)T} = \mathrm{e}^{\sigma T}\cdot\mathrm{e}^{\mathrm{j}\Omega T}$$

因此有

$$r = \mathrm{e}^{\sigma T} \tag{2-59a}$$

$$\omega = \Omega T \tag{2-59b}$$

可见，z 的模 r 对应于 s 的实部 σ，而 z 的辐角 ω 与 s 的虚部 Ω 相对应。

1. r 和 σ 的关系，$r = \mathrm{e}^{\sigma T}$

$\sigma = 0$（s 平面的虚轴）$\rightarrow r = 1$（z 平面的单位圆上）；

$\sigma < 0$（s 平面的左半平面）$\rightarrow r < 1$（z 平面的单位圆内部）；

$\sigma > 0$（s 平面的右半平面）$\rightarrow r > 1$（z 平面的单位圆外部）。

其映射关系如图 2-7 所示。

2. ω 与 Ω 的关系，$\omega = \Omega T$

$\Omega = 0$（s 平面的实轴）$\rightarrow \omega = 0$（z 平面的正实轴）；

$\Omega = \Omega_0$（常数）（s 平面平行于实轴的直线）$\rightarrow \omega = \Omega_0 T$（$z$ 平面始于原点、辐角为 $\Omega_0 T$ 的辐射线）；

Ω 由 $-\pi/T$ 增至 $0 \rightarrow \omega$ 由 $-\pi$ 增至 0；

Ω 由 0 增至 $\pi/T \rightarrow \omega$ 由 0 增至 π。

可见，当 Ω 从 $-\pi/T$ 增加到 π/T 时，ω 则由 $-\pi$ 增加到 π，即辐角旋转了一周，把整个 z 平面映射了一次。当 Ω 再增加 $2\pi/T$（一个抽样角频率）时，ω 则相应地又增加了 2π，即辐角再次旋转一周，将整个 z 平面又映射一次。因此 s 平面宽度为 $2\pi/T$ 的水平带映射成整个 z 平面，整个 s 平面到 z 平面的映射是多值映射。其映射关系如图 2-8 所示。

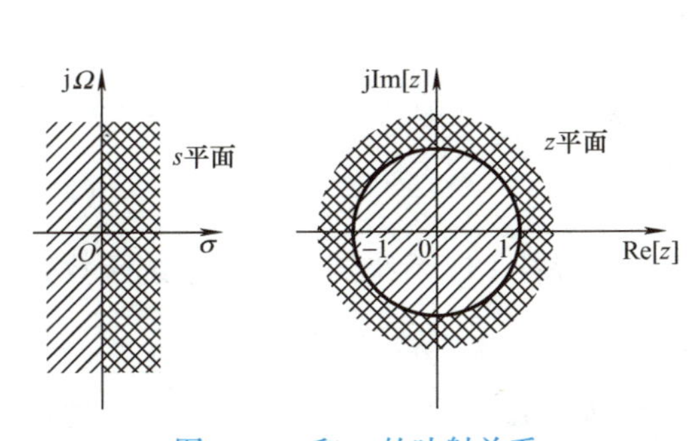

图 2-7　r 和 σ 的映射关系

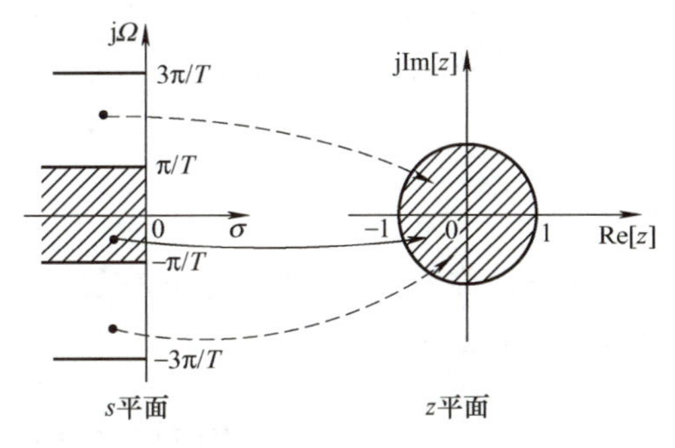

图 2-8　s 平面与 z 平面的多值映射关系

由以上 $s \rightarrow z$ 的映射关系，再利用理想抽样信号 $\hat{x}_a(t)$ 的拉普拉斯变换作纽带，就可以得出连续信号 $x_a(t)$ 的拉普拉斯变换 $X_a(s)$ 与抽样序列 $x(n)$ 的 z 变换 $X(z)$ 的关系。

由 1.3 节的式(1-50) 得知 $\hat{X}_a(s)$ 和 $X_a(s)$ 的关系是

$$\hat{X}_a(s) = \frac{1}{T}\sum_{k=-\infty}^{\infty} X_a(s - \mathrm{j}k\Omega_s)$$

将上式代入式(2-57)，即可得到 $X(z)$ 和 $X_a(s)$ 的关系为

$$X(z)\big|_{z=\mathrm{e}^{sT}} = \frac{1}{T}\sum_{k=-\infty}^{\infty} X_a(s - \mathrm{j}k\Omega_s) = \frac{1}{T}\sum_{k=-\infty}^{\infty} X_a\left(s - \mathrm{j}k\frac{2\pi}{T}\right) \tag{2-60}$$

2.3.2　z 变换和傅里叶变换的关系

傅里叶变换是拉普拉斯变换在虚轴 $s = \mathrm{j}\Omega$ 上的特例，映射到 z 平面上正是单位圆

$z=\mathrm{e}^{\mathrm{j}\Omega T}$。将这两个关系式代入式(2-57) 可得到

$$X(z)\big|_{z=\mathrm{e}^{\mathrm{j}\Omega T}}=X(\mathrm{e}^{\mathrm{j}\Omega T})=\hat{X}_{\mathrm{a}}(\mathrm{j}\Omega)=\frac{1}{T}\sum_{k=-\infty}^{\infty}X_{\mathrm{a}}\left(\mathrm{j}\Omega-\mathrm{j}\frac{2\pi}{T}k\right) \tag{2-61}$$

式(2-61) 表明：抽样序列在单位圆上的 z 变换，就等于其理想抽样信号的傅里叶变换。

在 $z=\mathrm{e}^{\mathrm{j}\omega}$ 中，数字频率 ω 是 z 平面上单位圆的参数，ω 表示的是 z 平面的辐角。数字频率 ω 和模拟角频率 Ω 之间的关系是 $\omega=\Omega T$。将 $\Omega=\omega/T$ 代入式(2-61)，则

$$X(z)\big|_{z=\mathrm{e}^{\mathrm{j}\omega}}=X(\mathrm{e}^{\mathrm{j}\omega})=\frac{1}{T}\sum_{k=-\infty}^{\infty}X_{\mathrm{a}}\left(\mathrm{j}\frac{\omega-2\pi k}{T}\right) \tag{2-62}$$

所以，抽样序列在单位圆上的 z 变换，是该序列的傅里叶变换（DTFT）。另外，抽样序列的傅里叶变换，是连续信号的傅里叶变换以周期 $\Omega_{\mathrm{s}}=2\pi/T$ 进行的周期延拓。

2.4 离散时间系统的频域特性

2.4.1 系统函数

在时域中，一个 LTI 系统可以用单位抽样响应 $h(n)$ 来表征。对于一个给定的输入 $x(n)$，其输出为

$$y(n)=x(n)*h(n)=\sum_{m=-\infty}^{\infty}x(m)h(n-m) \tag{2-63}$$

对等式两边求 z 变换，得出

$$Y(z)=X(z)H(z)$$

故有

$$H(z)=\frac{Y(z)}{X(z)} \tag{2-64}$$

将 $H(z)$ 称为系统函数，它是在复频域（z 域）里表征 LTI 系统的函数。系统函数是单位抽样响应的 z 变换，即

$$H(z)=Z[h(n)]=\sum_{n=-\infty}^{\infty}h(n)z^{-n} \tag{2-65}$$

当 LTI 系统用一个线性常系数差分方程来描述时，系统函数是两个多项式之比的形式。设 N 阶线性常系数差分方程为

$$\sum_{k=0}^{N}a_k y(n-k)=\sum_{m=0}^{M}b_m x(n-m),\ a_0=1$$

对方程两边求 z 变换，得出

$$\sum_{k=0}^{N}a_k z^{-k}Y(z)=\sum_{m=0}^{M}b_m z^{-m}X(z),\ a_0=1$$

因此

$$H(z)=\frac{Y(z)}{X(z)}=\frac{\sum_{m=0}^{M}b_m z^{-m}}{\sum_{k=0}^{N}a_k z^{-k}},\ a_0=1 \tag{2-66}$$

当给定了 $H(z)$ 之后，不同的收敛域对应于不同的单位抽样响应，但它们都可以满足同

一个差分方程。

2.4.2　频率响应

对于一个稳定的LTI系统，若输入是一个复指数序列，即$x(n)=e^{j\omega n}$，系统的单位抽样响应为$h(n)$，则输出

$$
\begin{aligned}
y(n)=x(n)*h(n)&=\sum_{m=-\infty}^{\infty}h(m)x(n-m)=\sum_{m=-\infty}^{\infty}h(m)e^{j\omega(n-m)}\\
&=e^{j\omega n}\sum_{m=-\infty}^{\infty}h(m)e^{-j\omega m}
\end{aligned}
\tag{2-67}
$$

令$H(e^{j\omega})=\sum\limits_{m=-\infty}^{\infty}h(m)e^{-j\omega m}$，则

$$
y(n)=H(e^{j\omega})e^{j\omega n} \tag{2-68}
$$

式(2-68)表明，当LTI系统的输入是频率为ω的复指数序列时，输出为同频率的复指数序列乘以加权函数$H(e^{j\omega})$。$H(e^{j\omega})$描述了复指数序列通过LTI系统后，复振幅（包括幅度和相位）随频率ω的变化，我们将之称为频率响应。

频率响应$H(e^{j\omega})$是系统在频域的表征，从上述的推导过程不难看出，它是系统时域表征$h(n)$的傅里叶变换，即

$$
H(e^{j\omega})=\sum_{n=-\infty}^{\infty}h(n)e^{-j\omega n} \tag{2-69}
$$

$H(e^{j\omega})$有以下特性：

1）$H(e^{j\omega})$存在的条件是$h(n)$绝对可和，即要求系统是稳定的。

2）$H(e^{j\omega})$是以2π为周期的连续周期函数，是复函数，可以写成幅度和相位的形式：

$$
H(e^{j\omega})=|H(e^{j\omega})|e^{j\varphi(\omega)} \tag{2-70}
$$

式中　$|H(e^{j\omega})|$——幅频响应（幅度响应），它是系统对输入序列$e^{j\omega n}$的增益；

$\varphi(\omega)$——相频响应（相位响应），$\varphi(\omega)=\arg[H(e^{j\omega})]$，它是系统对输入序列$e^{j\omega n}$的相位的改变量。

3）通常$h(n)$是实序列，根据傅里叶变换的对称性，$H(e^{j\omega})$必定是共轭对称函数，即幅频响应$|H(e^{j\omega})|$是偶函数，相频响应$\arg[H(e^{j\omega})]$是奇函数。

4）由于$y(n)=x(n)*h(n)$，故

$$
Y(e^{j\omega})=X(e^{j\omega})H(e^{j\omega}) \tag{2-71}
$$

即输出序列的傅里叶变换等于输入序列的傅里叶变换与系统频率响应的乘积。

5）根据z变换和傅里叶变换的关系可以得出

$$
H(e^{j\omega})=H(z)\big|_{z=e^{j\omega}} \tag{2-72}
$$

可见，由系统函数$H(z)$可以得到$H(e^{j\omega})$，条件是$H(z)$的收敛域必须包含单位圆$(z=e^{j\omega})$，即$H(z)$在单位圆上是收敛的。

2.4.3　利用系统函数极点分布分析LTI系统的因果性和稳定性

如果一个LTI系统是因果的，那么该系统的单位抽样响应$h(n)$是因果序列，即$n<0$

时，$h(n)=0$，则系统函数 $H(z)$ 的收敛域一定包含∞点，收敛域在一个圆的外围，极点一定是在该圆的内部。因果系统的系统函数的收敛域可以表示为

$$R_{h\_}<|z|\leqslant\infty \tag{2-73}$$

如果一个系统是稳定的，那么 $h(n)$ 必须满足绝对可和这个充要条件：$\sum_{n=-\infty}^{\infty}|h(n)|<\infty$，而 z 变换的收敛域由满足 $\sum_{n=-\infty}^{\infty}|h(n)z^{-n}|<\infty$ 的那些 z 值确定，所以稳定系统的系统函数必须在单位圆 $|z|=1$ 上收敛，即收敛域包含单位圆，或者说 $H(e^{j\omega})$ 是存在的。

因此可以得出，一个因果稳定的 LTI 系统，其系统函数必须在从单位圆 $|z|=1$ 到 $|z|=\infty$ 的 z 平面内收敛，即系统函数的收敛域为

$$R_{h\_}<|z|\leqslant\infty,\ R_{h\_}<1 \tag{2-74}$$

所以，因果稳定的 LTI 系统，其系统函数的所有极点都在单位圆内。

2.4.4 频率响应的几何确定法

将式(2-66) 的 $H(z)$ 进行因式分解，得出

$$H(z)=K\cdot\frac{\prod_{m=1}^{M}(1-c_m z^{-1})}{\prod_{k=1}^{N}(1-d_k z^{-1})}=Kz^{N-M}\cdot\frac{\prod_{m=1}^{M}(z-c_m)}{\prod_{k=1}^{N}(z-d_k)} \tag{2-75}$$

式中　K——实常数；

c_m——$H(z)$ 的零点；

d_k——$H(z)$ 的极点。

设系统稳定，将 $z=e^{j\omega}$代入式(2-75)，得出系统的频率响应为

$$H(e^{j\omega})=Ke^{j(N-M)\omega}\cdot\frac{\prod_{m=1}^{M}(e^{j\omega}-c_m)}{\prod_{k=1}^{N}(e^{j\omega}-d_k)}=|H(e^{j\omega})|e^{j\arg[H(e^{j\omega})]} \tag{2-76}$$

故幅频响应

$$|H(e^{j\omega})|=|K|\cdot\frac{\prod_{m=1}^{M}|e^{j\omega}-c_m|}{\prod_{k=1}^{N}|e^{j\omega}-d_k|} \tag{2-77}$$

相频响应

$$\arg[H(e^{j\omega})]=\arg[K]+(N-M)\omega+\sum_{m=1}^{M}\arg[e^{j\omega}-c_m]-\sum_{k=1}^{N}\arg[e^{j\omega}-d_k] \tag{2-78}$$

在 z 平面上，$e^{j\omega}-c_m$ 用由零点 c_m 指向单位圆 $e^{j\omega}$上点 B 的矢量 $\boldsymbol{C}_m$表示，而 $e^{j\omega}-d_k$ 用极点 d_k 指向单位圆 $e^{j\omega}$上点 B 的矢量 $\boldsymbol{D}_k$ 表示，如图 2-9 所示。

$\boldsymbol{C}_m$ 和 $\boldsymbol{D}_k$ 分别称为零矢和极矢，将它们表示成极坐标形式为

$$\boldsymbol{C}_m=e^{j\omega}-c_m=\rho_m e^{j\theta_m} \tag{2-79}$$

$$\boldsymbol{D}_k = \mathrm{e}^{\mathrm{j}\omega} - d_k = l_k \mathrm{e}^{\mathrm{j}\phi_k} \tag{2-80}$$

将以上两个表达式代入式(2-77) 和式(2-78)，得出

$$|H(\mathrm{e}^{\mathrm{j}\omega})| = |K| \cdot \frac{\prod_{m=1}^{M} \rho_m}{\prod_{k=1}^{N} l_k} \tag{2-81}$$

$$\arg[H(\mathrm{e}^{\mathrm{j}\omega})] = \arg[K] + (N-M)\omega + \sum_{m=1}^{M} \theta_m - \sum_{k=1}^{N} \phi_k \tag{2-82}$$

可见，幅频响应等于各零矢长度之积除以各极矢长度之积再乘以常数$|K|$，相频响应等于各零矢的相位之和减去各极矢的相位之和，再加上常数 K 的相位（K 为正实数时，相位为 0，K 为负实数时，相位为 π）以及线性相移 $(N-M)\omega$。

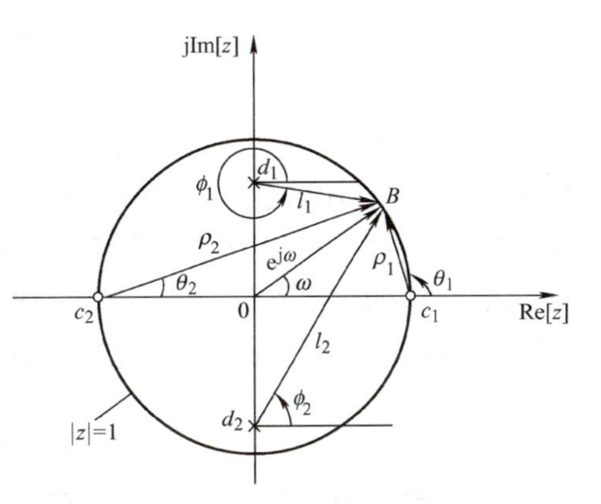

图 2-9　频率响应的几何表示法

知道零极点的分布后，可以很容易确定零极点位置对系统特性的影响。当改变 ω 使图 2-9 中 B 点转到极点附近时，此时极矢长度最短，幅频响应将会出现峰值，而且极点越靠近单位圆 $z=\mathrm{e}^{\mathrm{j}\omega}$，波峰越高越尖锐。当改变 ω 使 B 点转到零点附近时，此时零矢长度最短，幅频响应将会出现谷值，而且零点越靠近单位圆，谷值越接近于零。

例 2-15　已知系统函数 $H(z)=\dfrac{z}{z-a}$，$0<a<1$，收敛域为$|z|>a$。运用几何法画出幅频响应的大致曲线。

解：由于收敛域$|z|>a$，包含单位圆，所以可以令 $z=\mathrm{e}^{\mathrm{j}\omega}$，由 $H(z)$ 得出 $H(\mathrm{e}^{\mathrm{j}\omega})$。系统的零点为 $z=0$，极点为 $z=a$，如图 2-10 所示。

当 B 点由 $\omega=0$ 逆时针旋转时，在 $\omega=0$（即 $z=1$ 处）时，极矢长度 $l=1-a$，零矢长度 $\rho=1$，由于极矢长度最短，所以幅频响应在此处形成波峰。在 $\omega=\pi$（即 $z=-1$ 处）时，极矢长度 $l=1+a$，零矢长度 $\rho=1$，由于极矢长度最长，所以幅频响应在此处形成波谷。幅频响应的大致曲线如图 2-11 所示。

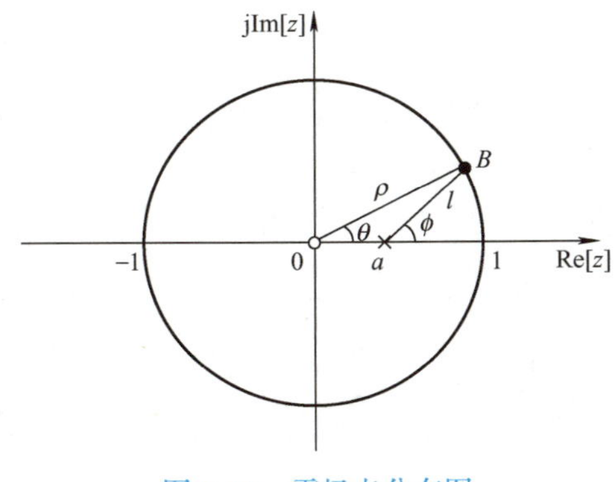

图 2-10　零极点分布图

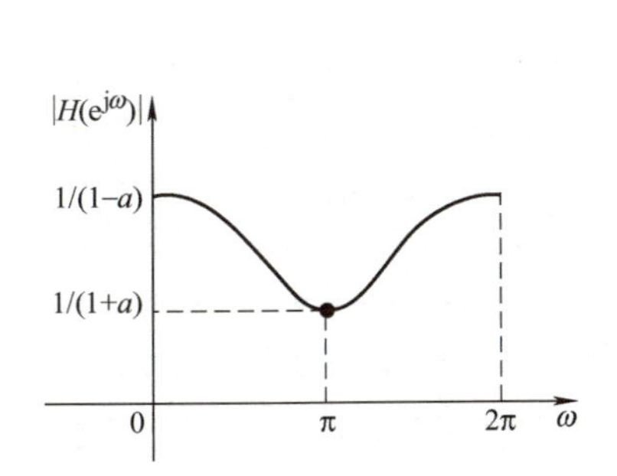

图 2-11　幅频响应曲线

2.4.5 IIR 系统和 FIR 系统

若 LTI 系统单位抽样响应的长度是无限长的，该系统称为无限长抽样响应系统，或无限长冲激响应（Infinite Impulse Response，IIR）系统。若其单位抽样响应的长度是有限长的，该系统称为有限长抽样响应系统，或有限长冲激响应（Finite Impulse Response，FIR）系统。

系统函数的一般表达式为

$$H(z)=\frac{\sum_{m=0}^{M}b_m z^{-m}}{1-\sum_{k=1}^{N}a_k z^{-k}} \tag{2-83}$$

只要 a_k 有一个不为零，此系统即是 IIR 系统，若所有 a_k 都为零，此系统则为 FIR 系统。由此不难看出，IIR 系统在 $|z|\neq 0$ 的有限 z 平面上存在极点，故 IIR 系统需考虑稳定性问题，而 FIR 系统在 $|z|\neq 0$ 的有限 z 平面上不存在极点，故 FIR 系统是稳定的。

IIR 系统的输出不仅与输入及其延时有关，而且还与输出的延时有关，实现结构中存在反馈，采用的是递归型结构，其差分方程为

$$y(n)=\sum_{m=0}^{M}b_m x(n-m)+\sum_{k=1}^{N}a_k y(n-k) \tag{2-84}$$

FIR 系统的输出只与输入及其延时有关，一般实现结构中不存在反馈，采用的是非递归结构，其差分方程为

$$y(n)=\sum_{m=0}^{M}b_m x(n-m) \tag{2-85}$$

由于 IIR 系统和 FIR 系统的特性和设计方法不同，因而成了数字滤波器的两大分支，在后面的章节将分别进行讨论。

2.5 本章涉及的 MATLAB 程序

例 2-16 描述某系统的差分方程为 $y(n)=0.6y(n-1)+x(n)$，求当输入序列 $x(n)=0.8^n u(n)$、初始条件 $y(-1)=2$ 时，系统的输出响应。

解：程序如下：

```
B=1;
A=[1 -0.6];
n=0:31;
xn=0.8.^n;
ys=2;
xi=filtic(B,A,ys);
yn=filter(B,A,xn,xi);
stem(n,yn,'.');
```

```
xlabel('n');ylabel('y(n)');
axis([0,32,0,max(yn)+0.5]);
```

程序运行结果如图 2-12 所示。

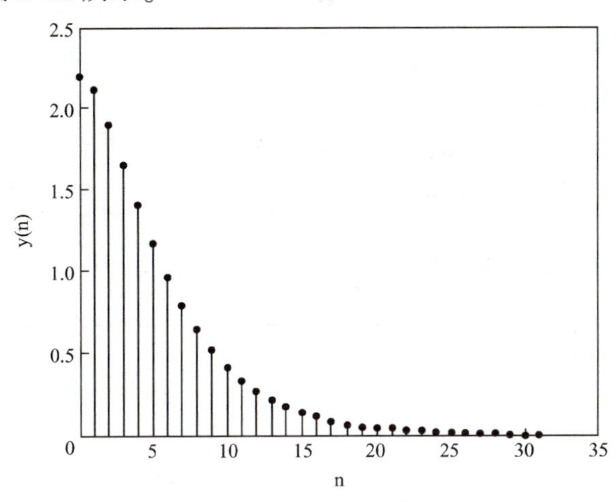

图 2-12　输出响应序列

例 2-17　已知系统函数如下：

$$H(z)=\frac{2z^4+16z^3+44z^2+56z+32}{3z^4+3z^3-15z^2+18z-12}$$

求解系统的零极点及增益。

解： 程序如下：

```
num=input('Type in the numerator coefficients=');
den=input('Type in the denominator coefficients=');
[z,p,k]=tf2zp(num,den);
m=abs(p);
disp('Zeros are at');disp(z);
disp('Poles are at');disp(p);
disp('Gain constant');disp(k);
disp('Radius of poles');disp(m);
sos=zp2sos(z,p,k);
disp('Second-order section');disp(real(sos));
zplane(num,den);
```

输入如下：

```
num=[2 16 44 56 32]     den=[3 3 -15 18 -12]
```

输出如下：

```
Zeros are at
   -4.0000     -2.0000     -1.0000+1.0000i     -1.0000-1.0000i
```

```
Poles are at
 -3.2361    1.2361    0.5000 +0.8660i    0.5000 -0.8660i
Gain constant
  0.6667
Radius of poles
  3.2361    1.2361    1.0000    1.0000
Second - order section
  0.6667 4.0000 5.3333 1.0000 2.0000  -4.0000
  1.0000 2.0000 2.0000 1.0000  -1.0000 1.0000
```

系统零极点分布如图 2-13 所示。

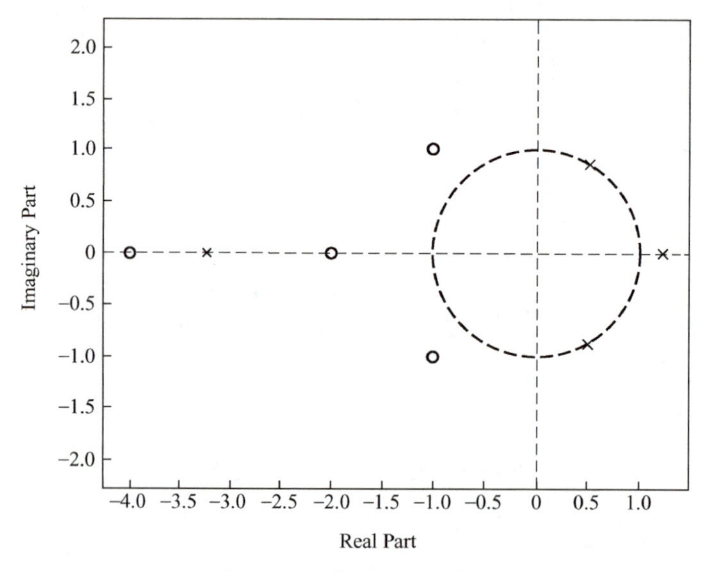

图 2-13　系统零极点分布图

例 2-18　已知离散系统的零点为

$$z_1 = 0.21,\ z_2 = 3.14,\ z_3 = -0.3 + \mathrm{j}0.5,\ z_4 = -0.3 - \mathrm{j}0.5$$

极点为

$$p_1 = -0.45,\ p_2 = 0.67,\ p_3 = 0.81 + \mathrm{j}0.72,\ p_4 = 0.81 - \mathrm{j}0.72$$

增益系数 $k = 2.2$，求系统的系统函数。

解： 程序如下：

```
format long;
zr = input('Type in the zeros as a row vector = ');
pr = input('Type in the zeros as a row vector = ');
z = zr';p = pr';
k = input('Type in the gain constant = ');
[num,den] = zp2tf(z,p,k);
```

```
disp('Numrator polynomial coefficients');disp(num);
disp('Denominator polynominal coefficients');disp(den);
```

在输入零极点向量及增益值后，将输出以降幂排列的分子和分母的系数，即

```
Numerator polynominal coefficients
  2.2  -6.05  -2.22332  -1.635392  -0.4932312
Denominator polyminal coefficients
  1.0  -1.840 1.22940 0.23004  -0.35411175
```

由此，可得所求表达式为

$$H(z)=\frac{2.2z^4-6.05z^3-2.22332z^2-1.635392z-0.4932312}{z^4-1.84z^3+1.2294z^2+0.23004z-0.35411175}$$

例 2-19　将以下 z 变换的有理分式展开成部分分式展开式形式：

$$H(z)=\frac{18z^3}{18z^3+3z^2-4z-1}$$

解： 程序如下：

```
num=input('Type in numerator coefficients=');
den=input('Type in denominator coefficients=');
[r,p,k]=residuez(num,den);
disp('Residues');disp(r');
disp('Poles');disp(p');
disp('Constants');disp(k);
```

输入如下：

```
num=[18]     den=[18 3  -4  -1]
```

输出如下：

```
Residues
  0.36000000000000 0.24000000468194 0.39999999531806
Poles
  0.50000000000000  -0.33333333333333  -0.33333333333333
Constants
```

由此，可得 $G(z)$ 的部分分式展开式为

$$H(z)=\frac{0.36}{1-0.5z^{-1}}+\frac{0.24}{1+0.3333z^{-1}}+\frac{0.4}{(1+0.3333z^{-1})^2}$$

反之，若已知部分分式，也可以通过 residuez（r，p，k）得到有理分式。

例 2-20　已知

$$H(z)=\frac{1+2.0z^{-1}}{1+0.4z^{-1}-0.12z^{-2}}$$

求单位抽样响应 $h(n)$。

解：程序如下：

```
L=input('Type in the length of output vector =');
num=input('Type in the numerator coefficient =');
den=input('Type in the denominator coefficients =');
[y n]=impz(num,den,L);
disp('Coefficients of the power series expansion');
disp(y');
```

输入如下：

```
L=10      num=[1 2]       den=[1 0.4  -0.12]
```

输出如下：

```
Coefficients of the power series expansion
Columns 1 through 5
1.0000 1.6000  -0.5200 0.4000  -0.2224
Columns 6 through 10
0.1370  -0.815 0.0490  -0.0294 0.0176
```

由此可以得到单位抽样序列为

$$h(n)=\{1,1.6,-0.52,0.4,-0.2224,0.137,-0.815,0.0490,-0.0294,0.0176\}$$

例 2-21　已知系统函数 $H(z)=1-z^{-4}$，绘制系统的零极点图、幅频响应及相频响应曲线。

解：将 $H(z)$ 变形为

$$H(z)=1-z^{-4}=\frac{z^4-1}{z^4}$$

程序如下：

```
B=[1 0 0 0 -1];A=1;
figure(1);zplane(B,A);
[H, w]=freqz(B,A,'whole');
figure(2);subplot(2,1,1);plot(w/pi,abs(H));
xlabel('\omega/\pi');ylabel('|H(e^j^\omega)|');axis([0,2,0,2.5]);
subplot(2,1,2);plot(w/pi,angle(H));
xlabel('\omega/\pi');ylabel('\phi(\omega)');axis([0,2,-2,2]);
```

程序运行结果如图 2-14 所示。

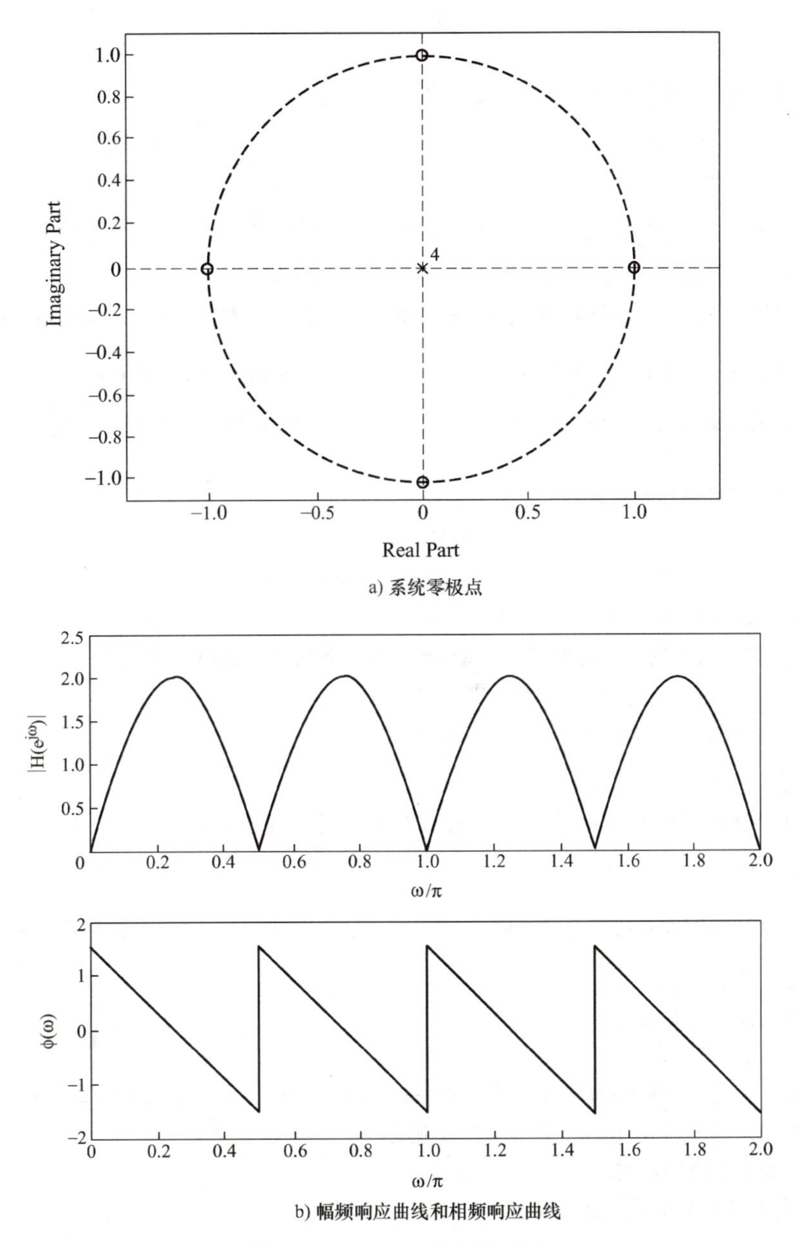

a) 系统零极点

b) 幅频响应曲线和相频响应曲线

图 2-14　例 2-21 的运行结果

本章小结

本章介绍了 z 变换的定义及收敛域的概念，典型序列收敛域的特点，逆 z 变换，z 变换的主要性质及定理，DTFT 的定义及性质，周期性序列的 DTFT，z 变换和拉普拉斯变换、傅里叶变换之间的关系，系统的频域特性。

习　题

2-1　求下列序列的 z 变换，并画出其零极点图和收敛域。

(1) $x(n)=3^n u(-n-1)$　　(2) $x(n)=\delta(n-2)$

(3) $x(n)=2^n R_4(n)$　　(4) $x(n)=2^{-n}u(-n)$

2-2　已知 $X(z)=\dfrac{z(z+2)}{(z-0.2)(z+0.6)}$，分别求在下列各收敛域下的逆 z 变换 $x(n)$：

(1) $0.2<|z|<0.6$　(2) $|z|<0.2$　(3) $|z|>0.6$

2-3　有一信号 $y(n)$，它与另两个信号 $x_1(n)$ 和 $x_2(n)$ 的关系是 $y(n)=x_1(n+3)*x_2(-n-1)$，其中 $x_1(n)=\left(\dfrac{1}{2}\right)^n u(n)$，$x_2(n)=\left(\dfrac{1}{3}\right)^n u(n)$，利用 z 变换性质求 $y(n)$ 的 z 变换 $Y(z)$。

2-4　已知 $x(n)=a^n u(n)$，$0<a<1$。分别求：(1) $x(n-1)$ 的 z 变换；(2) $nx(n)$ 的 z 变换；(3) $x(-n)$ 的 z 变换。

2-5　求下列序列的傅里叶变换：

(1) $x_1(n)=\delta(n-5)$　　(2) $x_2(n)=0.5^n u(n-3)$

(3) $x_3(n)=2^n[u(n+2)-u(n-3)]$　　(4) $x_4(n)=R_9(n+4)$

(5) $x_5(n)=\delta(n+2)+\delta(n)-\delta(n-1)$

2-6　$X(e^{j\omega})$ 是 $x(n)$ 的傅里叶变换，用 $X(e^{j\omega})$ 表示下列序列的傅里叶变换：

(1) $x(n-2)$　(2) $x^*(n)$　(3) $e^{j3n}x(n)$

(4) $nx(n)$　(5) $x(-n+1)$　(6) $x(n)*x(n)$

(7) $x^*(-n)+x(-n)$

2-7　已知 LTI 离散时间系统的单位抽样响应 $h(n)=\left(\dfrac{1}{2}\right)^{n-2}u(n-2)$。(1) 求系统函数 $H(z)$；(2) 判断系统是否因果，是否稳定。

2-8　已知 LTI 离散时间系统的系统函数为 $H(z)=\dfrac{z}{(z-0.5)(z-2)}$，该系统是非因果、稳定的系统。

(1) 求 $H(z)$ 的收敛域；

(2) 求单位抽样响应 $h(n)$；

(3) 求频率响应 $H(e^{j\omega})$。

2-9　已知 LTI 离散时间系统的差分方程为 $y(n)=y(n-1)+2y(n-2)+x(n)+2x(n-1)$，且系统因果。

(1) 求该系统的系统函数 $H(z)$，并指出其收敛域；

(2) 求该系统的单位抽样响应 $h(n)$。

2-10　LTI 离散时间系统的差分方程为

$y(n)=\dfrac{10}{3}y(n-1)-y(n-2)+x(n)+x(n-1)$，且系统稳定。

(1) 求该系统的系统函数 $H(z)$，并指出其收敛域；

(2) 求该系统的单位抽样响应 $h(n)$；

(3) 求该系统的频率响应 $H(e^{j\omega})$。

2-11　已知 LTI 离散时间系统的单位抽样响应 $h(n)=\{\underset{\uparrow}{2},1,0,-1,-2\}$。

(1) 求该系统的频率响应 $H(e^{j\omega})$；

(2) 如果记 $H(e^{j\omega})=|H(e^{j\omega})|e^{j\arg[H(e^{j\omega})]}$，求 $|H(e^{j\omega})|$ 与 $\arg[H(e^{j\omega})]$；

(3) 该系统是 IIR 系统还是 FIR 系统？

第3章　离散傅里叶变换

导读

本章是数字信号处理内容中最基本、重点的章节之一，对了解全书的内容有重要的帮助。本章内容包括：四种形式傅里叶变换的比较，即连续时间非周期信号的傅里叶变换、连续时间周期信号的傅里叶级数、离散时间非周期信号的傅里叶变换（DTFT）和离散时间周期信号的傅里叶级数。

周期序列的离散傅里叶级数（Discrete Fourier Series，DFS），包括 DFS 的定义、性质，以及 DFS 与 DTFT、z 变换之间的关系等。

有限长序列的离散傅里叶变换（Discrete Fourier Transform，DFT），包括周期序列和有限长序列的关系，DFT 的定义，DFT 与 z 变换、DTFT 之间的关系，DFT 的性质，有限长序列的圆周卷积与线性卷积之间的关系等。

频域抽样理论包括频域抽样定理及频域插值重构。

DFT 的应用包括利用 DFT 计算线性卷积，利用 DFT 对连续时间信号进行频谱分析，用 DFT 对连续信号进行频谱分析时要注意的问题及参数的选择等。

DFT 及应用的 MATLAB 实现，利用 MATLAB 软件实现 DFT、IDFT 的计算，利用 DFT 计算 DTFT，利用 DFT 求有限长序列的线性卷积。

【本章教学目标与要求】

- 理解 DFS 的定义及性质，掌握周期卷积过程。
- 理解 DFT 的定义及性质，掌握 DFT 与 z 变换、DTFT 的关系。
- 掌握圆周卷积、线性卷积以及两者之间的关系。
- 理解利用 DFT 对连续时间信号进行频谱分析的过程，掌握用 DFT 对连续信号进行频谱分析中会有哪些误差以及减少这些误差的方法。
- 掌握频域抽样定理，理解频域插值重构。

数字计算机只能计算有限长离散序列，有限长序列是数字信号处理中一种很重要的序列。有限长序列可以用序列的傅里叶变换和 z 变换来分析表示，但这两种变换无法直接利用计算机进行数值计算。对于有限长序列，还有一种更为重要的变换：离散傅里叶变换（DFT）。由于序列及其 DFT 在时域或频域都为离散值，故能够利用计算机这一有力的计算工具进行处理。DFT 作为有限长序列的一种傅里叶变换法，在理论上相当重要，更重要的是 DFT 有多种快速算法，统称为快速傅里叶变换，因而在各种数字信号处理的算法中起着核心作用。

DFT 和 DFS 之间有密切的联系，由 DFS 定义 DFT，可便于阐明 DFT 所含有的物理意义以及 DFT 的特性。本章首先介绍四种形式傅里叶变换的比较，然后介绍 DFS 并讨论其性质，在此基础上，引出 DFT 并分析其特性，最后介绍频域抽样理论及 DFT 的应用。

3.1　四种形式傅里叶变换的比较

傅里叶变换的目的是建立以时间为自变量的信号与以频率为自变量的频谱函数之间的某种关系，即实现时间域到频率域的变换。当时间域和频率域的自变量取连续值或离散值时，可以形成傅里叶变换的四种可能形式，下面分析这四种可能形式。

1. 连续时间非周期信号的傅里叶变换

连续时间非周期信号 $x(t)$ 的傅里叶变换对为

$$\begin{cases} X(\mathrm{j}\Omega)=\int_{-\infty}^{\infty}x(t)\mathrm{e}^{-\mathrm{j}\Omega t}\mathrm{d}t \\ x(t)=\dfrac{1}{2\pi}\int_{-\infty}^{\infty}X(\mathrm{j}\Omega)\mathrm{e}^{\mathrm{j}\Omega t}\mathrm{d}\Omega \end{cases} \tag{3-1}$$

图 3-1 所示为连续时间非周期信号 $x(t)$ 的傅里叶变换，所得到的是连续的非周期的频谱函数。

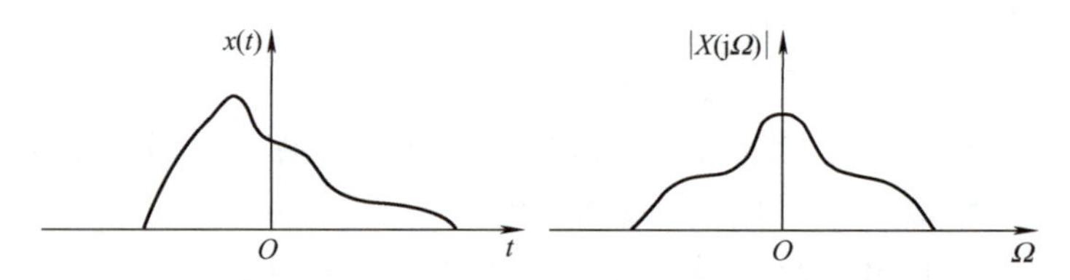

图 3-1　连续时间非周期信号及其傅里叶变换

从图 3-1 中可以看出，时域连续函数对应的频域是非周期的，而时域的非周期所对应的是频域连续频谱。

2. 连续时间周期信号的傅里叶级数

周期为 T_0 的连续时间周期信号 $x(t)=x(t+nT_0)$，可以用指数形式的傅里叶级数来表示，分解成不同次谐波的叠加。傅里叶级数的系数为 $X(\mathrm{j}k\Omega_0)$，傅里叶级数表示形式为

$$\begin{cases} X(\mathrm{j}k\Omega_0)=\dfrac{1}{T_0}\int_{-T_0/2}^{T_0/2}x(t)\mathrm{e}^{-\mathrm{j}k\Omega_0 t}\mathrm{d}t \\ x(t)=\sum\limits_{k=-\infty}^{\infty}X(\mathrm{j}k\Omega_0)\mathrm{e}^{\mathrm{j}k\Omega_0 t} \end{cases} \tag{3-2}$$

图 3-2 所示为连续时间周期信号 $x(t)$ 的傅里叶级数，所得到的是非周期的离散频谱，其中离散频谱相邻两谱线之间的间隔为模拟角频率 $\Omega_0=2\pi/T_0$，k 为谱谐波序号。

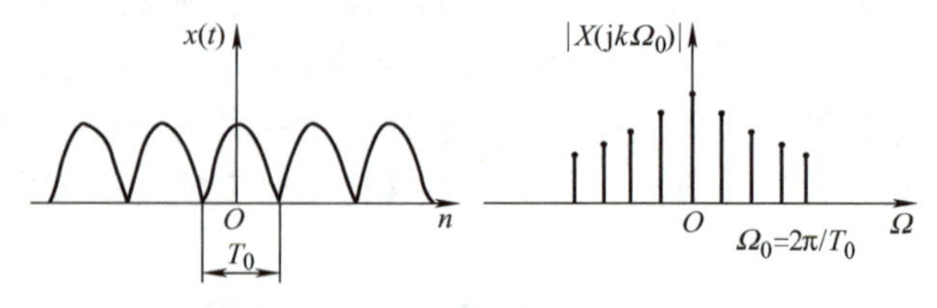

图 3-2　连续时间周期信号及其傅里叶变换

从图 3-2 中可以看出，时域连续函数对应的频域是非周期的，而时域的周期所对应的是频域的离散频谱。

3. 离散时间非周期信号的傅里叶变换（DTFT）

离散时间非周期信号 $x(n)$ 的傅里叶变换对为

$$\begin{cases} X(\mathrm{e}^{\mathrm{j}\omega}) = \sum\limits_{n=-\infty}^{\infty} x(n)\mathrm{e}^{-\mathrm{j}\omega n} \\ x(n) = \dfrac{1}{2\pi}\int_{-\pi}^{\pi} X(\mathrm{e}^{\mathrm{j}\omega})\mathrm{e}^{\mathrm{j}\omega n}\mathrm{d}\omega \end{cases} \tag{3-3}$$

图 3-3 所示为离散时间非周期信号 $x(n)$ 的傅里叶变换，所得到的是以 2π 为周期的连续频谱函数。

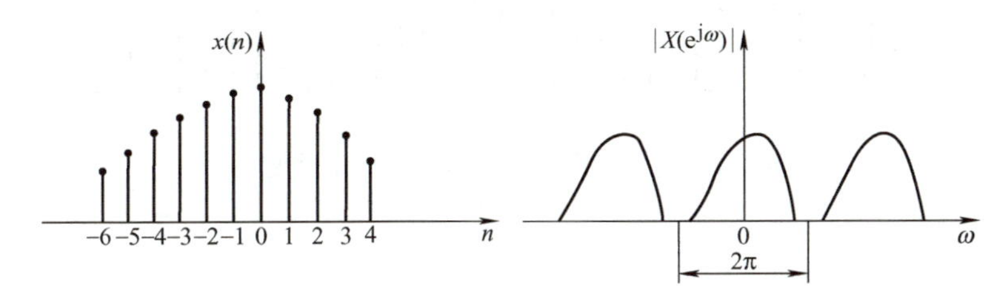

图 3-3　离散时间非周期信号及其傅里叶变换

从图 3-3 可知，时域的离散会造成频域的周期延拓，而时域的非周期对应为连续的频谱。

4. 离散时间周期信号的傅里叶级数

从前面三种傅里叶变换可发现有以下规律：如果信号频域是离散的，则该信号时域表现为周期性的时间信号。相反，在时域上是离散的，则该信号在频域必然表现为周期性的频率函数。因此，一个离散时间周期序列，它一定具有既是周期又是离散的频谱，这就是本章要讨论的 DFS，并由此引申出适合在计算机上应用的 DFT。

离散时间周期信号 $\tilde{x}(n)$ 的 DFS 形式为

$$\begin{cases} \tilde{X}(k) = \sum\limits_{n=0}^{N-1} \tilde{x}(n)\mathrm{e}^{-\mathrm{j}\frac{2\pi}{N}nk} \\ \tilde{x}(n) = \dfrac{1}{N}\sum\limits_{k=0}^{N-1} \tilde{X}(k)\mathrm{e}^{\mathrm{j}\frac{2\pi}{N}nk} \end{cases} \tag{3-4}$$

图 3-4 所示为离散时间周期信号 $\tilde{x}(n)$ 的傅里叶级数，所得到的是周期的离散频谱函数，时域和频域的函数波形都是离散的，同时也是周期的。图中，T_0 是信号记录长度，F_0 是频域抽样间隔，T 是时域抽样间隔，f_s 是时域抽样频率。

表 3-1 对四种傅里叶变换形式进行了总结。

表 3-1　四种傅里叶变换形式

时间域	频率域
连续和非周期	非周期和连续
连续和周期	非周期和离散
离散和非周期	周期和连续
离散和周期	周期和离散

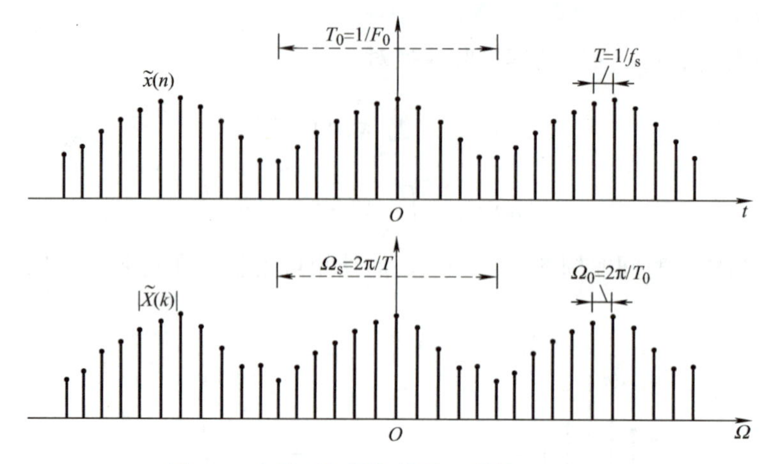

图 3-4　离散时间周期信号及其傅里叶变换

3.2　周期序列的离散傅里叶级数（DFS）

3.2.1　DFS 的定义

设 $\tilde{x}(n)$ 是周期为 N 的周期序列，即

$$\tilde{x}(n)=\tilde{x}(n+rN) \tag{3-5}$$

式中　N——序列的基波周期；

　　r——任意整数。

一个连续时间周期信号 $x(t)=x(t+nT_0)$，可以用指数形式的傅里叶级数来表示，分解成不同次谐波分量的叠加，即

$$x(t)=\sum_{k=-\infty}^{\infty}X(\mathrm{j}k\Omega_0)\mathrm{e}^{\mathrm{j}k\Omega_0 t}=\sum_{k=-\infty}^{\infty}X(\mathrm{j}k\Omega_0)\mathrm{e}^{\mathrm{j}k\frac{2\pi}{T_0}t} \tag{3-6}$$

式中　Ω_0——连续时间周期信号 $x(t)$ 的基频，$\Omega_0=2\pi/T_0$；

　　T_0——连续时间周期信号 $x(t)$ 的周期；

　　$\mathrm{e}^{\mathrm{j}k\Omega_0 t}$——$k$ 次谐波分量；

　　$k\Omega_0$——k 次谐波的模拟角频率。

离散时间的周期序列 $\tilde{x}(n)$ 可以通过对连续时间周期信号 $x(t)$ 均匀抽样，将时间离散化获得，设时域抽样间隔为 T，则 $\tilde{x}(n)=x(t)\big|_{t=nT}$。将 $t=nT$ 代入式(3-6)，得

$$\tilde{x}(n)=\sum_{k=-\infty}^{\infty}X(\mathrm{j}k\Omega_0)\mathrm{e}^{\mathrm{j}k\Omega_0 nT}=\sum_{k=-\infty}^{\infty}X(\mathrm{j}k\Omega_0)\mathrm{e}^{\mathrm{j}k\omega_0 n}=\sum_{k=-\infty}^{\infty}X(\mathrm{j}k\Omega_0)\mathrm{e}^{\mathrm{j}k\frac{2\pi}{N}n} \tag{3-7}$$

式中　$\tilde{x}(n)$——以 N 为周期的周期序列，即 $\tilde{x}(n)=\tilde{x}(n+rN)$，$N$ 为一个周期的样点数；

　　ω_0——离散时间的周期序列 $\tilde{x}(n)$ 的基频，$\omega_0=\Omega_0 T=\dfrac{2\pi}{T_0}\cdot T=\dfrac{2\pi}{N}$；

　　$\mathrm{e}^{\mathrm{j}k\omega_0 n}$——$k$ 次谐波分量；

$k\omega_0$——k 次谐波的数字频率。

因此，周期为 N 的周期序列 $\tilde{x}(n)$ 也可以分解为不同次谐波分量的叠加。

这边需要指出的是，连续傅里叶级数有无穷多个谐波成分，但离散傅里叶级数只含有有限个谐波成分，因为离散傅里叶级数频率域具有周期性。

$$e^{j(k+rN)\omega_0 n}=e^{j(k+rN)\frac{2\pi}{N}n}=e^{jk\frac{2\pi}{N}n}=e^{jk\omega_0 n}，r\ 为任意整数。$$

因此 $\tilde{x}(n)$ 可展开成如下的离散傅里叶级数，即

$$\tilde{x}(n)=\frac{1}{N}\sum_{k=0}^{N-1}\tilde{X}(k)e^{j\frac{2\pi}{N}nk},\ n=0,\ \pm 1,\ \cdots \tag{3-8}$$

式中　$\tilde{X}(k)$ ——k 次谐波的系数，称为离散傅里叶级数的系数，可由下式给出：

$$\tilde{X}(k)=\sum_{n=0}^{N-1}\tilde{x}(n)e^{-j\frac{2\pi}{N}nk},\ k=0,\ \pm 1,\ \cdots \tag{3-9}$$

可以看出，$\tilde{X}(k)$ 也是一个以 N 为周期的周期序列。

因此，DFS 变换对为

正变换

$$\tilde{X}(k)=\mathrm{DFS}[\tilde{x}(n)]=\sum_{n=0}^{N-1}\tilde{x}(n)e^{-j\frac{2\pi}{N}nk}=\sum_{n=0}^{N-1}\tilde{x}(n)W_N^{nk} \tag{3-10}$$

反变换

$$\tilde{x}(n)=\mathrm{IDFS}[\tilde{X}(k)]=\frac{1}{N}\sum_{k=0}^{N-1}\tilde{X}(k)e^{j\frac{2\pi}{N}nk}=\frac{1}{N}\sum_{k=0}^{N-1}\tilde{X}(k)W_N^{-nk} \tag{3-11}$$

其中，$W_N=e^{-j\frac{2\pi}{N}}$，具有以下性质：

(1) 共轭对称性

$$W_N^n=(W_N^{-n})^* \tag{3-12}$$

(2) 周期性

$$W_N^n=W_N^{n+iN},\ i\ 为整数 \tag{3-13}$$

(3) 可约性

$$W_N^{in}=W_{N/i}^n,W_{iN}^{in}=W_N^n \tag{3-14}$$

(4) 正交性

$$\frac{1}{N}\sum_{k=0}^{N-1}W_N^{nk}(W_N^{mk})^*=\frac{1}{N}\sum_{k=0}^{N-1}W_N^{(n-m)k}=\begin{cases}1,n-m=iN\\0,n-m\neq iN\end{cases} \tag{3-15}$$

式中　i——整数。

例 3-1　已知 $\tilde{x}(n)$ 是周期 $N=4$ 的序列，并且当 $n=0,\ 1,\ 2,\ 3$ 时，$\tilde{x}(n)=n+1$，求 $\tilde{X}(k)$ 的表达式及 $\tilde{X}(6)$。

解：

$$\tilde{X}(k)=\sum_{n=0}^{N-1}\tilde{x}(n)W_N^{nk}=\sum_{n=0}^{N-1}\tilde{x}(n)e^{-j\frac{2\pi}{N}nk}=\sum_{n=0}^{3}(n+1)e^{-j\frac{2\pi}{4}nk}$$

$$=1+2e^{-j\frac{\pi}{2}k}+3e^{-j\pi k}+4e^{-j\frac{3\pi}{2}k}$$

$$\begin{aligned}\tilde{X}(6) &= \tilde{X}(2+4) = \tilde{X}(2) = 1 + 2\mathrm{e}^{-\mathrm{j}\frac{\pi}{2}\cdot 2} + 3\mathrm{e}^{-\mathrm{j}\pi 2} + 4\mathrm{e}^{-\mathrm{j}\frac{3\pi}{2}\cdot 2} \\ &= 1 + 2\times(-1) + 3\times(1) + 4\times(-1) = -2\end{aligned}$$

例 3-2 已知 $\tilde{x}(n)$ 是周期 $N=10$ 的周期序列，如图 3-5 所示，求 $\tilde{X}(k)=\mathrm{DFS}[\tilde{x}(n)]$。

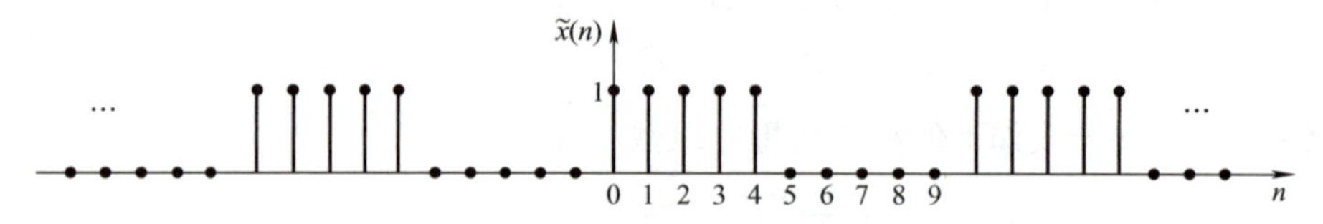

图 3-5 周期序列 $\tilde{x}(n)$（周期 $N=10$）

解： $$\tilde{X}(k) = \sum_{n=0}^{N-1}\tilde{x}(n)W_N^{nk} = \sum_{n=0}^{10-1}\tilde{x}(n)\mathrm{e}^{-\mathrm{j}\frac{2\pi}{10}nk} = \sum_{n=0}^{4}\mathrm{e}^{-\mathrm{j}\frac{2\pi}{10}nk}$$

$$= \frac{1-\mathrm{e}^{-\mathrm{j}\pi k}}{1-\mathrm{e}^{-\mathrm{j}\frac{2\pi}{10}k}} = \mathrm{e}^{-\mathrm{j}\frac{2\pi}{5}k}\frac{\sin(\pi k/2)}{\sin(\pi k/10)} \tag{3-16}$$

图 3-6 为 $\tilde{X}(k)$ 的幅度 $|\tilde{X}(k)|$ 和相位 $\arg[\tilde{X}(k)]$ 的图形。

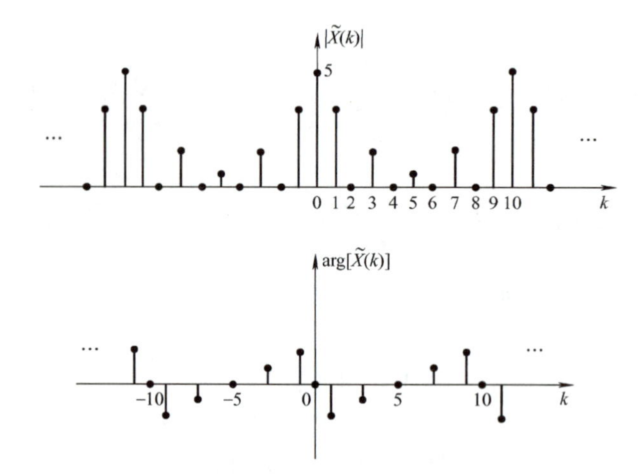

图 3-6 $\tilde{X}(k)$ 的幅度 $|\tilde{X}(k)|$ 和相位 $\arg[\tilde{X}(k)]$

3.2.2 DFS 与 DTFT、z 变换之间的关系

下面来求例 3-2 中周期序列 $\tilde{x}(n)$ 的一个周期 $x(n)$ 的傅里叶变换 $X(\mathrm{e}^{\mathrm{j}\omega})$ 和 z 变换 $X(z)$。

$\tilde{x}(n)$ 的一个周期 $x(n)$ 为 $$x(n)=\begin{cases}1, & 0\leqslant n\leqslant 4\\ 0, & 其他\end{cases}$$

则 $$X(\mathrm{e}^{\mathrm{j}\omega}) = \sum_{n=0}^{4}\mathrm{e}^{-\mathrm{j}\omega n} = \frac{1-\mathrm{e}^{-\mathrm{j}5\omega}}{1-\mathrm{e}^{-\mathrm{j}\omega}} = \mathrm{e}^{-\mathrm{j}2\omega}\frac{\sin(5\omega/2)}{\sin(\omega/2)} \tag{3-17}$$

图 3-7 为 $X(\mathrm{e}^{\mathrm{j}\omega})$ 的幅度 $|X(\mathrm{e}^{\mathrm{j}\omega})|$ 和相位 $\arg[X(\mathrm{e}^{\mathrm{j}\omega})]$ 的图形。

式(3-17) 中，令 $\omega=2\pi k/10$，则

$$X(\mathrm{e}^{\mathrm{j}\omega})\big|_{\omega=\frac{2\pi}{10}k} = \mathrm{e}^{-\mathrm{j}\frac{2\pi}{5}k}\frac{\sin(\pi k/2)}{\sin(\pi k/10)} \tag{3-18}$$

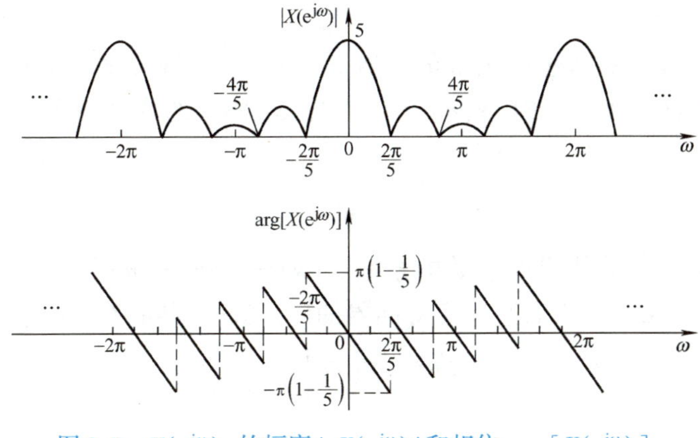

图 3-7　$X(e^{j\omega})$ 的幅度 $|X(e^{j\omega})|$ 和相位 arg $[X(e^{j\omega})]$

比较发现，式(3-18) 与式(3-16) 一致，由此可得到 $X(e^{j\omega})$ 与 $\widetilde{X}(k)$ 的关系，即

$$\widetilde{X}(k)=X(e^{j\omega})\Big|_{\omega=\frac{2\pi}{N}k},\ N=10 \tag{3-19}$$

图 3-8 为 $|X(e^{j\omega})|$ 和 $|\widetilde{X}(k)|$、$\arg[X(e^{j\omega})]$ 和 $\arg[\widetilde{X}(k)]$ 的重叠图。

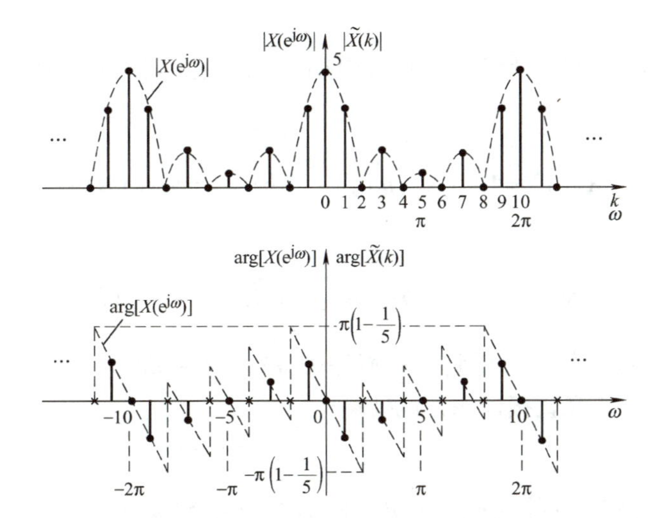

图 3-8　$|X(e^{j\omega})|$ 和 $|\widetilde{X}(k)|$、$\arg[X(e^{j\omega})]$ 和 $\arg[\widetilde{X}(k)]$ 的重叠图

由式(3-19) 和图 3-8 可得出结论：周期序列 $\tilde{x}(n)$ 的傅里叶级数的系数 $\widetilde{X}(k)=\mathrm{DFS}[\tilde{x}(n)]$ 等于 $\tilde{x}(n)$ 的一个周期 $x(n)$ 的傅里叶变换 $X(e^{j\omega})=\mathrm{DTFT}[x(n)]$ 在 $\omega=2\pi k/N$ 上的抽样值。

由 $\widetilde{X}(k)=X(e^{j\omega})\big|_{\omega=\frac{2\pi}{N}k}$，同时根据 DTFT 和 z 变换的关系 $X(e^{j\omega})=X(z)\big|_{z=e^{j\omega}}$，可以得到

$$\widetilde{X}(k)=X(z)\Big|_{z=e^{j\frac{2\pi}{N}k}} \tag{3-20}$$

由此可得出结论：周期序列 $\tilde{x}(n)$ 的傅里叶级数的系数 $\widetilde{X}(k)=\mathrm{DFS}[\tilde{x}(n)]$ 等于 $\tilde{x}(n)$ 的一个周期 $x(n)$ 的 z 变换 $X(z)$ 在 $z=e^{j2\pi k/N}$ 上的抽样值。

DFS 与 DTFT、z 变换之间的关系：

1）周期序列 $\tilde{x}(n)$ 的傅里叶级数的系数 $\tilde{X}(k)=\text{DFS}[\tilde{x}(n)]$ 等于 $\tilde{x}(n)$ 的一个周期 $x(n)$ 的傅里叶变换 $X(e^{j\omega})=\text{DTFT}[x(n)]$ 在 $[0,2\pi)$ 上的 N 点等间隔抽样，抽样间隔为 $2\pi/N$，即

$$\tilde{X}(k)=X(e^{j\omega})\Big|_{\omega=\frac{2\pi}{N}k}$$

2）周期序列 $\tilde{x}(n)$ 的傅里叶级数的系数 $\tilde{X}(k)=\text{DFS}[\tilde{x}(n)]$ 等于 $\tilde{x}(n)$ 的一个周期 $x(n)$ 的 z 变换 $X(z)$ 在单位圆上的 N 点等间隔抽样，抽样间隔为 $2\pi/N$，即

$$\tilde{X}(k)=X(z)\Big|_{z=e^{j\frac{2\pi}{N}k}}$$

3.2.3　DFS 的性质

由于可以用抽样 z 变换来解释 DFS，因此它的许多性质与 z 变换性质相似。但是，由于 $\tilde{x}(n)$ 和 $\tilde{X}(k)$ 两者都具有周期性，所以与 z 变换性质还有一些重要差别。此外，在 DFS 表达式中时域和频域之间具有严格的对偶关系，这是序列的 z 变换所不具有的。

1. 线性特性

设 $\tilde{x}_1(n)$ 和 $\tilde{x}_2(n)$ 皆是周期为 N 的周期序列，它们各自的 DFS 分别为 $\tilde{X}_1(k)$ 和 $\tilde{X}_2(k)$，即

$$\tilde{X}_1(k)=\text{DFS}[\tilde{x}_1(n)],\ \tilde{X}_2(k)=\text{DFS}[\tilde{x}_2(n)]$$

则

$$\text{DFS}[a\tilde{x}_1(n)+b\tilde{x}_2(n)]=a\tilde{X}_1(k)+b\tilde{X}_2(k) \tag{3-21}$$

其中 a 和 b 为任意常数，所得到的频域序列 $a\tilde{X}_1(k)+b\tilde{X}_2(k)$ 也是周期序列，周期为 N。这一性质可由 DFS 定义直接证明，此处略。

2. 移位特性

（1）时移特性　周期序列 $\tilde{x}(n)$ 的 DFS 为 $\tilde{X}(k)=\text{DFS}[\tilde{x}(n)]$，则有

$$\text{DFS}[\tilde{x}(n+m)]=W_N^{-mk}\tilde{X}(k)=e^{j\frac{2\pi}{N}mk}\tilde{X}(k) \tag{3-22}$$

证：

$$\text{DFS}[\tilde{x}(n+m)]=\sum_{n=0}^{N-1}\tilde{x}(n+m)W_N^{nk}\xrightarrow{\text{令 } i=n+m}=\sum_{i=m}^{N-1+m}\tilde{x}(i)W_N^{k(i-m)}$$

$$=W_N^{-mk}\sum_{i=0}^{N-1}\tilde{x}(i)W_N^{ki}=W_N^{-mk}\tilde{X}(k)$$

（2）频移特性（调制特性）　若周期序列 $\tilde{X}(k)$ 的 IDFS 为 $\tilde{x}(n)=\text{IDFS}[\tilde{X}(k)]$，则有

$$\text{DFS}[W_N^{nl}\tilde{x}(n)]=\tilde{X}(k+l) \tag{3-23}$$

证：

$$\text{DFS}[W_N^{ln}\tilde{x}(n)] = \sum_{n=0}^{N-1} W_N^{ln}\tilde{x}(n)W_N^{nk} = \sum_{n=0}^{N-1}\tilde{x}(n)W_N^{(l+k)n} = \tilde{X}(k+l)$$

3. 周期卷积定理

设 $\tilde{x}_1(n)$ 和 $\tilde{x}_2(n)$ 皆是周期为 N 的周期序列，它们周期卷积的定义为

$$\tilde{y}(n) = \sum_{m=0}^{N-1}\tilde{x}_1(m)\tilde{x}_2(n-m) = \tilde{x}_1(n) * \tilde{x}_2(n) \tag{3-24}$$

下面举例说明两个周期序列 $\tilde{x}_1(n)$ 和 $\tilde{x}_2(n)$（周期为 $N=6$）周期卷积的计算过程。如图 3-9 所示，计算过程中需要用到序列的翻褶、周期移位、相乘、相加等步骤，当一个周期的某一序列值移出计算区间时，相邻的一个周期的同一位置的序列值就移入计算区间。运算在 $m=0$ 到 $N-1$ 区间内进行，先计算出 $n=0, 1, \cdots, N-1$ 的结果，然后将所得结果周期延拓，就得到所求的整个周期序列 $\tilde{y}(n)$。

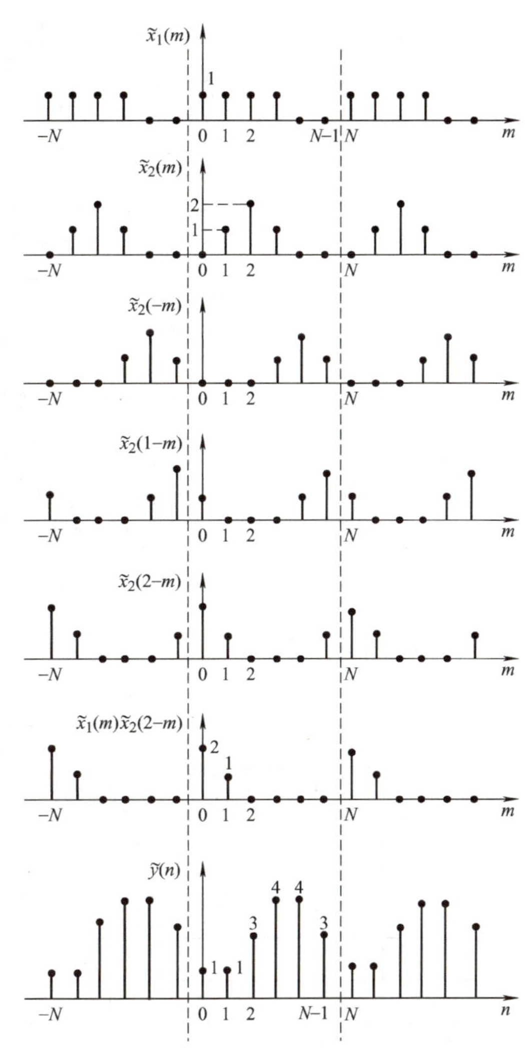

图 3-9　两个周期序列（$N=6$）的周期卷积过程

周期卷积与线性卷积一样也满足交换律，即

$$\begin{aligned}\tilde{y}(n) &= \sum_{m=0}^{N-1}\tilde{x}_1(m)\tilde{x}_2(n-m) = \tilde{x}_1(n) * \tilde{x}_2(n)\\ &= \sum_{m=0}^{N-1}\tilde{x}_2(m)\tilde{x}_1(n-m) = \tilde{x}_2(n) * \tilde{x}_1(n)\end{aligned}$$

周期卷积与线性卷积的区别在于：

1）线性卷积是在有限或无限区间内求和，两个不同长度的序列可以进行线性卷积，而只有同周期的两个序列才能进行周期卷积。

2）线性卷积后所得序列的长度由参与卷积的两个序列的长度决定，而由周期卷积的定义可知，两个周期为 N 的序列周期卷积的结果仍是一个周期为 N 的序列，正是由于周期卷积结果是无限长同周期序列，所以只要在一个主值区间内求和就可代表了。

例 3-3　已知序列 $x_1(n)=R_4(n)$，$x_2(n)=(n+1)R_5(n)$，分别将序列以 $N=6$ 为周期延拓成周期序列 $\tilde{x}_1(n)$ 和 $\tilde{x}_2(n)$，求两个周期序列的周期卷积（只需求出 $0 \leqslant n \leqslant N-1$ 区间的值）。

解： $\tilde{y}(n) = \sum_{m=0}^{N-1}\tilde{x}_1(m)\tilde{x}_2(n-m) = \sum_{m=0}^{5}\tilde{x}_1(m)\tilde{x}_2(n-m)$

图解法如图 3-10 所示。

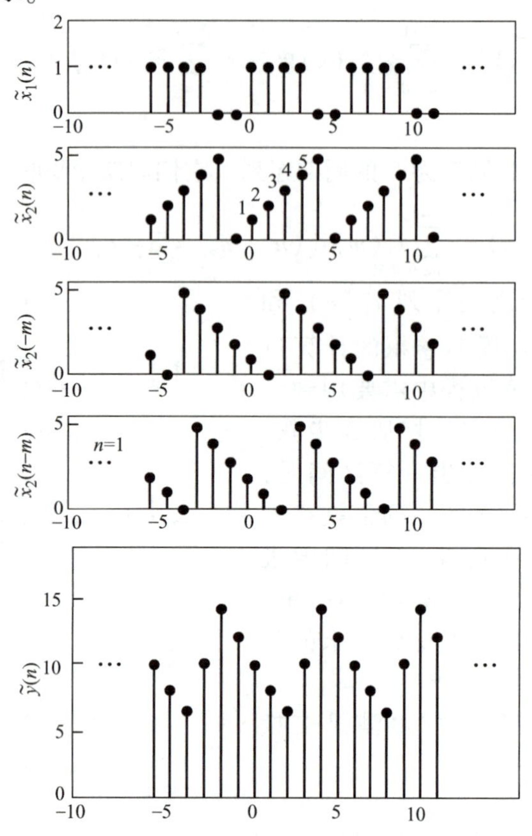

图 3-10 $\tilde{x}_1(n)$ 和 $\tilde{x}_2(n)$ 的周期卷积过程及结果

列表法见表 3-2。

表 3-2 周期卷积的表格表示形式

n	$\tilde{x}_1(m)$						$\tilde{y}(n)$
	1	1	1	1	0	0	
	$\tilde{x}_2(n-m)$						
0	1	0	5	4	3	2	10
1	2	1	0	5	4	3	8
2	3	2	1	0	5	4	6
3	4	3	2	1	0	5	10
4	5	4	3	2	1	0	14
5	0	5	4	3	2	1	12

有了上述周期卷积的定义，我们就可以给出 DFS 的时域及频域周期卷积定理。

（1）时域周期卷积定理　设 $\tilde{x}_1(n)$ 和 $\tilde{x}_2(n)$ 皆是周期为 N 的周期序列，它们各自的 DFS 分别为 $\tilde{X}_1(k)$ 和 $\tilde{X}_2(k)$，即

$$\tilde{X}_1(k)=\mathrm{DFS}[\tilde{x}_1(n)],\ \tilde{X}_2(k)=\mathrm{DFS}[\tilde{x}_2(n)]$$

若
$$\widetilde{Y}(k)=\widetilde{X}_1(k)\widetilde{X}_2(k)$$

则
$$\tilde{y}(n)=\mathrm{IDFS}[\widetilde{Y}(k)]=\sum_{m=0}^{N-1}\tilde{x}_1(m)\tilde{x}_2(n-m)=\tilde{x}_1(n)*\tilde{x}_2(n)$$
$$=\sum_{m=0}^{N-1}\tilde{x}_2(m)\tilde{x}_1(n-m)=\tilde{x}_2(n)*\tilde{x}_1(n) \tag{3-25}$$

证:

$$\tilde{y}(n)=\mathrm{IDFS}[\widetilde{X}_1(k)\widetilde{X}_2(k)]=\frac{1}{N}\sum_{k=0}^{N-1}\widetilde{X}_1(k)\widetilde{X}_2(k)W_N^{-kn}$$
$$=\frac{1}{N}\sum_{k=0}^{N-1}[\sum_{m=0}^{N-1}\tilde{x}_1(m)W_N^{mk}]\widetilde{X}_2(k)W_N^{-kn}$$
$$=\sum_{m=0}^{N-1}\tilde{x}_1(m)\left[\frac{1}{N}\sum_{k=0}^{N-1}\widetilde{X}_2(k)W_N^{-(n-m)k}\right]$$
$$=\sum_{m=0}^{N-1}\tilde{x}_1(m)\tilde{x}_2(n-m)$$

由此可知时域周期卷积定理，在时域内的两个周期序列的周期卷积，对应于在频域内它们各自 DFS 的乘积。

（2）频域周期卷积定理　同样，由于 DFS 和 IDFS 的对称性，若
$$\tilde{y}(n)=\tilde{x}_1(n)\tilde{x}_2(n)$$

则
$$\widetilde{Y}(k)=\mathrm{DFS}[\tilde{y}(n)]=\sum_{n=0}^{N-1}\tilde{y}(n)W_N^{nk}=\frac{1}{N}\sum_{l=0}^{N-1}\widetilde{X}_1(l)\widetilde{X}_2(k-l)$$
$$=\frac{1}{N}\sum_{l=0}^{N-1}\widetilde{X}_2(l)\widetilde{X}_1(k-l) \tag{3-26}$$

由此可知频域周期卷积定理，时域周期序列的乘积，对应于在频域内它们各自 DFS 的周期卷积。

4. 对偶性

已知 $\tilde{x}(n)$ 是周期为 N 的周期序列，若
$$\mathrm{DFS}[\tilde{x}(n)]=\widetilde{X}(k)$$

则
$$\mathrm{DFS}[\widetilde{X}(n)]=N\tilde{x}(-k) \tag{3-27}$$

证:

$$\because\ \tilde{x}(n)=\frac{1}{N}\sum_{k=0}^{N-1}\widetilde{X}(k)W_N^{-nk}=\frac{1}{N}\sum_{k=0}^{N-1}\widetilde{X}(k)\mathrm{e}^{\mathrm{j}\frac{2\pi}{N}nk}$$
$$\therefore\ N\tilde{x}(-n)=\sum_{k=0}^{N-1}\widetilde{X}(k)\mathrm{e}^{-\mathrm{j}\frac{2\pi}{N}nk}$$

令 $n=k$ 得
$$N\tilde{x}(-k)=\sum_{n=0}^{N-1}\widetilde{X}(n)\mathrm{e}^{-\mathrm{j}\frac{2\pi}{N}nk}$$
$$N\tilde{x}(-k)=\mathrm{DFS}[\widetilde{X}(n)]$$

3.3 有限长序列的离散傅里叶变换（DFT）

在 3.2 节中讨论了 DFS。周期序列实际上只有有限个序列值有意义，因而它和有限长序列有着本质的联系。本节将根据周期序列和有限长序列之间的关系，将长度为 N 的有限长序列 $x(n)$ 看作周期为 N 的周期序列的一个周期，由 DFS 的表示式推导得到 DFT。

3.3.1 DFT 的定义

1. 周期序列和有限长序列的关系

设 $x(n)$ 为有限长序列，长度为 N，即 $x(n)$ 只在 $n=0$ 到 $N-1$ 点上有值，其他 n 时，$x(n)=0$。以 N 为周期对 $x(n)$ 进行周期延拓，得到周期为 N 的周期序列 $\tilde{x}(n)$，即

$$\tilde{x}(n)=\sum_{r=-\infty}^{\infty}x(n+rN) \tag{3-28}$$

可将 $x(n)$ 看作周期序列 $\tilde{x}(n)$ 的第一个周期，即

$$x(n)=\begin{cases}\tilde{x}(n), & 0\leqslant n\leqslant N-1\\ 0, & 其他\end{cases} \tag{3-29}$$

通常把 $\tilde{x}(n)$ 的第一个周期 $[0,\ N-1]$ 定义为主值区间，主值区间的序列 $x(n)$ 称为 $\tilde{x}(n)$ 的主值序列。

$x(n)$ 和 $\tilde{x}(n)$ 的关系也可以表示为

$$\tilde{x}(n)=x((n))_N(周期延拓) \tag{3-30}$$

$$x(n)=\tilde{x}(n)R_N(n)(主值序列) \tag{3-31}$$

$x(n)$ 和 $\tilde{x}(n)$ 的关系可以用图 3-11 表示。

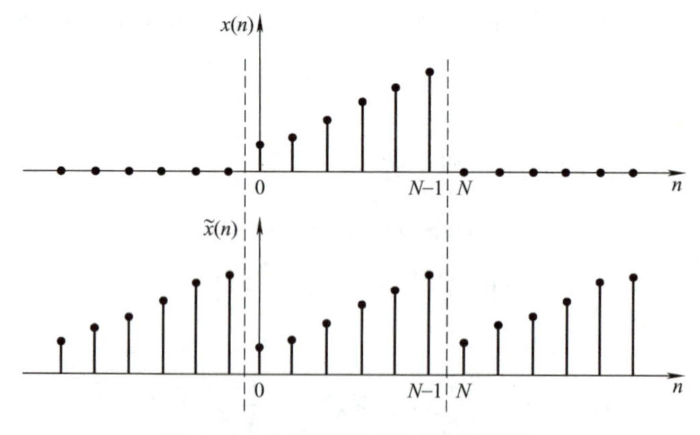

图 3-11　有限长序列及其周期延拓

式(3-30) 中，$((n))_N$ 表示（n 模 N），即“n 对 N 取余数”。

$$x((n))_N=x(n\ 模\ N)=x(n\ 对\ N\ 取余数)=x(n_1)$$

即

$$n=n_1+mN\quad 0\leqslant n_1\leqslant N-1,\quad m\ 为整数$$

例如，当 $N=8$ 时，则有

$$x((27))_8=x(3)$$
$$x((-6))_8=x(2)$$

同理，频域的周期序列 $\widetilde{X}(k)$ 也可看成是对有限长序列 $X(k)$ 的周期延拓，而有限长序列 $X(k)$ 可看成是周期序列 $\widetilde{X}(k)$ 的主值序列，即

$$\widetilde{X}(k)=X((k))_N$$
$$X(k)=\widetilde{X}(k)R_N(k)$$

例 3-4　已知序列 $x(n)=\{\underset{\uparrow}{1},1,3,2\}$，分别画出序列 $x((-n))_5$、$x((n))_3R_3(n)$、$x((n-3))_5R_5(n)$ 的图形。

解：各序列如图 3-12 所示。

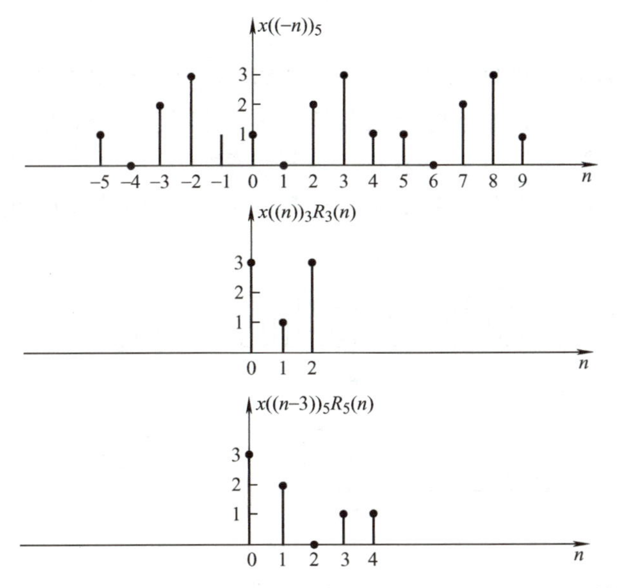

图 3-12　$x((-n))_5$、$x((n))_3R_3(n)$、$x((n-3))_5R_5(n)$ 的图形

解析：此题需要注意周期延拓的数值，也就是 $x((n))_N$ 中 N 的数值。如果 N 比序列的点数多，则需补零；如果 N 比序列的点数少，则需将序列按 N 为周期进行周期延拓，混叠相加形成新序列。

2. DFT 的定义

在 3.2 节中讨论了 DFS，式(3-10) 和式(3-11) 是 DFS 和 IDFS 的表达式，即

$$\widetilde{X}(k)=\mathrm{DFS}[\tilde{x}(n)]=\sum_{n=0}^{N-1}\tilde{x}(n)W_N^{nk} \tag{3-32}$$

$$\tilde{x}(n)=\mathrm{IDFS}[\widetilde{X}(k)]=\frac{1}{N}\sum_{k=0}^{N-1}\widetilde{X}(k)W_N^{-nk} \tag{3-33}$$

这两个公式的求和都只涉及 $\tilde{x}(n)$、$\widetilde{X}(k)$ 在 $[0,\ N-1]$ 这个主值区间，根据周期序列和有限长序列之间的关系，这两个公式完全适用于主值序列 $x(n)$ 和 $X(k)$，即

$$X(k) = \sum_{n=0}^{N-1} x(n) W_N^{nk} R_N(k)$$

$$x(n) = \frac{1}{N} \sum_{k=0}^{N-1} X(k) W_N^{-nk} R_N(n)$$

因而可推导得到 DFT 对：

正变换

$$X(k) = \mathrm{DFT}[x(n)] = \sum_{n=0}^{N-1} x(n) W_N^{nk} \quad 0 \leqslant k \leqslant N-1 \tag{3-34}$$

反变换

$$x(n) = \mathrm{IDFT}[X(k)] = \frac{1}{N} \sum_{k=0}^{N-1} X(k) W_N^{-nk} \quad 0 \leqslant n \leqslant N-1 \tag{3-35}$$

其中，$W_N = \mathrm{e}^{-\mathrm{j}\frac{2\pi}{N}}$。

DFT 对应的是在时域、频域都是有限长，且都是离散的情况下的一类变换，故可利用计算机完成两者之间的变换。DFT 实际上来源于 DFS，并不是一个新的傅里叶变换形式，是通过对 DFS 在时域、频域各取一个周期获得，这样就假定了 DFT 中序列 $x(n)$ 和 $X(k)$ 的周期性。因此有限长序列的离散傅里叶变换隐含着周期性。DFT 与 DFS 的关系如图 3-13 所示。

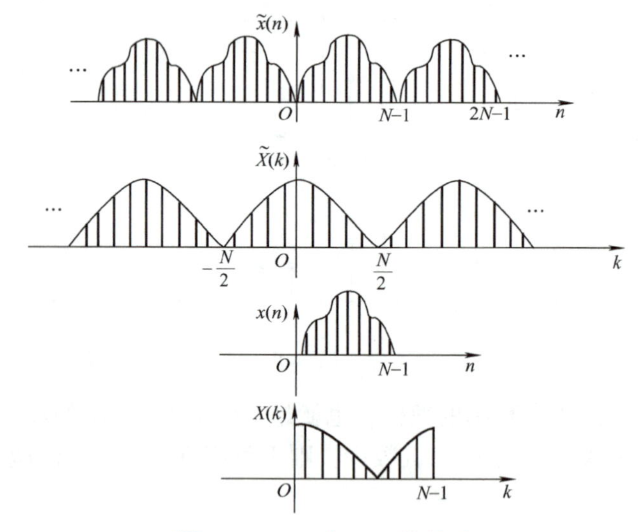

图 3-13　DFT 与 DFS 的关系

例 3-5　已知 $x(n) = R_4(n)$，求 $x(n)$ 的 8 点和 16 点的 DFT。

解：$X(k) = \mathrm{DFT}[x(n)] = \sum_{n=0}^{N-1} x(n) W_N^{nk} \quad 0 \leqslant k \leqslant N-1$

当 $N=8$ 时

$$X(k) = \mathrm{DFT}[x(n)] = \sum_{n=0}^{7} R_4(n) W_8^{nk} = \sum_{n=0}^{3} \mathrm{e}^{-\mathrm{j}\frac{2\pi}{8}nk} = \mathrm{e}^{-\mathrm{j}\frac{3}{8}\pi k} \frac{\sin\left(\frac{\pi}{2}k\right)}{\sin\left(\frac{\pi}{8}k\right)} \quad 0 \leqslant k \leqslant 7$$

当 $N=16$ 时

$$X(k)=\mathrm{DFT}[x(n)]=\sum_{n=0}^{15}R_4(n)W_{16}^{nk}=\sum_{n=0}^{3}\mathrm{e}^{-\mathrm{j}\frac{2\pi}{16}nk}=\mathrm{e}^{-\mathrm{j}\frac{3}{16}\pi k}\frac{\sin\left(\frac{\pi}{4}k\right)}{\sin\left(\frac{\pi}{16}k\right)}\quad 0\leqslant k\leqslant 15$$

由例3-5可见，$x(n)$ 的DFT与变换区间长度 N 的取值有关。对DFT与 z 变换和傅里叶变换的关系及DFT的物理意义进行讨论后，上述问题就会得到解释。

3.3.2 DFT与 z 变换、DTFT之间的关系

设 $x(n)$ 为 N 点长的有限长序列，则 $x(n)$ 的 z 变换 $X(z)$、DTFT $X(\mathrm{e}^{\mathrm{j}\omega})$ 和DFT $X(k)$ 分别为

$$X(z)=Z[x(n)]=\sum_{n=0}^{N-1}x(n)z^{-n} \tag{3-36}$$

$$X(\mathrm{e}^{\mathrm{j}\omega})=\mathrm{DTFT}[x(n)]=\sum_{n=0}^{N-1}x(n)\mathrm{e}^{-\mathrm{j}\omega n} \tag{3-37}$$

$$X(k)=\mathrm{DFT}[x(n)]=\sum_{n=0}^{N-1}x(n)W_N^{nk}=\sum_{n=0}^{N-1}x(n)\mathrm{e}^{-\mathrm{j}\frac{2\pi}{N}nk} \tag{3-38}$$

比较式(3-36)~式(3-38)，可得

$$X(k)=X(z)\Big|_{z=W_N^{-k}=\mathrm{e}^{\mathrm{j}\frac{2\pi}{N}k}}=X(\mathrm{e}^{\mathrm{j}\omega})\Big|_{\omega=\frac{2\pi}{N}k} \tag{3-39}$$

式(3-39)表明，序列 $x(n)$ 的 N 点DFT是 $x(n)$ 的 z 变换在单位圆上的 N 点等间隔抽样，抽样间隔为 $2\pi/N$；$x(n)$ 的 N 点DFT是 $x(n)$ 的傅里叶变换 $X(\mathrm{e}^{\mathrm{j}\omega})$ 在区间 $[0, 2\pi)$ 上的 N 点等间隔抽样，抽样间隔为 $2\pi/N$，这就是DFT的物理意义。

DFT与 z 变换、DTFT之间的关系如图3-14所示。

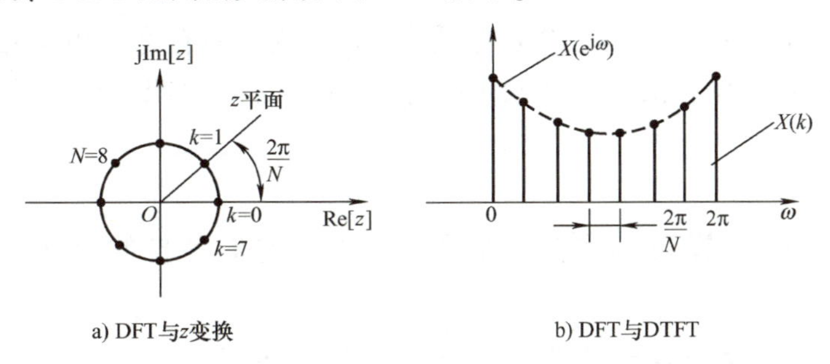

图3-14　DFT与 z 变换、DTFT之间的关系

由此可见，当DFT的变换区间长度 N 不同，表示对 $X(\mathrm{e}^{\mathrm{j}\omega})$ 在区间 $[0, 2\pi)$ 上的抽样间隔不同，所以DFT的变换结果不同，N 越大，所得的抽样点数越多，抽样的谱线越密集，$|X(k)|$ 的包络线就越逼近 $|X(\mathrm{e}^{\mathrm{j}\omega})|$ 曲线。

例3-6　已知 $x(n)=R_4(n)$，求 $x(n)$ 的DTFT和该序列的8点和16点的DFT。

解： $x(n)$ 的DTFT为

$$X(\mathrm{e}^{\mathrm{j}\omega})=\sum_{n=-\infty}^{\infty}x(n)\mathrm{e}^{-\mathrm{j}\omega n}=\sum_{n=0}^{3}\mathrm{e}^{-\mathrm{j}\omega n}=\frac{1-\mathrm{e}^{-\mathrm{j}4\omega}}{1-\mathrm{e}^{-\mathrm{j}\omega}}$$

$$=\frac{\mathrm{e}^{-\mathrm{j}2\omega}(\mathrm{e}^{\mathrm{j}2\omega}-\mathrm{e}^{-\mathrm{j}2\omega})}{\mathrm{e}^{-\mathrm{j}\frac{\omega}{2}}(\mathrm{e}^{\mathrm{j}\frac{\omega}{2}}-\mathrm{e}^{-\mathrm{j}\frac{\omega}{2}})}=\mathrm{e}^{-\mathrm{j}\frac{3}{2}\omega}\frac{\sin(2\omega)}{\sin(\omega/2)}$$

$x(n)$ 的 8 点 DFT 为

$$X(k)=X(\mathrm{e}^{\mathrm{j}\omega})\Big|_{\omega=\frac{2\pi}{8}k}=\mathrm{e}^{-\mathrm{j}\frac{3}{2}\cdot\frac{\pi}{4}k}\frac{\sin\left(2\cdot\dfrac{2\pi}{8}k\right)}{\sin\left(\dfrac{1}{2}\cdot\dfrac{2\pi}{8}k\right)}=\mathrm{e}^{-\mathrm{j}\frac{3}{8}\pi k}\frac{\sin\left(\dfrac{\pi}{2}k\right)}{\sin\left(\dfrac{\pi}{8}k\right)}$$

$x(n)$ 的 16 点的 DFT 为

$$X(k)=X(\mathrm{e}^{\mathrm{j}\omega})\Big|_{\omega=\frac{2\pi}{16}k}=\mathrm{e}^{-\mathrm{j}\frac{3}{2}\cdot\frac{2\pi}{16}k}\frac{\sin\left(2\cdot\dfrac{2\pi}{16}k\right)}{\sin\left(\dfrac{1}{2}\cdot\dfrac{2\pi}{16}k\right)}=\mathrm{e}^{-\mathrm{j}\frac{3}{16}\pi k}\frac{\sin\left(\dfrac{\pi}{4}k\right)}{\sin\left(\dfrac{\pi}{16}k\right)}$$

$x(n)$ 的 DTFT、8 点的 DFT 和 16 点的 DFT 如图 3-15 所示。

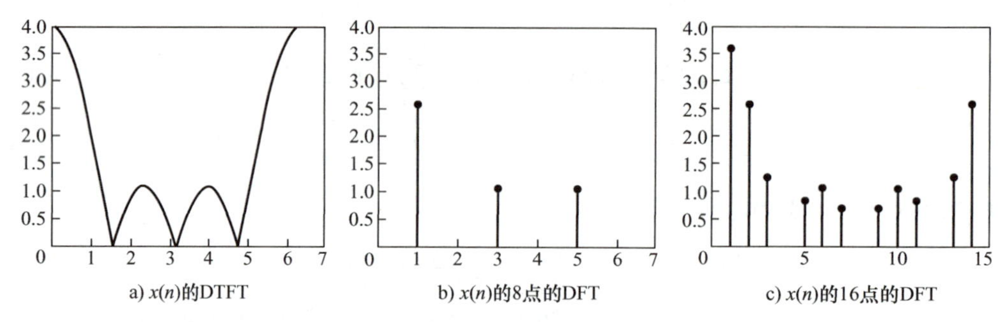

图 3-15　$x(n)$ 的 DTFT、8 点的 DFT 和 16 点的 DFT

3.3.3　DFT 的性质

DFT 是从 DFS 中得来的，因此 DFT 的性质与 DFS 的性质有许多相同之处，但又有一些不同的性质，主要是由有限长序列及其 DFT 表示式隐含的周期性得出的，下面主要介绍 DFT 的性质。

1. 线性特性

设 $x_1(n)$ 和 $x_2(n)$ 皆为 N 点长的有限长序列，它们各自的 DFT 分别为 $X_1(k)$ 和 $X_2(k)$，即

$$X_1(k)=\mathrm{DFT}[x_1(n)],\ X_2(k)=\mathrm{DFT}[x_2(n)]$$

则

$$\mathrm{DFT}[ax_1(n)+bx_2(n)]=aX_1(k)+bX_2(k)\tag{3-40}$$

其中，a 和 b 为任意常数，包括复常数，所得到的频域序列 $aX_1(k)+bX_2(k)$ 也是 N 点长的有限长序列。

注意：$x_1(n)$、$x_2(n)$ 必须同为 N 点序列，如果两个序列长度不等，分别为 N_1 点与 N_2 点，则必须补零值，补到 $N\geqslant\max[N_1, N_2]$。

2. 圆周移位特性

（1）序列的圆周移位　一个 N 点有限长序列，定义区间为 $[0, N-1]$，如果该序列在任一方向上做线性移位，那么有的序列值就有可能移出 $[0, N-1]$ 这个区间，产生错误，不能包含原有的所有序列值。因此 N 点长的有限长序列的移位，首先将 $x(n)$ 以 N 为周期

进行周期延拓，得到周期序列 $\tilde{x}(n)$，再将 $\tilde{x}(n)$ 加以移位后取主值序列，有限长序列的移位称为圆周移位。

N 点长的有限长序列 $x(n)$ 的圆周移位 $x_m(n)$ 定义为

$$x_m(n)=x((n+m))_N R_N(n) \tag{3-41}$$

式中　$x((n+m))_N$——$x(n)$ 的周期延拓序列 $\tilde{x}(n)$ 的移位（$m>0$ 向左移，$m<0$ 向右移），即

$$x((n+m))_N=\tilde{x}(n+m) \tag{3-42}$$

$x((n+m))_N R_N(n)$ 表示对延拓移位后的周期序列取主值序列。所以一个 N 点长的有限长序列 $x(n)$ 的圆周移位序列 $x_m(n)$ 仍然是一个长度为 N 的有限长序列。

圆周移位的过程如图 3-16 所示。

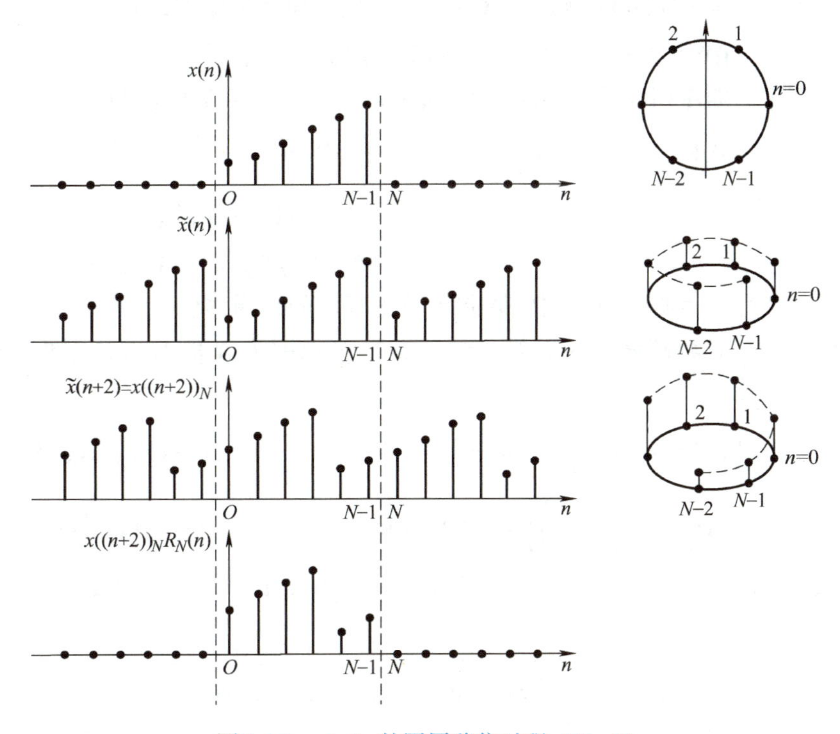

图 3-16　$x(n)$ 的圆周移位过程（$N=6$）

从图 3-16 可以看出，在 $0\leqslant n\leqslant N-1$ 区间中，若序列 $x(n)$ 从左边（或右边）移出 m 位，则从右边（或左边）就移入 m 位相同的序列值，因此可以把有限长序列 $x(n)$ 排列在一个 N 等分的圆周上，序列 $x(n)$ 的圆周移位，就相当于 $x(n)$ 在此圆周上旋转，因而称为圆周移位。

将 $x(n)$ 向左圆周移位时，此圆是顺时针旋转；将 $x(n)$ 向右圆周移位时，此圆是逆时针旋转；如果围绕圆周观察几圈，那么看到的就是周期序列 $\tilde{x}(n)$。

（2）时域圆周移位特性　设 $x(n)$ 是长度为 N 的有限长序列，且 $X(k)=\mathrm{DFT}[x(n)]$。若 $x_m(n)=x((n+m))_N R_N(n)$ 是 $x(n)$ 的 m 点圆周移位序列，则

$$X_m(k)=\mathrm{DFT}[x_m(n)]=\mathrm{DFT}[x((n+m))_N R_N(n)]=W_N^{-mk}X(k) \tag{3-43}$$

证： 利用周期序列的移位性质加以证明：

$$\mathrm{DFS}[x((n+m))_N]=\mathrm{DFS}[\tilde{x}(n+m)]=W_N^{-mk}\tilde{X}(k)$$

再利用 DFS 和 DFT 的关系：

$$\begin{aligned}\mathrm{DFT}[x((n+m))_N R_N(n)]&=\mathrm{DFT}[\tilde{x}(n+m)R_N(n)]\\&=\mathrm{DFS}[\tilde{x}(n+m)]R_N(k)\\&=W_N^{-mk}\tilde{X}(k)R_N(k)=W_N^{-mk}X(k)\end{aligned}$$

这表明，有限长序列的时域圆周移位导致频谱线性相移，在频域引入 $W_N^{-mk}=\mathrm{e}^{\mathrm{j}\frac{2\pi}{N}mk}$ 的线性相移，而对频谱幅度无影响。

(3) 频域圆周移位特性（调制特性）　设 $x(n)$ 是长度为 N 的有限长序列，且 $X(k)=\mathrm{DFT}[x(n)]$。若 $X((k+l))_N R_N(k)$ 是 $X(k)$ 的 l 点圆周移位序列，则

$$\mathrm{IDFT}[X((k+l))_N R_N(k)]=W_N^{nl}x(n)=\mathrm{e}^{-\mathrm{j}\frac{2\pi}{N}nl}x(n) \tag{3-44}$$

证： 同样利用周期序列的移位性质以及 DFS 和 DFT 的关系加以证明：

$$\begin{aligned}\mathrm{IDFT}[X((k+l))_N R_N(k)]&=\mathrm{IDFT}[\tilde{X}(k+l)R_N(k)]\\&=\mathrm{IDFS}[\tilde{X}(k+l)]R_N(n)\\&=W_N^{nl}\tilde{x}(n)R_N(n)=W_N^{nl}x(n)\end{aligned}$$

这就是调制特性，表明时域序列的调制等效于频域的圆周移位。

利用欧拉公式及时域圆周移位特性，若 $x(n)$ 是长度为 N 的有限长序列，且 $X(k)=\mathrm{DFT}[x(n)]$，可证明

$$\mathrm{DFT}\left[x(n)\cos\left(\frac{2\pi nl}{N}\right)\right]=\frac{1}{2}[X((k-l))_N+X((k+l))_N]R_N(k)$$

$$\mathrm{DFT}\left[x(n)\sin\left(\frac{2\pi nl}{N}\right)\right]=\frac{1}{2j}[X((k-l))_N-X((k+l))_N]R_N(k)$$

例 3-7　已知 $x_1(n)=\delta(n)$，$x_2(n)=\delta(n-m)$，$0<m<N$，求 $x_1(n)$ 和 $x_2(n)$ 的 N 点的 DFT。

解： $X_1(k)=\mathrm{DFT}[x_1(n)]=\sum\limits_{n=0}^{N-1}\delta(n)W_N^{nk}=1,\ 0\leqslant k\leqslant N-1$

$X_2(k)=\mathrm{DFT}[x_2(n)]=\sum\limits_{n=0}^{N-1}\delta(n-m)W_N^{nk}=W_N^{mk},\ 0\leqslant k\leqslant N-1$

例 3-8　已知序列 $x(n)$ 的 N 点的 DFT 为 $X(k)=1-2\mathrm{e}^{-\mathrm{j}3\frac{2\pi}{N}k}+4\mathrm{e}^{\mathrm{j}2\frac{2\pi}{N}k}+3\mathrm{e}^{-\mathrm{j}6\frac{2\pi}{N}k}$，求序列 $x(n)$。

解： 根据圆周移位特性及例 3-7 的结论 $\delta(n)\leftrightarrow 1$，$\delta(n-m)\leftrightarrow W_N^{mk}=\mathrm{e}^{-\mathrm{j}\frac{2\pi}{N}mk}$，则

$$\mathrm{e}^{-\mathrm{j}3\frac{2\pi}{N}k}\leftrightarrow\delta(n-3),\ \mathrm{e}^{\mathrm{j}2\frac{2\pi}{N}k}\leftrightarrow\delta(n+2),\ \mathrm{e}^{-\mathrm{j}6\frac{2\pi}{N}k}\leftrightarrow\delta(n-6)$$

因此

$$x(n)=\delta(n)-2\delta(n-3)+4\delta(n+2)+3\delta(n-6)$$

3. 圆周翻褶序列及其 DFT

(1) 圆周翻褶序列　一个 N 点长的有限长序列 $x(n)$，定义区间为 $[0,\ N-1]$，该序列的翻褶 $x(-n)$ 的区间为 $[-(N-1),\ 0]$，这不完全在主值范围内，因而有限

长序列的翻褶不是普通意义的翻褶，称之为圆周翻褶，也应该从周期性序列的翻褶序列的主值序列来定义，即 $x((-n))_N R_N(n)$，如图 3-17 所示（$N=6$）。

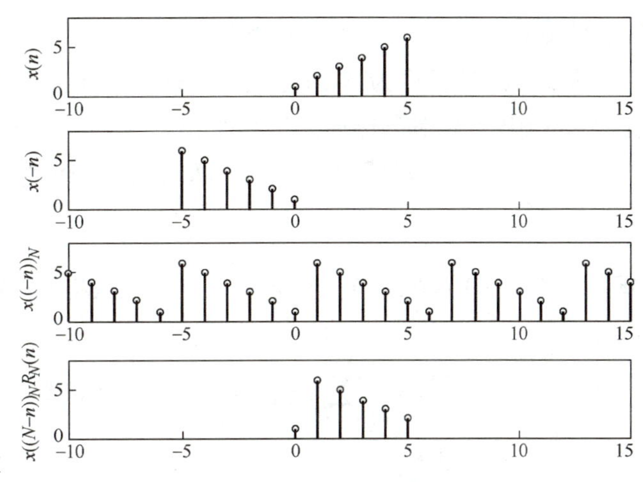

图 3-17　有限长序列的圆周翻褶（$N=6$）

从图 3-17 可以看出有限长序列的圆周翻褶可表示为

$$\begin{aligned} &x((-n))_N R_N(n) \\ &= x((N-n))_N R_N(n) \\ &= x(N-n),\ 且\ x(N)=x(0) \end{aligned}$$

（2）圆周翻褶序列的 DFT　设 $x(n)$ 是长度为 N 的有限长序列，且 $X(k)=\mathrm{DFT}[x(n)]$，则 $x(n)$ 圆周翻褶序列的 DFT 为

$$\mathrm{DFT}[x((-n))_N R_N(n)] = X((-k))_N R_N(k)$$

即

$$\mathrm{DFT}[x(N-n)] = X(N-k) \tag{3-45}$$

且

$$X(N)=X(0)$$

4. 对偶性

设 $x(n)$ 是长度为 N 的有限长序列，

若

$$\mathrm{DFT}[x(n)] = X(k)$$

则

$$\begin{aligned} \mathrm{DFT}[X(n)] &= Nx((-k))_N R_N(k) \\ &= Nx((N-k))_N R_N(k) = Nx(N-k) \end{aligned} \tag{3-46}$$

5. 复共轭序列及其 DFT

设 $x(n)$ 是长度为 N 的有限长序列，且 $X(k)=\mathrm{DFT}[x(n)]$，$x^*(n)$ 为 $x(n)$ 的复共轭序列，则 $x^*(n)$ 的 DFT 为

$$\begin{aligned} \mathrm{DFT}[x^*(n)] &= X^*((-k))_N R_N(k) = X^*((N-k))_N R_N(k) \\ &= X^*(N-k),\ 0 \leqslant k \leqslant N-1 \end{aligned} \tag{3-47}$$

且

$$X(N)=X(0)$$

证：

$$\begin{aligned} \mathrm{DFT}[x^*(n)] &= \sum_{n=0}^{N-1} x^*(n) W_N^{nk} R_N(k) = \left[\sum_{n=0}^{N-1} x(n) W_N^{-nk}\right]^* R_N(k) \\ &= X^*((-k))_N R_N(k) = \left[\sum_{n=0}^{N-1} x(n) W_N^{(N-k)n}\right]^* R_N(k) \\ &= X^*((N-k))_N R_N(k) = X^*(N-k),\ 0 \leqslant k \leqslant N-1 \end{aligned}$$

因为 $X(k)$ 的隐含周期性，故有 $X(N)=X(0)$。

6. 圆周共轭翻褶序列及其 DFT

设 $x(n)$ 是长度为 N 的有限长序列，且 $X(k)=\mathrm{DFT}[x(n)]$，$x^*((-n))_N R_N(n)$ 为 $x(n)$ 的圆周共轭翻褶序列，其 DFT 为

$$\mathrm{DFT}[x^*((-n))_N R_N(n)]=\mathrm{DFT}[x^*(N-n)]=X^*(k) \tag{3-48}$$

证：

$$\mathrm{DFT}[x^*((-n))_N R_N(n)]=\sum_{n=0}^{N-1}x^*((-n))_N R_N(n)W_N^{nk}=\left[\sum_{n=0}^{N-1}x((-n))_N W_N^{-nk}\right]^* R_N(k)$$

$$\overset{令\ m=-n}{=\!=\!=}\left[\sum_{m=0}^{N-1}x((m))_N W_N^{mk}\right]^* R_N(k)=\left[\sum_{n=0}^{N-1}x((n))_N W_N^{nk}\right]^* R_N(k)$$

$$=\left[\sum_{n=0}^{N-1}x(n)W_N^{nk}\right]^*=X^*(k)$$

7. 共轭对称性

第 2 章中讨论了序列傅里叶变换（DTFT）的对称性，是指关于坐标原点、关于纵坐标的对称性。DFT 也有类似的对称性，但在 DFT 中涉及的序列 $x(n)$ 及其离散傅里叶变换 $X(k)$ 均为有限长序列，定义区间为 $[0, N-1]$，所以这里的对称性是关于 $N/2$ 的对称性，下面讨论 DFT 的共轭对称性。

（1）圆周共轭对称序列和圆周共轭反对称序列　设有限长序列 $x(n)$ 的长度为 N，它的以 N 为周期的周期延拓序列为 $\tilde{x}(n)$，即 $x(n)=\tilde{x}(n)R_N(n)$，$\tilde{x}(n)=x((n))_N$。

因为任意序列总能表示成共轭对称分量与共轭反对称分量之和，所以周期序列 $\tilde{x}(n)$ 也可以表示成共轭对称分量 $\tilde{x}_e(n)$ 与共轭反对称分量 $\tilde{x}_o(n)$ 之和，即

$$\tilde{x}(n)=\tilde{x}_e(n)+\tilde{x}_o(n) \tag{3-49}$$

其中

$$\tilde{x}_e(n)=\tilde{x}_e{}^*(-n)=\frac{1}{2}[\tilde{x}(n)+\tilde{x}^*(-n)]=\frac{1}{2}[x((n))_N+x^*((N-n))_N] \tag{3-50}$$

$$\tilde{x}_o(n)=-\tilde{x}_o{}^*(-n)=\frac{1}{2}[\tilde{x}(n)-\tilde{x}^*(-n)]=\frac{1}{2}[x((n))_N-x^*((N-n))_N] \tag{3-51}$$

显然，$\tilde{x}_e(n)$ 和 $\tilde{x}_o(n)$ 与 $\tilde{x}(n)$ 具有相同的周期。
同样可证明

$$\tilde{x}_e(n)=\tilde{x}_e{}^*(-n) \tag{3-52}$$

$$\tilde{x}_o(n)=-\tilde{x}_o{}^*(-n) \tag{3-53}$$

有限长序列 $x(n)$ 定义在区间 $[0, N-1]$，因此其共轭对称分量、共轭反对称分量定义区间也是 $[0, N-1]$。将有限长序列 $x(n)$ 共轭对称分量、共轭反对称分量称为圆周共轭对称分量 $x_{ep}(n)$ 和圆周共轭反对称分量 $x_{op}(n)$，它们分别定义为

$$\begin{aligned}x_{ep}(n)&=\tilde{x}_e(n)R_N(n)=\frac{1}{2}[x((n))_N+x^*((N-n))_N]R_N(n)\\&=\frac{1}{2}[x(n)+x^*(N-n)]\end{aligned} \tag{3-54}$$

$$x_{op}(n)=\tilde{x}_o(n)R_N(n)=\frac{1}{2}[x((n))_N-x^*((N-n))_N]R_N(n)$$
$$=\frac{1}{2}[x(n)-x^*(N-n)] \tag{3-55}$$

则两者满足

$$x_{ep}(n)=x_{ep}^*(N-n),\quad 0\leqslant n\leqslant N-1 \tag{3-56}$$

$$x_{op}(n)=-x_{op}^*(N-n),\quad 0\leqslant n\leqslant N-1 \tag{3-57}$$

由于 $\tilde{x}(n)=\tilde{x}_e(n)+\tilde{x}_o(n)$，可以证明

$$x(n)=x_{ep}(n)+x_{op}(n) \tag{3-58}$$

即长度为 N 的有限长序列 $x(n)$ 可以表示成长度为 N 的圆周共轭对称分量 $x_{ep}(n)$ 和圆周共轭反对称分量 $x_{op}(n)$ 之和。

同样

$$X(k)=X_{ep}(k)+X_{op}(k) \tag{3-59}$$

其中

$$X_{ep}(k)=X_{ep}^*((N-k))_NR_N(k)=\frac{1}{2}[X((k))_N+X^*((N-k))_N]R_N(k)$$
$$=\frac{1}{2}[X(k)+X^*(N-k)] \tag{3-60}$$

$$X_{op}(k)=-X_{op}^*((N-k))_NR_N(k)=\frac{1}{2}[X((k))_N-X^*((N-k))_N]R_N(k)$$
$$=\frac{1}{2}[X(k)-X^*(N-k)] \tag{3-61}$$

同样两者满足

$$X_{ep}(k)=X_{ep}^*(N-k),\ 0\leqslant k\leqslant N-1 \tag{3-62}$$

$$X_{op}(k)=-X_{op}^*(N-k),\ 0\leqslant k\leqslant N-1 \tag{3-63}$$

（2）DFT 的共轭对称性

1）将有限长序列 $x(n)$ 用实部 $x_r(n)$ 和虚部 $x_i(n)$ 表示，即

$$x(n)=x_r(n)+jx_i(n) \tag{3-64}$$

其中

$$x_r(n)=\mathrm{Re}[x(n)]=\frac{1}{2}[x(n)+x^*(n)]$$

$$jx_i(n)=j\mathrm{Im}[x(n)]=\frac{1}{2}[x(n)-x^*(n)]$$

则有

$$\mathrm{DFT}[x_r(n)]=X_{ep}(k)=\frac{1}{2}[X(k)+X^*(N-k)] \tag{3-65}$$

$$\mathrm{DFT}[jx_i(n)]=X_{op}(k)=\frac{1}{2}[X(k)-X^*(N-k)] \tag{3-66}$$

证：由式(3-47) 和式(3-60) 可得

$$\begin{aligned}\text{DFT}[x_r(n)] &= \frac{1}{2}\text{DFT}[x(n)+x^*(n)]\\&= \frac{1}{2}[X(k)+X^*(N-k)]\\&= X_{ep}(k)\end{aligned}$$

由式(3-47) 和式(3-61) 可得

$$\begin{aligned}\text{DFT}[\text{j}x_i(n)] &= \frac{1}{2}\text{DFT}[x(n)-x^*(n)]\\&= \frac{1}{2}[X(k)-X^*(N-k)]\\&= X_{op}(k)\end{aligned}$$

这说明序列 $x(n)$ 实部的 DFT 等于序列 DFT 的圆周共轭对称分量，序列 $x(n)$ 虚部乘以 j 的 DFT 等于序列 DFT 的圆周共轭反对称分量。

2）将有限长序列 $x(n)$ 用圆周共轭对称分量 $x_{ep}(n)$ 和圆周共轭反对称分量 $x_{op}(n)$ 表示，即

$$x(n) = x_{ep}(n) + x_{op}(n)$$

其中

$$x_{ep}(n) = \frac{1}{2}[x(n)+x^*(N-n)]$$

$$x_{op}(n) = \frac{1}{2}[x(n)-x^*(N-n)]$$

则有

$$\text{DFT}[x_{ep}(n)] = \text{Re}[X(k)] \tag{3-67}$$

$$\text{DFT}[x_{op}(n)] = \text{jIm}[X(k)] \tag{3-68}$$

证：由式(3-48) 可得

$$\begin{aligned}\text{DFT}[x_{ep}(n)] &= \frac{1}{2}\text{DFT}[x(n)+x^*(N-n)]\\&= \frac{1}{2}[X(k)+X^*(k)]\\&= \text{Re}[X(k)]\end{aligned}$$

$$\begin{aligned}\text{DFT}[x_{op}(n)] &= \frac{1}{2}\text{DFT}[x(n)-x^*(N-n)]\\&= \frac{1}{2}[X(k)-X^*(k)]\\&= \text{jIm}[X(k)]\end{aligned}$$

这说明序列 $x(n)$ 的圆周共轭对称分量的 DFT 等于序列 DFT 的实部，序列 $x(n)$ 的圆周共轭反对称分量的 DFT 等于序列 DFT 的虚部乘以 j。

3）若 $x(n)$ 是长度为 N 的实序列，则 $x(n) = x_r(n)$，两边进行离散傅里叶变换，并利用式(3-65)，有

$$X(k) = \text{DFT}[x_r(n)] = X_{ep}(k) \tag{3-69}$$

由式(3-69) 可看出，实序列的 DFT 只有圆周共轭对称分量。

4）若 $x(n)$ 是长度为 N 的纯虚序列，则 $x(n)=\mathrm{j}x_{\mathrm{i}}(n)$，两边进行离散傅里叶变换，并利用式(3-66)，有

$$X(k)=\mathrm{DFT}[\mathrm{j}x_{\mathrm{i}}(n)]=X_{\mathrm{op}}(k) \tag{3-70}$$

由式(3-70) 可看出，纯虚序列的 DFT 只有圆周共轭反对称分量。

利用 DFT 的共轭对称性，可以用一次 DFT 运算计算两个实序列的 DFT，从而减少计算量。

例 3-9 设 $x_1(n)$ 和 $x_2(n)$ 都是 N 点的实序列，利用 DFT 得共轭对称性，试用一次 N 点 DFT 运算来计算 $x_1(n)$ 和 $x_2(n)$ 各自的 DFT $X_1(k)$ 和 $X_2(k)$。

解： 利用 $x_1(n)$ 和 $x_2(n)$ 构成一个复序列 $w(n)$，即

$$w(n)=x_1(n)+\mathrm{j}x_2(n)$$

则

$$\begin{aligned}W(k)&=\mathrm{DFT}[w(n)]=\mathrm{DFT}[x_1(n)+\mathrm{j}x_2(n)]\\&=\mathrm{DFT}[x_1(n)]+\mathrm{j}\mathrm{DFT}[x_2(n)]\\&=X_1(k)+\mathrm{j}X_2(k)\end{aligned}$$

由 $x_1(n)=\mathrm{Re}[w(n)]$，得

$$\begin{aligned}X_1(k)&=\mathrm{DFT}[x_1(n)]=\mathrm{DFT}\{\mathrm{Re}[w(n)]\}=W_{\mathrm{ep}}(k)\\&=\frac{1}{2}[W(k)+W^*(N-k)]\end{aligned}$$

由 $x_2(n)=\mathrm{Im}[w(n)]$，得

$$\begin{aligned}X_2(k)&=\mathrm{DFT}[x_2(n)]=\mathrm{DFT}\{\mathrm{Im}[w(n)]\}=\frac{1}{\mathrm{j}}W_{\mathrm{op}}(k)\\&=\frac{1}{2\mathrm{j}}[W(k)-W^*(N-k)]\end{aligned}$$

8. DFT 形式下的帕塞瓦尔定理

在 DTFT 的性质中讨论了帕塞瓦尔定理，下面给出 DFT 的帕塞瓦尔定理的表达式，即

$$\sum_{n=0}^{N-1}x(n)y^*(n)=\frac{1}{N}\sum_{k=0}^{N-1}X(k)Y^*(k) \tag{3-71}$$

证：

$$\begin{aligned}\sum_{n=0}^{N-1}x(n)y^*(n)&=\sum_{n=0}^{N-1}\left[\frac{1}{N}\sum_{k=0}^{N-1}X(k)W_N^{-nk}\right]y^*(n)=\frac{1}{N}\sum_{k=0}^{N-1}X(k)\left[\sum_{n=0}^{N-1}y^*(n)W_N^{-nk}\right]\\&=\frac{1}{N}\sum_{k=0}^{N-1}X(k)\left[\sum_{n=0}^{N-1}y(n)W_N^{nk}\right]^*=\frac{1}{N}\sum_{k=0}^{N-1}X(k)Y^*(k)\end{aligned}$$

当 $x(n)=y(n)$ 时，则有

$$\sum_{n=0}^{N-1}|x(n)|^2=\frac{1}{N}\sum_{k=0}^{N-1}|X(k)|^2 \tag{3-72}$$

式(3-72) 表明，一个序列时域中的能量等于频域中的能量，即能量守恒。此式也给出了在频域中计算能量的公式，$\dfrac{|X(k)|^2}{N}$称为有限长序列的能量谱。

9. 圆周卷积定理

(1) 圆周卷积　设 $x_1(n)$ 和 $x_2(n)$ 皆为 N 点长的有限长序列，它们 N 点的圆周卷积的定义为

$$\begin{aligned} y(n) &= \left[\sum_{m=0}^{N-1} x_1(m)x_2((n-m))_N\right]R_N(n) = x_1(n) \text{Ⓝ} x_2(n) \\ &= \left[\sum_{m=0}^{N-1} x_2(m)x_1((n-m))_N\right]R_N(n) = x_2(n) \text{Ⓝ} x_1(n) \end{aligned} \tag{3-73}$$

式中　符号Ⓝ——N 点的圆周卷积，N 是圆周卷积的长度。

注意：$x_1(n)$、$x_2(n)$ 必须同为 N 点序列，如果两个序列长度不等，分别为 N_1 点与 N_2 点，则必须补零值，补到 $N \geqslant \max[N_1, N_2]$。

有限长序列 $x_1(n)$、$x_2(n)$ 的 N 点的圆周卷积 $y(n)$，可以看成先将 $x_1(n)$、$x_2(n)$ 补零值点补到都是 N 点序列，然后做 N 点周期延拓，成为以 N 为周期的周期序列 $\tilde{x}_1(n)$、$\tilde{x}_2(n)$，再做 $\tilde{x}_1(n)$、$\tilde{x}_2(n)$ 的周期卷积得到 $\tilde{y}(n)$，最后取 $\tilde{y}(n)$ 的主值序列，即得到 $y(n)$，即

$$\begin{aligned} y(n) = \tilde{y}(n)R_N(n) &= \left[\sum_{m=0}^{N-1} \tilde{x}_1(m)\tilde{x}_2(n-m)\right]R_N(n) \\ &= \left[\sum_{m=0}^{N-1} x_1((m))_N x_2((n-m))_N\right]R_N(n) \\ &= \left[\sum_{m=0}^{N-1} x_1(m)x_2((n-m))_N\right]R_N(n) \end{aligned}$$

1) N 点的圆周卷积是以 N 为周期的周期卷积的主值序列。

2) N 的取值 $N \geqslant \max[N_1, N_2]$，$N_1$、$N_2$ 分别为有限长序列 $x_1(n)$、$x_2(n)$ 的长度；N 值不同，则周期延拓就不同，因而圆周卷积的结果也不同。

(2) 圆周卷积的计算

1) 利用周期卷积计算圆周卷积。N 点的圆周卷积是以 N 为周期的周期卷积的主值序列，因此计算有限长序列 $x_1(n)$、$x_2(n)$ 的 N 点的圆周卷积 $y(n)$，可以通过计算 $x_1(n)$、$x_2(n)$ 以 N 为周期的周期卷积 $\tilde{y}(n)$ 后取其主值序列获得。

2) 图解法。根据式(3-73) 圆周卷积的定义可知

$$y(n) = \left[\sum_{m=0}^{N-1} x_1(m)x_2((n-m))_N\right]R_N(n) = \sum_{m=0}^{N-1} x_1(m)[x_2((n-m))_N R_N(m)] \tag{3-74}$$

因此，有限长序列 $x_1(n)$、$x_2(n)$ 的 N 点圆周卷积图解法计算过程如下：先做变量代换并补零值点得长度为 N 的有限长序列 $x_1(m)$、$x_2(m)$，后将 $x_2(m)$ 做圆周翻褶得 $x_2((-m))_N R_N(m)$，接着 $x_2((-m))_N R_N(m)$ 圆周右移 n 位得 $x_2((n-m))_N R_N(m)$ $(0 \leqslant n \leqslant N-1)$，最后分别将 $x_1(m)$ 与 $x_2((n-m))_N R_N(m)$ 相乘，并对 m 在 $0 \sim N-1$ 区间上求和，由此得到有限长序列 $x_1(n)$、$x_2(n)$ 的 N 点的圆周卷积。

下面通过一个例子了解圆周卷积的图解法求解过程。

例 3-10　已知序列 $x(n)=[\underset{\uparrow}{1},3,2,4]$，$h(n)=[\underset{\uparrow}{2},1,3]$，求两序列 4 点的圆周卷积 $y(n)=x(n)④h(n)$。

解： $y(n)=\left[\sum_{m=0}^{4-1}x(m)h((n-m))_4\right]R_4(n)$

图解法如图 3-18 所示，说明如下：

① 将 $h(m)$ 补零值点，补到 $N=4$ 点序列，成为 $h(m)=[\underset{\uparrow}{2},1,3,0]$。

② 将 $h(m)$ 做圆周翻褶，得 $h((-m))R_4(m)=[\underset{\uparrow}{2},0,3,1]$。

③ 将 $h((-m))R_4(m)=[\underset{\uparrow}{2},0,3,1]$ 逐位圆周右移 n 位，得 $h((n-m))R_4(m)$，$n=0$，…，$N-1(N=4)$。

④ 相乘求和。$n=0$ 时将 $x(m)$ 与 $h((-m))_4R_4(m)$ 相乘，并对 m 在 $0\sim N-1(N=4)$ 区间上求和，得 $y(0)$。

⑤ 取变量为 $n+1$ 重复步骤 4 的计算，直到算出中的所有 $y(n)$ 值，$n=0$，1，…，$N-1(N=4)$。得 $y(n)=[\underset{\uparrow}{12},19,10,19]$。

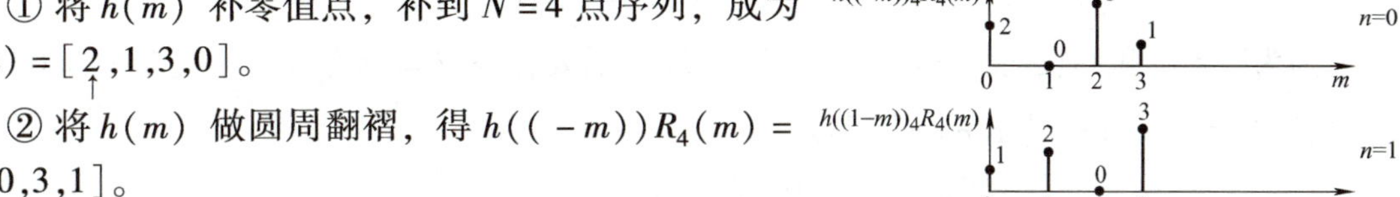
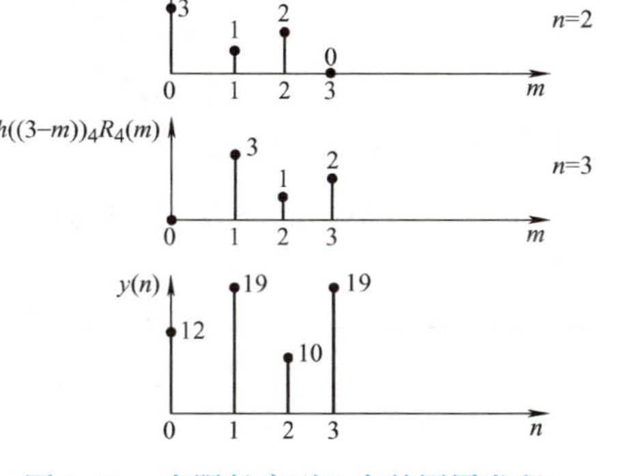

图 3-18　有限长序列 4 点的圆周卷积

3）矩阵法。由式(3-74)

$$y(n)=\left[\sum_{m=0}^{N-1}x_1(m)x_2((n-m))_N\right]R_N(n)$$

$$=\sum_{m=0}^{N-1}x_1(m)[x_2((n-m))_NR_N(m)],\ 0\leqslant n\leqslant N-1$$

其中，$x_2((n-m))_NR_N(m)$ 是圆周翻褶序列 $x_2((-m))_NR_N(m)$ 的圆周右移位序列 $(0\leqslant n\leqslant N-1)$，共有 N 个圆周右移位序列，由此可得到 $x_2((n-m))_NR_N(m)$ 的矩阵表示为

$$\begin{bmatrix} x_2(0) & x_2(N-1) & x_2(N-2) & \cdots & x_2(1) \\ x_2(1) & x_2(0) & x_2(N-1) & \cdots & x_2(2) \\ x_2(2) & x_2(1) & x_2(0) & \cdots & x_2(3) \\ \vdots & \vdots & \vdots & & \vdots \\ x_2(N-1) & x_2(N-2) & x_2(N-3) & \cdots & x_2(0) \end{bmatrix} \tag{3-75}$$

此矩阵称为 $x_2(n)$ 的 N 点的圆周卷积矩阵。第一行是 $x_2(n)$ 的 N 点的圆周翻褶序列，其余各行是第一行的逐位圆周右移序列，每向下一行，圆周右移一位。

由此可以将圆周卷积用矩阵形式表示，即

$$\begin{bmatrix} y(0) \\ y(1) \\ y(2) \\ \vdots \\ y(N-1) \end{bmatrix}=\begin{bmatrix} x_2(0) & x_2(N-1) & x_2(N-2) & \cdots & x_2(1) \\ x_2(1) & x_2(0) & x_2(N-1) & \cdots & x_2(2) \\ x_2(2) & x_2(1) & x_2(0) & \cdots & x_2(3) \\ \vdots & \vdots & \vdots & & \vdots \\ x_2(N-1) & x_2(N-2) & x_2(N-3) & \cdots & x_2(0) \end{bmatrix}\begin{bmatrix} x_1(0) \\ x_1(1) \\ x_1(2) \\ \vdots \\ x_1(N-1) \end{bmatrix} \tag{3-76}$$

同样，$x_1(n)$、$x_2(n)$ 必须同为 N 点序列，如果两个序列长度不等，分别为 N_1 点与 N_2 点，则必须先补零值，补到 $N \geqslant \max[N_1, N_2]$。

下面用矩阵法求解例 3-10 的圆周卷积。

例 3-11 已知序列 $x(n)=[\underset{\uparrow}{1},3,2,4]$，$h(n)=[\underset{\uparrow}{2},1,3]$，求两序列 4 点的圆周卷积 $y(n)=x(n)④h(n)$。

解： $x(n)=[\underset{\uparrow}{1},3,2,4]$，长度 $N_1=4$；$h(n)=[\underset{\uparrow}{2},1,3]$，长度 $N_2=3$。

因为圆周卷积的长度 $N=4$，所以序列 $h(n)$ 需要补一位零值为 $h(n)=[\underset{\uparrow}{2},1,3,0]$，则圆周卷积 $y(n)=x(n)④h(n)$ 表示成

$$\begin{bmatrix} y(0) \\ y(1) \\ y(2) \\ y(3) \end{bmatrix} = \begin{bmatrix} 2 & 0 & 3 & 1 \\ 1 & 2 & 0 & 3 \\ 3 & 1 & 2 & 0 \\ 0 & 3 & 1 & 2 \end{bmatrix} \begin{bmatrix} 1 \\ 3 \\ 2 \\ 4 \end{bmatrix} = [\underset{\uparrow}{12},19,10,19]$$

则 $y(n)=[\underset{\uparrow}{12},19,10,19]$。

4）列表法。圆周卷积的矩阵表示［式(3-76)］也可用表格进行表示，见表 3-3。

表 3-3 圆周卷积的表格表示形式

n	$x_1(m)$					
	$x_1(0)$	$x_1(1)$	$x_1(2)$	…	$x_1(N-1)$	$y(n)$
	$x_2((n-m))_N R_N(m)$					
0	$x_2(0)$	$x_2(N-1)$	$x_2(N-2)$	…	$x_2(1)$	$y(0)$
1	$x_2(1)$	$x_2(0)$	$x_2(N-1)$	…	$x_2(2)$	$y(1)$
2	$x_2(2)$	$x_2(1)$	$x_2(0)$	…	$x_2(3)$	$y(2)$
⋮	⋮	⋮	⋮	⋮	⋮	⋮
$N-1$	$x_2(N-1)$	$x_2(N-2)$	$x_2(N-3)$	…	$x_2(0)$	$y(N-1)$

因此例 3-11 用列表法求解见表 3-4。

表 3-4 用列表法求解例 3-11

n	$x_1(m)$				$y(n)$
	1	3	2	4	
	$h((n-m))_4 R_4(m)$				
0	2	0	3	1	12
1	1	2	0	3	19
2	3	1	2	0	10
3	0	3	1	2	19

即 $y(n)=[\underset{\uparrow}{12}, 19, 10, 19]$。

有了上述圆周卷积的定义，我们就可以给出 DFT 的时域及频域圆周卷积定理。

（3）时域圆周卷积定理　设 $x_1(n)$ 和 $x_2(n)$ 皆为 N 点长的有限长序列，它们各自的 DFT 分别为 $X_1(k)$ 和 $X_2(k)$，即

$$X_1(k)=\mathrm{DFT}[x_1(n)],\ X_2(k)=\mathrm{DFT}[x_2(n)]$$

若

$$Y(k)=X_1(k)X_2(k)$$

则

$$y(n)=\mathrm{IDFT}[Y(k)]=\left[\sum_{m=0}^{N-1}x_1(m)x_2((n-m))_N\right]R_N(n)=x_1(n)\,Ⓝ\,x_2(n)$$
$$=\left[\sum_{m=0}^{N-1}x_2(m)x_1((n-m))_N\right]R_N(n)=x_2(n)\,Ⓝ\,x_1(n) \tag{3-77}$$

证：根据周期卷积定理，若

$$\tilde{Y}(k)=\tilde{X}_1(k)\tilde{X}_2(k)$$

则

$$\tilde{y}(n)=\mathrm{IDFS}[\tilde{Y}(k)]$$
$$=\sum_{m=0}^{N-1}\tilde{x}_1(m)\tilde{x}_2(n-m)$$
$$=\sum_{m=0}^{N-1}x_1((m))_N x_2((n-m))_N$$
$$=\sum_{m=0}^{N-1}x_1(m)x_2((n-m))_N$$

因为 N 点的圆周卷积是以 N 为周期的周期卷积的主值序列，所以

$$y(n)=\tilde{y}(n)R_N(n)=\left[\sum_{m=0}^{N-1}x_1(m)x_2((n-m))_N\right]R_N(n)$$

由此可知时域圆周卷积定理，在时域内的两个有限长序列的圆周卷积，对应于在频域内它们各自 DFT 的乘积。

(4) 频域圆周卷积定理　同样，利用 DFT 和 IDFT 的对称性，可证明频域圆周卷积定理：若 $y(n)=x_1(n)x_2(n)$，则

$$Y(k)=\mathrm{DFT}[y(n)]=\sum_{n=0}^{N-1}y(n)W_N^{nk}$$
$$=\frac{1}{N}\left[\sum_{l=0}^{N-1}X_1(l)X_2((k-l))_N\right]R_N(k)=\frac{1}{N}X_1(k)\,Ⓝ\,X_2(k) \tag{3-78}$$
$$=\frac{1}{N}\left[\sum_{l=0}^{N-1}X_2(l)X_1((k-l))_N\right]R_N(k)=\frac{1}{N}X_2(k)\,Ⓝ\,X_1(k)$$

由此可知频域圆周卷积定理，时域有限长序列的乘积，对应于在频域内它们各自 DFT 的圆周卷积再乘以 $1/N$。

3.3.4　有限长序列的圆周卷积与线性卷积

时域圆周卷积在频域上相当于两序列的 DFT 的乘积，而计算 DFT 可以采用它的快速算法——快速傅里叶变换，因此圆周卷积与线性卷积相比，计算速度可以大大加快。但是实际问题大多总是要求解线性卷积。例如，信号通过线性时不变系统，其输出就是输入信号与系统的单位脉冲响应的线性卷积，如果信号以及系统的单位脉冲响应都是有限长序列，那么是否能用圆周卷积运算来代替线性卷积运算而不失真呢？下面就来讨论这个问题。

设 $x_1(n)$ 是 N_1 点的有限长序列（$0 \leqslant n \leqslant N_1-1$），$x_2(n)$ 是 N_2 点的有限长序列（$0 \leqslant n \leqslant N_2-1$）。

（1）$x_1(n)$ 和 $x_2(n)$ 的线性卷积

$$y_l(n) = x_1(n) * x_2(n) = \sum_{m=-\infty}^{\infty} x_1(m) x_2(n-m)$$

$$= \sum_{m=0}^{N_1-1} x_1(m) x_2(n-m) \tag{3-79}$$

$x_1(m)$ 的非零区间为

$$0 \leqslant m \leqslant N_1 - 1$$

$x_2(n-m)$ 的非零区间为

$$0 \leqslant n-m \leqslant N_2 - 1$$

将两个不等式相加，得到

$$0 \leqslant n \leqslant N_1 + N_2 - 2$$

在上述区间之外，$x_1(m)$ 或者 $x_2(n-m)$ 为零，则 $y_l(n)=0$，所以 $y_l(n)$ 是(N_1+N_2-1) 点的有限长序列（$0 \leqslant n \leqslant N_1+N_2-1$），即线性卷积的长度等于参与卷积的两序列的长度之和减 1。

（2）$x_1(n)$ 和 $x_2(n)$ 的圆周卷积　假设 $x_1(n)$ 和 $x_2(n)$ 进行 L 点圆周卷积，$L \geqslant \max(N_1, N_2)$，$L$ 点的圆周卷积与线性卷积之间有怎样的关系？L 等于何值时，圆周卷积才能代表线性卷积呢？下面对这些问题进行讨论。

将 $x_1(n)$、$x_2(n)$ 两序列都补零为长度为 L 点的序列，即

$$x_1(n) = \begin{cases} x_1(n), & 0 \leqslant n \leqslant N_1 - 1 \\ 0, & N_1 \leqslant n \leqslant L-1 \end{cases}$$

$$x_2(n) = \begin{cases} x_2(n), & 0 \leqslant n \leqslant N_2 - 1 \\ 0, & N_2 \leqslant n \leqslant L-1 \end{cases}$$

则 L 点的圆周卷积 $y(n)$ 为

$$y(n) = \left[\sum_{m=0}^{L-1} x_1(m) x_2((n-m))_L\right] R_L(n) = x_1(n) \circled{L} x_2(n) \tag{3-80}$$

其中 $x_2((n-m))_L$ 是将 $x_2(n)$ 以 L 为周期进行周期延拓后移位得到，即

$$x_2((n-m))_L = \sum_{r=-\infty}^{\infty} x_2(n+rL-m) \tag{3-81}$$

将式(3-81) 代入式(3-80) 中，可得

$$\begin{aligned} y(n) &= \left[\sum_{m=0}^{L-1} x_1(m) \sum_{r=-\infty}^{\infty} x_2(n+rL-m)\right] R_L(n) \\ &= \left[\sum_{r=-\infty}^{\infty} \sum_{m=0}^{L-1} x_1(m) x_2(n+rL-m)\right] R_L(n) \end{aligned} \tag{3-82}$$

比较式(3-82) 与式(3-79)，可得

$$y(n) = x_1(n) \circled{L} x_2(n) = \left[\sum_{r=-\infty}^{\infty} y_l(n+rL)\right] R_L(n) \tag{3-83}$$

由此看出，有限长序列 $x_1(n)$、$x_2(n)$ 的 L 点的圆周卷积 $y(n)$ 是两序列线性卷积 $y_l(n)$ 以L 为周期的周期延拓序列的主值序列。

L 等于何值时，圆周卷积 $y(n)$ 才能代表线性卷积 $y_l(n)$ 呢?

$y_l(n)$ 的长度是 (N_1+N_2-1) 点，即有 (N_1+N_2-1) 个非零值。将 $y_l(n)$ 以 L 为周期进行周期延拓，则延拓周期 L 必须满足

$$L \geqslant N_1+N_2-1 \tag{3-84}$$

这时 $y_l(n)$ 以 L 为周期进行周期延拓在各周期才不会发生混叠现象，式(3-83) 所得的主值序列 $y(n)$ 才能表示 $y_l(n)$，即 $y(n)$ 前 (N_1+N_2-1) 个序列值就代表 $y_l(n)$，而剩下的 $L-(N_1+N_2-1)$ 个序列值则是补充的零值，即

$$x_1(n) \textcircled{L} x_2(n) = x_1(n) * x_2(n), \begin{cases} L \geqslant N_1+N_2-1 \\ 0 \leqslant n \leqslant N_1+N_2-2 \end{cases} \tag{3-85}$$

图 3-19 为有限长序列 $x_1(n)=[\underset{\uparrow}{1},1,1]$，$x_2(n)=[\underset{\uparrow}{1},2,3,4,5]$ 的线性卷积和 5 点、6 点、7 点、8 点的圆周卷积，该图可反映圆周卷积和线性卷积的关系。

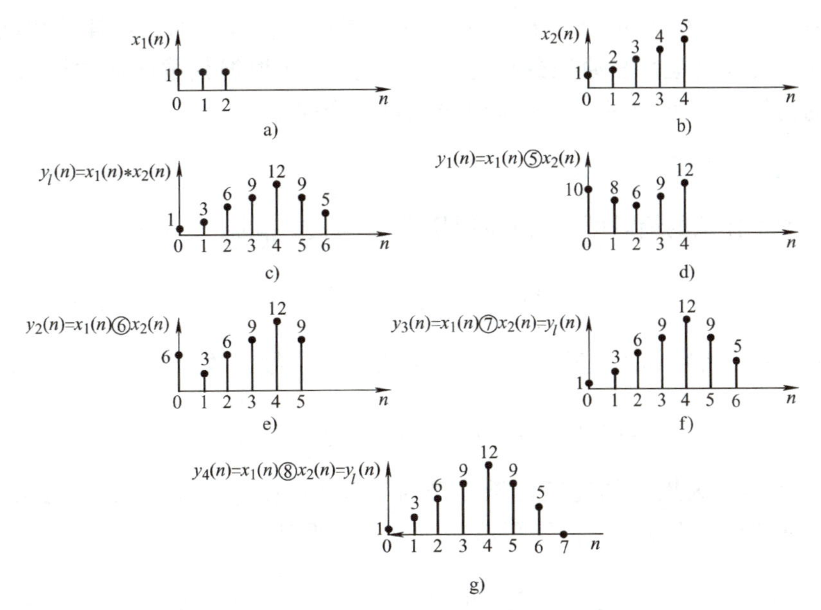

图 3-19　有限长序列的线性卷积与圆周卷积

有限长序列 $x_1(n)=[\underset{\uparrow}{1},1,1]$，$x_2(n)=[\underset{\uparrow}{1},2,3,4,5]$ 的线性卷积的长度为 7，图 3-19d、e 中 $L=5$ 和 $L=6$，都小于线性卷积的长度 7，这时产生混叠现象，圆周卷积不能表示线性卷积；而图 3-19f、g 中 $L=7$ 和 $L=8$，这时候不发生混叠现象，圆周卷积可表示线性卷积，所得圆周卷积的前 7 个点代表线性卷积的结果。

例 3-12　设两个有限长度序列

$$x_1(n) = \begin{cases} x_1(n), & 0 \leqslant n \leqslant 7 \\ 0, & \text{其他} \end{cases}$$

$$x_2(n) = \begin{cases} x_2(n), & 0 \leqslant n \leqslant 19 \\ 0, & \text{其他} \end{cases}$$

令 $X_1(k)$ 和 $X_2(k)$ 分别表示它们的 20 点 DFT，序列 $y(n)=\mathrm{IDFT}[X_1(k)X_2(k)]$。试指出 $y(n)$ 中的哪些点相当于线性卷积 $x_1(n)*x_2(n)$ 中的点。

解：序列 $x_1(n)$ 的点数为 $N_1=8$，$x_2(n)$ 的点数为 $N_2=20$，故 $x_1(n)*x_2(n)$ 的点数应为 $N=N_1+N_2-1=27$。$y(n)$ 为 $x_1(n)$、$x_2(n)$ 的 20 点的圆周卷积，故 $y(n)$ 的点数应为 $L=20$。

20 点的圆周卷积 $y(n)$ 是线性卷积（长度为 27）以 20 为周期的周期延拓序列的主值序列。

因为 $20<27$，所以周期延拓发生混叠，混叠点数为 $N-L=27-20=7$，圆周卷积 $y(n)$ 中 $n=0$ 到 $n=6(N-L-1)$ 这 7 点处发生混叠，即 $y(n)$ 中只有 $n=7$ 到 $n=19$ 的点对应于 $x(n)*y(n)$ 应该得到的点。

3.4 频域抽样理论

时域抽样定理指出，在满足奈奎斯特抽样定理的条件下，时域离散抽样信号可以不失真地恢复原来的连续信号。由前面的讨论可知，序列 $x(n)$ 的离散傅里叶变换 $X(k)$ 是 $x(n)$ 的傅里叶变换 $X(\mathrm{e}^{\mathrm{j}\omega})$ 在区间 $[0,2\pi)$ 上的 N 点等间隔抽样，那么这样的频域离散抽样在什么条件下才能无失真地恢复原来的信号 $x(n)$？又如何根据频域离散抽样后的结果 $X(k)$ 恢复原信号的傅里叶变换 $X(\mathrm{e}^{\mathrm{j}\omega})$？本节将讨论这两个问题。

3.4.1 频域抽样定理

首先，考虑个任意的绝对可和的非周期序列 $x(n)$，它的 z 变换为

$$X(z)=\sum_{n=-\infty}^{\infty}x(n)z^{-n}$$

由于绝对可和，所以其傅里叶变换 $X(\mathrm{e}^{\mathrm{j}\omega})$ 存在且连续，故 $X(z)$ 的收敛域包含单位圆。

$$X(\mathrm{e}^{\mathrm{j}\omega})=X(z)\big|_{z=\mathrm{e}^{\mathrm{j}\omega}}=\sum_{n=-\infty}^{\infty}x(n)\mathrm{e}^{-\mathrm{j}\omega n}$$

$X(\mathrm{e}^{\mathrm{j}\omega})$ 是以 2π 为周期的连续函数，现对 $X(\mathrm{e}^{\mathrm{j}\omega})$ 在区间 $[0,2\pi)$ 上等间隔抽样 N 点，即相当于在单位圆上对 $X(z)$ 等间隔抽样 N 点，得到

$$X(k)=X(z)\Big|_{z=W_N^{-k}=\mathrm{e}^{\mathrm{j}\frac{2\pi}{N}k}}=\sum_{n=-\infty}^{\infty}x(n)\mathrm{e}^{-\mathrm{j}\frac{2\pi}{N}nk}=\sum_{n=-\infty}^{\infty}x(n)W_N^{nk},\ 0\leqslant k\leqslant N-1 \tag{3-86}$$

这样抽样后能否不失真地恢复原序列 $x(n)$？

将 $X(k)$ 看作长度为 N 的有限长序列 $x_N(n)$ 的 DFT，先对 $X(k)$ 进行离散傅里叶反变换得

$$x_N(n)=\mathrm{IDFT}[X(k)],\ 0\leqslant k\leqslant N-1$$

下面推导序列 $x_N(n)$ 与原序列 $x(n)$ 之间的关系，并导出频域抽样定理。

将 $x_N(n)$ 以 N 为周期进行周期延拓得周期序列 $\tilde{x}(n)$，若 $\widetilde{X}(k)=\mathrm{DFS}[\tilde{x}(n)]$，由 DFT 和 DFS 的关系可知

$$\widetilde{X}(k)=X((k))_N=\mathrm{DFS}[\tilde{x}(n)]$$

$$X(k)=\widetilde{X}(k)R_N(k)$$

$$\tilde{x}(n) = x_N((n))_N = \mathrm{IDFS}[\tilde{X}(k)] = \frac{1}{N}\sum_{k=0}^{N-1}\tilde{X}(k)W_N^{-nk} = \frac{1}{N}\sum_{k=0}^{N-1}X(k)W_N^{-nk} \tag{3-87}$$

将式(3-86) 代入式(3-87) 得

$$\tilde{x}(n) = \frac{1}{N}\sum_{k=0}^{N-1}\left[\sum_{m=-\infty}^{\infty}x(m)W_N^{mk}\right]W_N^{-nk} = \sum_{m=-\infty}^{\infty}x(m)\left[\frac{1}{N}\sum_{k=0}^{N-1}W_N^{(m-n)k}\right]$$

由于

$$\frac{1}{N}\sum_{k=0}^{N-1}W_N^{(m-n)k} = \begin{cases}1, & m = n + rN,\ r\text{ 为任意整数}\\ 0, & \text{其他}\end{cases}$$

所以

$$\tilde{x}(n) = \sum_{r=-\infty}^{\infty}x(n+rN) \tag{3-88}$$

式(3-88) 表明，经过频域抽样序列 $\tilde{X}(k)$ 恢复的周期序列 $\tilde{x}(n)$ 是原非周期序列$x(n)$ 以抽样点数 N 为周期的周期延拓。在第 1 章中已知时域抽样会造成频域的周期延拓，在此看到一个对称的特性，即频域抽样同样也会造成时域的周期延拓。则序列 $x_N(n)$ 与原序列 $x(n)$ 之间的关系为

$$x_N(n) = \tilde{x}(n)R_N(n) = \sum_{r=-\infty}^{\infty}x(n+rN)R_N(n) \tag{3-89}$$

即经过频域 N 点抽样序列 $X(k)$ 恢复的序列 $x_N(n)$ 是原序列 $x(n)$ 以抽样点数 N 为周期的周期延拓序列得主值序列。

1. 如果 $x(n)$ 是有限长序列，长度为 M

当抽样点数 $N<M$ 时，原序列 $x(n)$ 以 N 为周期进行周期延拓会造成混叠现象，这时从 N 点抽样序列 $X(k)$ 不能无失真地恢复原序列 $x(n)$。因此频域抽样不失真的条件是

$$N \geqslant M \tag{3-90}$$

只有当抽样点数 $N \geqslant M$ 时，才可以从 $X(k)$ 无失真地恢复原序列 $x(n)$，即

$$x_N(n) = \tilde{x}(n)R_N(n) = \sum_{r=-\infty}^{\infty}x(n+rN)R_N(n) = x(n),\ N \geqslant M \tag{3-91}$$

2. 如果 $x(n)$ 是无限长序列

如果 $x(n)$ 是无限长序列，则时域周期延拓必然造成混叠现象，频域抽样后恢复原序列 $x(n)$ 一定会产生误差。

由此得出频域抽样定理：如果 $x(n)$ 是有限长序列，长度为 M，则只有当抽样点数 $N \geqslant M$时，才可从频域抽样 $X(k)$ 无失真地恢复原序列 $x(n)$，否则产生频域混叠现象。

3.4.2 频域插值重构

当满足频域抽样定理时，频域 N 点抽样序列 $X(k)$ 可以不失真地恢复原序列 $x(n)$，从而可由 $X(k)$ 经过插值来重构 $X(z)$ 或 $X(e^{j\omega})$。

1. 由 $X(k)$ 插值重构 $X(z)$

因为

$$X(z) = \sum_{n=-\infty}^{\infty} x(n) z^{-n}$$

同时

$$x(n) = \frac{1}{N}\sum_{k=0}^{N-1} X(k) W_N^{-nk}, \ 0 \leqslant n \leqslant N-1$$

将 $x(n)$ 代入 $X(z)$ 中，得

$$\begin{aligned} X(z) &= \sum_{n=0}^{N-1}\left[\frac{1}{N}\sum_{k=0}^{N-1} X(k) W_N^{-nk}\right] z^{-n} = \frac{1}{N}\sum_{k=0}^{N-1} X(k)\left[\sum_{n=0}^{N-1} W_N^{-nk} z^{-n}\right] \\ &= \frac{1}{N}\sum_{k=0}^{N-1} X(k)\,\frac{1-W_N^{-Nk} z^{-N}}{1-W_N^{-k} z^{-1}} \\ &= \frac{1-z^{-N}}{N}\sum_{k=0}^{N-1} \frac{X(k)}{1-W_N^{-k} z^{-1}} \end{aligned} \tag{3-92}$$

这就是用 N 个频域抽样 $X(k)$ 来重构 $X(z)$ 得插值公式，它可以表示为

$$X(z) = \sum_{k=0}^{N-1} X(k)\,\Phi_k(z) \tag{3-93}$$

式中　$\Phi_k(z)$ ——插值函数，按式(3-94) 估算：

$$\Phi_k(z) = \frac{1}{N}\cdot\frac{1-z^{-N}}{1-W_N^{-k} z^{-1}} \tag{3-94}$$

令插值函数 $\Phi_k(z)$ 分子为零，得

$$z = e^{j\frac{2\pi}{N}r}, \ r = 0, 1, \cdots, N-1$$

即内插函数有 N 个零点，在 z 平面单位圆的 N 等分点上。但 $\Phi_k(z)$ 在 $z = e^{j\frac{2\pi}{N}k}$（即 $r = k$）处有一个极点，它和 $r = k$ 处的一个零点相抵消。因而，插值函数 $\Phi_k(z)$ 只在本抽样点 $r = k$ 处不为零，在其他（$N-1$）个抽样点（$r = 0$，1，…，$k-1$，$k+1$，…，$N-1$）上都是零点。而 $\Phi_k(z)$ 在 $z = 0$ 处还有 $N-1$ 阶极点。

$\Phi_k(z)$ 的零极点图如图 3-20 所示。

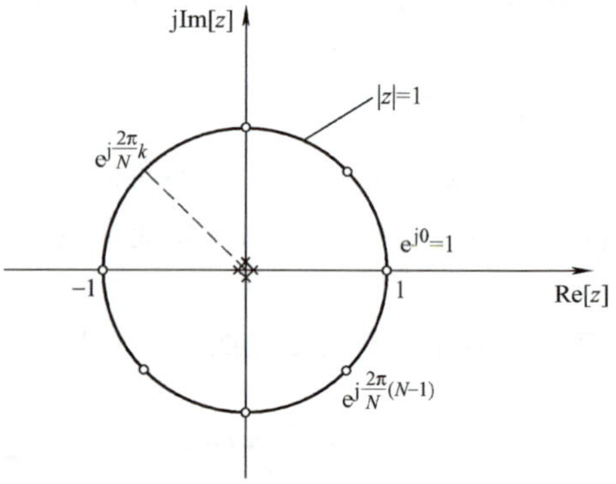

图 3-20　插值函数 $\Phi_k(z)$ 的零点、极点（$z = 0$ 处为 $N-1$ 阶极点）

2. 由 $X(k)$ 插值重构 $X(e^{j\omega})$

将 $z = e^{j\omega}$ 代入式(3-93) 和式(3-94)，即可得到由 $X(k)$ 插值重构 $X(e^{j\omega})$ 的公式 $X(e^{j\omega})$ 及插值函数 $\Phi_k(e^{j\omega})$ 为

$$X(e^{j\omega}) = \sum_{k=0}^{N-1} X(k)\,\Phi_k(e^{j\omega}) \tag{3-95}$$

$$\Phi_k(e^{j\omega}) = \frac{1}{N}\cdot\frac{1-e^{-j\omega N}}{1-W_N^{-k} e^{-j\omega}} = \frac{1}{N}\cdot\frac{\sin\left(\frac{\omega N}{2}\right)}{\sin\left(\frac{\omega - \frac{2\pi}{N}k}{2}\right)} e^{-j\left(\frac{N-1}{2}\omega + \frac{k\pi}{N}\right)}$$

$$=\frac{1}{N}\cdot\frac{\sin\left[N\left(\frac{\omega}{2}-\frac{\pi}{N}k\right)\right]}{\sin\left(\frac{\omega}{2}-\frac{\pi}{N}k\right)}e^{j\frac{k\pi}{N}(N-1)}e^{-j\frac{N-1}{2}\omega} \tag{3-96}$$

可将插值函数 $\Phi_k(e^{j\omega})$ 表示成更方便的形式，即

$$\Phi_k(e^{j\omega})=\Phi\left(\omega-k\frac{2\pi}{N}\right) \tag{3-97}$$

其中

$$\Phi(\omega)=\frac{1}{N}\cdot\frac{\sin\left(\frac{\omega N}{2}\right)}{\sin\left(\frac{\omega}{2}\right)}e^{-j\left(\frac{N-1}{2}\right)\omega} \tag{3-98}$$

则式(3-95) 可写成

$$X(e^{j\omega}) = \sum_{k=0}^{N-1}X(k)\Phi\left(\omega-k\frac{2\pi}{N}\right) \tag{3-99}$$

这就是由 $X(k)$ 插值重构 $X(e^{j\omega})$ 的公式。

频域插值函数 $\Phi(\omega)$ 的幅频特性和相频特性如图 3-21 所示。

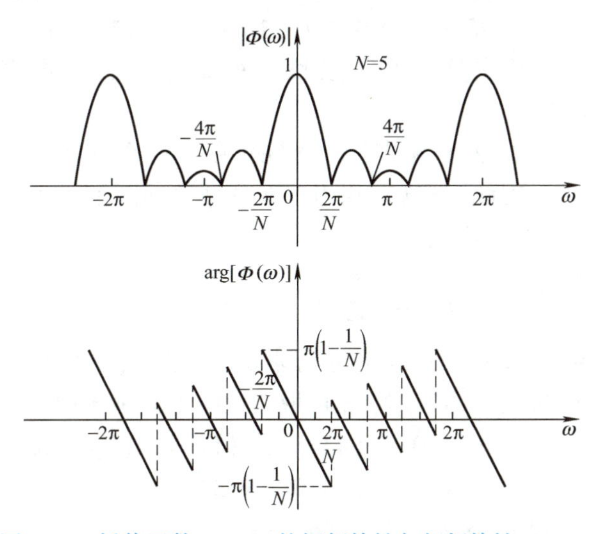

图 3-21　插值函数 $\Phi(\omega)$ 的幅频特性与相频特性（$N=5$）

例 3-13　已知序列 $x(n)=(0.5+n/10)R_8(n)$ 的离散时间傅里叶变换为 $X(e^{j\omega})$，$X_1(k)$是对 $X(e^{j\omega})$ 进行 $N=6$ 的等间隔抽样的函数，起点为 $\omega=0$，试计算 $X_1(k)$ 在 $N=6$ 时的离散傅里叶反变换 $x_1(n)$。

解： 根据离散时间傅里叶变换的定义有

$$X(e^{j\omega}) = \sum_{n=0}^{7}x(n)e^{-j\omega n}$$

对 $X(e^{j\omega})$ 进行 $N=6$ 的等间隔抽样，起点为 $\omega=0$，则有

$$X_1(k) = \sum_{n=0}^{7}x(n)e^{-j2\pi nk/6}$$

所以有

$$x_1(n) = \frac{1}{6}\sum_{k=0}^{5}\left[\sum_{m=0}^{7}x(m)\mathrm{e}^{-\mathrm{j}2\pi mk/6}\right]W_6^{-nk} = \frac{1}{6}\sum_{m=0}^{7}x(m)\sum_{k=0}^{5}W_6^{(m-n)k}$$

同样，根据 W_N 的正交性，可得

$$\begin{aligned} x_1(n) &= \left[\sum_{r=-\infty}^{\infty}x(n+6r)\right]R_6(n) \\ &= \left\{\sum_{r=-\infty}^{\infty}[0.5+(n+6r)/10]R_8(n+6r)\right\}R_6(n)\text{，}r\text{ 为整数} \end{aligned}$$

显然，$R_8(n+6r)$ 中只有变量 $0 \leqslant n+6r \leqslant 7$ 时才为非 0 值，而 $R_6(n)$ 只有在 $0 \leqslant n \leqslant 5$ 范围内为非 0 值，所以 r 可以取 0 和 1，r 取 0 时，n 可取 0 ~ 5，而 r 取 1 时，n 只能取 0 与 1。所以有

$$x_1(n) = x(0) + x(6) = 1.6,\ x_1(1) = x(1) + x(7) = 1.8,$$
$$x_1(2) = x(2) = 0.7,\ x_1(3) = x(3) = 0.8,$$
$$x_1(4) = x(4) = 0.9,\ x_1(5) = x(5) = 1$$

显然，和 $x(n)$ 相比，$x_1(0)$ 与 $x(0)$、$x_1(1)$ 与 $x(1)$ 不相等，即造成了混叠失真，这是由于序列长度 8 大于抽样点数 6，不满足频域抽样定理的条件而造成的。

例 3-14　已知序列 $x(n) = 2\delta(n) - 0.58\delta(n-1) + \delta(n-2) - 3\delta(n-3) - \delta(n-4)$，$X(k)$ 是 $x(n)$ 的 8 点离散傅里叶变换，若有限长序列 $y(n)$ 的 4 点离散傅里叶变换满足 $Y(k) = X(2k)$，试求 $y(n)$。

解： 根据题意，$Y(k) = X(2k)$ 相当于在 $X(k)$ 中隔一个点抽取一个值，而 $X(k)$ 相当于在频域等间隔抽样 8 点，因此，$Y(k)$ 相当于在频域等间隔抽样 4 点。根据频域抽样恢复的序列的式(3-89) 直接计算，有

$$y(n) = \sum_{r=-\infty}^{\infty}x(n+4r)R_4(n)$$

$x(n+4r)$ 中只有变量 $0 \leqslant n+4r \leqslant 4$ 时才为非 0 值，而 $R_4(n)$ 只有在 $0 \leqslant n \leqslant 3$ 范围内为非 0 值，所以 r 可以取 0 和 1，r 取 0 时，n 可取 0 ~ 3，而 r 取 1 时，n 只能取 0。所以有

$$y(n) = x(0) + x(4) = 1,\ y(1) = x(1) = -0.5,$$
$$y(2) = x(2) = 1,\ y(3) = x(3) = 3$$

即 $y(n) = \delta(n) - 0.5\delta(n-1) + \delta(n-2) + \delta(n-3)$。

3.5　DFT 的应用

离散傅里叶变换（DFT）其定义具确切性、性质的严格性以及它的快速算法（将在第 4 章中讨论），保证了 DFT 在实时信号处理中的广泛应用，本节主要讨论离散傅里叶变换 DFT 在线性卷积和频谱分析中的应用。

3.5.1　利用 DFT 计算线性卷积

对于线性时不变系统，系统的输出 $y(n)$ 等于输入 $x(n)$ 和该系统的单位抽样响应 $h(n)$ 的线性卷积。因此，线性卷积的计算在实际问题中相当重要，但是直接计算两个序列的线性

卷积往往不太容易，可利用圆周卷积来计算线性卷积，3.3 节中式(3-85) 就是利用圆周卷积计算线性卷积的条件。

设 $x_1(n)$ 和 $x_2(n)$ 皆为 N 点长的有限长序列，且 $X_1(k)=\mathrm{DFT}[x_1(n)]$，$X_2(k)=\mathrm{DFT}[x_2(n)]$，则它们 N 点的圆周卷积为

$$y(n)=x_1(n) Ⓝ x_2(n)=\left[\sum_{m=0}^{N-1}x_1(m)x_2(n-m)_N\right]R_N(n)$$

利用时域圆周卷积定理

$$Y(k)=\mathrm{DFT}[y(n)]=X_1(k)X_2(k)$$
$$y(n)=\mathrm{IDFT}[Y(k)]=\mathrm{IDFT}[X_1(k)X_2(k)]$$

由此可见，圆周卷积可以在时域直接计算，也可以利用 DFT 在频域计算。由于 DFT 有快速算法，当 N 很大时，在频域计算的速度快很多，因而常用 DFT（快速算法）计算圆周卷积。

当满足了 3.3 节中式(3-85) 利用圆周卷积计算线性卷积的条件，就可以利用 DFT（快速算法）计算线性卷积。

设 $x(n)$ 是 N_1 点的有限长序列（$0\leqslant n\leqslant N_1-1$），$h(n)$ 是 N_2 点的有限长序列（$0\leqslant n\leqslant N_2-1$），将 $x(n)$、$h(n)$ 分别补零，成为长度为 $L(L=N_1+N_2-1)$ 点的序列，就可以利用 DFT 计算它们的线性卷积 $x(n)*h(n)$，如图 3-22 所示。

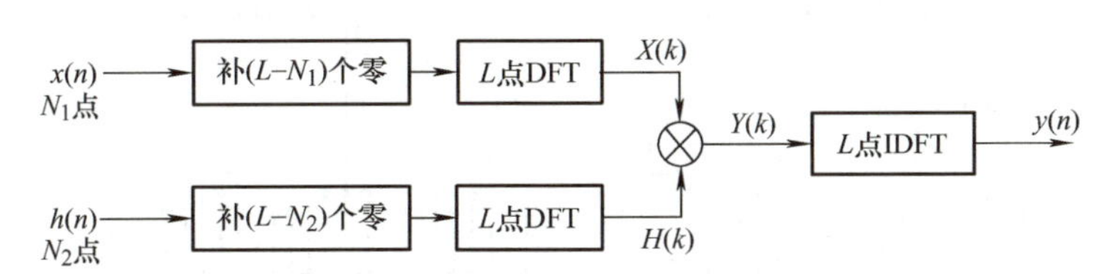

图 3-22　用 DFT 计算线性卷积

3.5.2　利用 DFT 对连续时间信号进行频谱分析

对信号做频谱分析，实际上就是计算信号的傅里叶变换，获得信号的频谱函数或频谱图。工程实际中，经常遇到的连续信号 $x_a(t)$，其频谱函数 $X_a(\mathrm{j}\Omega)$ 也是连续函数，连续信号与系统的傅里叶分析显然不便于直接用计算机进行计算，使其应用受到限制。DFT（实际中采用快速算法）是一种时域和频域均离散化的变换，特别适合于计算机计算，因此成为计算信号傅里叶变换的有力工具。本节将重点介绍如何用 DFT 对连续信号进行近似频谱计算，并讨论利用 DFT 对连续信号进行频谱分析时要注意的问题。

1. 用 DFT 对连续信号进行近似频谱计算

利用 DFT 对连续信号 $x_a(t)$ 进行频谱分析的过程如图 3-23 所示。

连续信号 $x_a(t)$ 的傅里叶变换对为

$$X_a(\mathrm{j}\Omega)=\int_{-\infty}^{\infty}x_a(t)\mathrm{e}^{-\mathrm{j}\Omega t}\mathrm{d}t \tag{3-100}$$

$$x_a(t)=\frac{1}{2\pi}\int_{-\infty}^{\infty}X_a(\mathrm{j}\Omega)\mathrm{e}^{\mathrm{j}\Omega t}\mathrm{d}\Omega \tag{3-101}$$

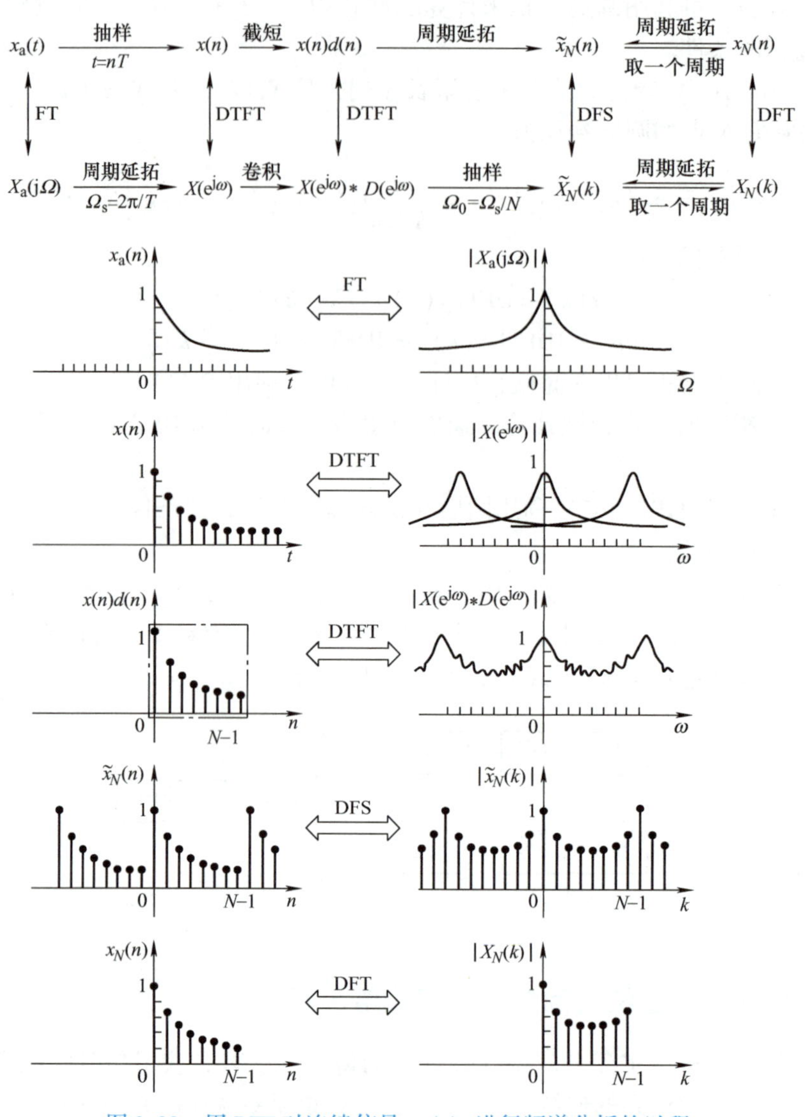

图 3-23　用 DFT 对连续信号 $x_a(t)$ 进行频谱分析的过程

用 DFT 方法计算这对变换对的方法如下：

1）对 $x_a(t)$ 以 T 为间隔进行时域抽样（抽样），得 $x(n)$，即 $x_a(t)\big|_{t=nT}=x_a(nT)=x(n)$，由于

$$t\rightarrow nT,\ \mathrm{d}t\rightarrow T,\ \int_{-\infty}^{\infty}\mathrm{d}t\rightarrow\sum_{n=-\infty}^{\infty}T$$

则频谱密度函数的近似值为

$$X_a(\mathrm{j}\Omega)=\int_{-\infty}^{\infty}x_a(t)\mathrm{e}^{-\mathrm{j}\Omega t}\mathrm{d}t\approx\sum_{n=-\infty}^{\infty}x_a(nT)\mathrm{e}^{-\mathrm{j}\Omega nT}\cdot T \tag{3-102}$$

2）将序列 $x(n)=x_a(nT)$ 截断成包含有 N 个抽样点的有限长序列，因此式(3-102)成为

$$X_a(j\Omega) \approx T\sum_{n=0}^{N-1} x_a(nT)e^{-j\Omega nT} \tag{3-103}$$

由于时域抽样，抽样频率为$f_s=1/T$，则频域产生以f_s为周期的周期延拓，如果频域是带限信号，则有可能不产生频谱混叠，成为连续周期频谱序列，频谱周期为$f_s=1/T$。

3）为了数值计算，在频域上也要离散化抽样，即在频域的一个周期中取N个样点，$f_s=NF_0$，每个样点间的间隔为F_0。频域抽样使频域的积分式变成求和式，而在时域就得到原来已经截断的离散时间序列的周期延拓序列，时域周期为$T_0=1/F_0$。因此有

$$\Omega\to k\Omega_0,\ \mathrm{d}\Omega\to\Omega_0,\ \int_{-\infty}^{\infty}\mathrm{d}\Omega\to\sum_{k=0}^{N-1}\Omega_0$$

各参量之间的关系为

$$T_0=\frac{1}{F_0}=\frac{N}{f_s}=NT$$

$$\Omega_0=2\pi F_0$$

$$\Omega_0T=\Omega_0\cdot\frac{1}{f_s}=\Omega_0\cdot\frac{2\pi}{\Omega_s}=2\pi\cdot\frac{\Omega_0}{\Omega_s}=2\pi\cdot\frac{F_0}{f_s}=2\pi\cdot\frac{T}{T_0}=\frac{2\pi}{N}$$

经过上面1）~3）三个步骤后，时域、频域都是离散周期的序列，推导如下：

第1）、2）两步：时域抽样、截断。

$$X_a(j\Omega)\approx\sum_{n=0}^{N-1}x_a(nT)e^{-j\Omega nT}T$$

$$x_a(nT)\approx\frac{1}{2\pi}\int_0^{\Omega_s}X_a(j\Omega)e^{j\Omega nT}\mathrm{d}\Omega$$

第3）步：频域抽样。

$$\begin{aligned}X(jk\Omega_0)&=X_a(j\Omega)\mid_{\Omega=\Omega_0}\approx T\sum_{n=0}^{N-1}x_a(nT)e^{-jk\Omega_0nT}=T\sum_{n=0}^{N-1}x(n)e^{-j\frac{2\pi}{N}nk}\\&=T\cdot\mathrm{DFT}[x(n)]\end{aligned}$$

$$\begin{aligned}x_a(nT)&\approx\frac{\Omega_0}{2\pi}\sum_{k=0}^{N-1}X(jk\Omega_0)e^{jk\Omega_0nT}=F_0\sum_{k=0}^{N-1}X(jk\Omega_0)e^{j\frac{2\pi}{N}nk}\\&=F_0\cdot N\cdot\frac{1}{N}\sum_{k=0}^{N-1}X(jk\Omega_0)e^{j\frac{2\pi}{N}nk}=f_s\cdot\frac{1}{N}\sum_{k=0}^{N-1}X(jk\Omega_0)e^{j\frac{2\pi}{N}nk}\\&=f_s\cdot\mathrm{IDFT}[X(jk\Omega_0)]\\&=\frac{1}{T}\cdot\mathrm{IDFT}[X(jk\Omega_0)]\end{aligned}$$

因此

$$X(jk\Omega_0)=X_a(j\Omega)\mid_{\Omega=k\Omega_0}\approx T\cdot\mathrm{DFT}[x(n)] \tag{3-104}$$

$$x(n)=x_a(t)\mid_{t=nT}\approx\frac{1}{T}\mathrm{IDFT}[X(jk\Omega_0)] \tag{3-105}$$

这就是从离散傅里叶变换法求连续信号的傅里叶变换的抽样值的方法。

2. 用DFT对连续信号进行频谱分析时要注意的问题

从上面的原理分析和过程看出，用DFT计算来进行连续信号的频谱分析是一种近似，

其近似程度与信号长度、带宽、抽样频率和截取长度等参数有关，可能存在不同程度的误差。其误差来源主要有以下几个方面：

(1) 频谱混叠 根据奈奎斯特抽样定理，只有当抽样频率f_s大于或等于信号最高频率f_h的两倍时，才能避免频域混叠，即$f_s \geqslant 2f_h$。

由于抽样所得序列的频谱函数是原连续时间信号频谱函数以抽样频率为周期的周期延拓，如果抽样频率不满足抽样定理，就会发生频谱混叠现象，使得抽样后序列信号的频谱不能真实地反映原连续时间信号的频谱，产生频谱分析误差，称为混叠误差。

减小或消除混叠误差的办法有两个：①对于带宽有限的信号（最高频率为f_h），混叠是由于抽样不满足取样定理造成的，因此选择足够高的信号抽样频率即可消除混叠误差；②对于带宽无限或未知带宽的信号，可采用预滤波处理。

在很多情况下可能无法准确预测信号的最高频率，甚至由于存在干扰或噪声信号本身就是无限带宽的，此时靠提高抽样频率是无法消除混叠误差的。因此，为了避免混叠现象，可在抽样前利用模拟低通滤波器（也称抗混叠滤波器或预滤波器）对连续时间信号进行预处理，将其最高频率f_h限制在抽样频率f_s的一半以内。实际应用中，滤波器的通带很难做到锐利截止，所以通常留有一定的余量，一般取$f_s=(3\sim5)f_h$。

(2) 截断效应 如果连续时间信号$x_a(t)$在时域无限长，则离散化后的序列$x(n)$也是无限长的，DFT对其进行频谱分析时，需要对$x(n)$进行加窗截断，使之成为有限长序列$x_1(n)$，这个过程称为时域加窗。

设连续时间信号$x_a(t)$，抽样后得到的序列$x(n)=x_a(t)|_{t=nT}$，如果将其截断成一个N点的有限长序列$x_N(n)$，这相当于$x(n)$乘上一个N点的窗函数$w_N(n)$，即

$$x_N(n)=x(n)w_N(n) \tag{3-106}$$

如果直接截断，则窗函数$w_N(n)$相当于矩形窗$R_N(n)$，即

$$x_N(n)=x(n)R_N(n) \tag{3-107}$$

根据频域卷积定理，有

$$X_N(\mathrm{e}^{\mathrm{j}\omega})=\frac{1}{2\pi}X(\mathrm{e}^{\mathrm{j}\omega})*W_N(\mathrm{e}^{\mathrm{j}\omega}) \tag{3-108}$$

式中 $X_N(\mathrm{e}^{\mathrm{j}\omega})=\mathrm{DTFT}[x_N(n)]$ ——截断后序列的频谱；

$X(\mathrm{e}^{\mathrm{j}\omega})=\mathrm{DTFT}[x(n)]$ ——原序列的频谱；

$W_N(\mathrm{e}^{\mathrm{j}\omega})=\mathrm{DTFT}[R_N(n)]$ ——矩形窗谱。

$$W_N(\mathrm{e}^{\mathrm{j}\omega})=\mathrm{DTFT}[R_N(n)]=\sum_{n=-\infty}^{\infty}R_n(n)\mathrm{e}^{-\mathrm{j}\omega n}=\sum_{n=0}^{N-1}\mathrm{e}^{-\mathrm{j}\omega n}=\frac{1-\mathrm{e}^{-\mathrm{j}\omega N}}{1-\mathrm{e}^{-\mathrm{j}\omega}}$$

$$=\frac{\mathrm{e}^{-\mathrm{j}\frac{\omega N}{2}}\left(\mathrm{e}^{\mathrm{j}\frac{\omega N}{2}}-\mathrm{e}^{-\mathrm{j}\frac{\omega N}{2}}\right)}{\mathrm{e}^{-\mathrm{j}\frac{\omega}{2}}\left(\mathrm{e}^{\mathrm{j}\frac{\omega}{2}}-\mathrm{e}^{-\mathrm{j}\frac{\omega}{2}}\right)}=\mathrm{e}^{-\mathrm{j}\frac{N-1}{2}\omega}\frac{\sin(\omega N/2)}{\sin(\omega/2)} \tag{3-109}$$

其幅度谱为

$$|W_N(\mathrm{e}^{\mathrm{j}\omega})|=\left|\frac{\sin(\omega N/2)}{\sin(\omega/2)}\right| \tag{3-110}$$

其相位谱为

$$\arg[W_N(\mathrm{e}^{\mathrm{j}\omega})]=-\frac{N-1}{2}\omega+\arg\left[\frac{\sin(\omega N/2)}{\sin(\omega/2)}\right] \tag{3-111}$$

矩形窗的幅度谱如图 3-24 所示，其中 $|\omega|<2\pi/N$ 部分称为主瓣，主瓣的峰值为 N，主瓣宽度为 $4\pi/N$，其余部分称为旁瓣。

显然，随着截取长度 N 的增大，主瓣峰值将变大，宽度将变窄，但旁瓣的峰值也会随之增加。

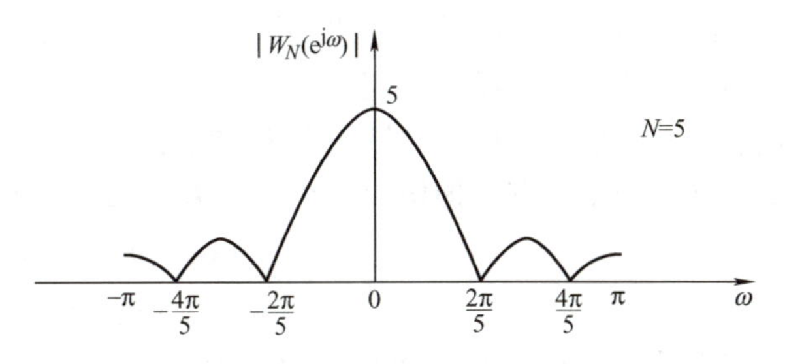

图 3-24　窗宽 $N=5$ 的矩形窗的幅度谱

为了说明时域加窗对连续时间信号 $x_a(t)$ 频谱分析的影响，现分析一无限长的余弦信号的频谱。设 $x_a(t)=\cos(\omega_0 n)$，$x_a(t)$ 的频谱 $X(e^{j\omega})$ 为

$$X(e^{j\omega}) = \pi\sum_{i=-\infty}^{\infty}[\delta(\omega-\omega_0-2\pi i)+\delta(\omega+\omega_0-2\pi i)] \tag{3-112}$$

频谱 $X(e^{j\omega})$ 是以 2π 的整数倍为间隔的一系列冲激函数。图 3-25a 为一个周期的 $X(e^{j\omega})$。

将 $X(e^{j\omega})$ 与图 3-24 所示矩形窗的幅度谱相卷积，可得到余弦序列加矩形窗截断后的频谱 $X_N(e^{j\omega})$，如图 3-25b 所示，实际上是将窗函数谱平移到其主瓣中心处于 $\omega=\omega_0$ 及 $\omega=-\omega_0$ 的位置上。截断后的谱 $X_N(e^{j\omega})$ 与原序列谱 $X(e^{j\omega})$ 有着明显的差别，这种差别对频谱分析带来两个方面的影响：频谱泄漏和谱间干扰。

1）频谱泄漏。原序列 $x(n)$ 的频谱 $X(e^{j\omega})$ 是离散谱线，经截断后使每根谱线都带上一个辛格谱，就好像使谱线向两边延伸，通常将这种因时域上的截断导致频谱展宽称为“泄漏”，显然泄漏使频谱变得模糊，分辨率降低。

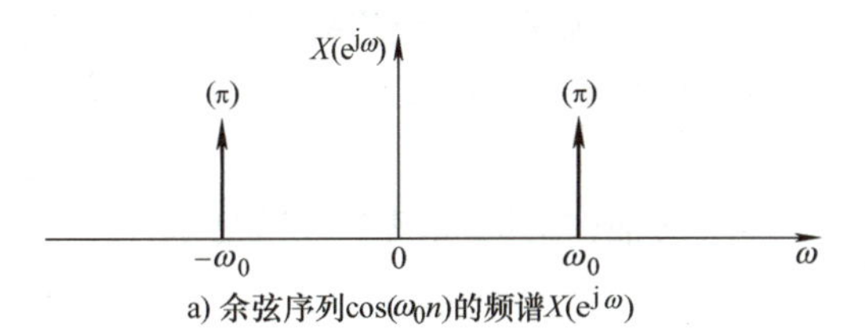

a) 余弦序列 $\cos(\omega_0 n)$ 的频谱 $X(e^{j\omega})$

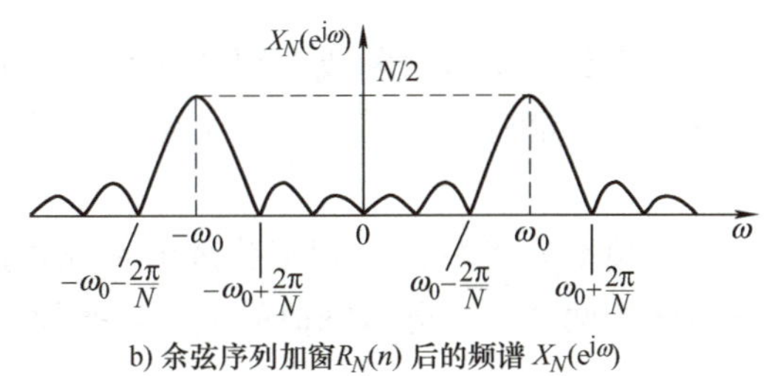

b) 余弦序列加窗 $R_N(n)$ 后的频谱 $X_N(e^{j\omega})$

图 3-25　余弦序列的频谱及其加窗后的频谱

2）谱间干扰。因截断使在主谱线两边形成许多旁瓣，引起不同分量间的干扰，称为谱间干扰，这不仅影响频谱分辨率，严重时强信号的旁瓣可能湮灭弱信号的主谱线，或者将强信号谱的旁瓣误认为是另一信号的谱线，从而形成假信号，使频谱分析产生较大的偏差。

截断效应是无法完全消除的，但可根据要求折中选择有关参量来减少截断效应。①可以取更长的数据，也就是使截断窗加宽，当然数据太长也必然会导致存储量和运算量增加；②数据不要突然截断，也就是不要加矩形窗，而是缓慢截断，即加各种缓变的窗（如三角窗、升余弦窗等），使得窗谱的旁瓣能量更小，卷积后造成的泄漏减小。

（3）栅栏效应　序列 $x_N(n)$ 的 N 点的 DFT $X_N(k)$ 是在频域 $[0,2\pi)$ 区间上对序列的频谱函数 $X_N(e^{j\omega})$ 进行 N 点的等间隔抽样，而抽样点之间的频谱函数值是不知道的。就像在栅栏的一边通过缝隙看另一边的景象一样，只能在离散点处看到真实的景象，其余频谱成分被挡住，所以称为栅栏效应。

减小栅栏效应，可以在时域数据末端增加一些零值点，使一个周期内的点数增加，但是不改变原有的记录数据，即构成一个长度 $L>N$ 的序列 $x_L(n)$：

$$x_L(n)=\begin{cases}x_N(n), & 0\leqslant n\leqslant N-1\\ 0, & N\leqslant n\leqslant L-1\end{cases} \tag{3-113}$$

补零后虽然 $x_L(n)$ 的频谱函数仍然为 $X_N(\mathrm{e}^{\mathrm{j}\omega})$，但对序列 $x_L(n)$ 做 L 点的 DFT 后，计算出的频谱 $X_L(k)$（$0\leqslant k\leqslant L-1$）实际上是 $X_N(\mathrm{e}^{\mathrm{j}\omega})$ 在 $[0, 2\pi)$ 区间上的 L 点个等间隔抽样，从而增加了可看见的谱线数目，显示出 $X_N(\mathrm{e}^{\mathrm{j}\omega})$ 更多的细节，提高了频谱图显示的分辨率。

3. 用 DFT 对连续信号进行频谱分析中参数的选择

用 DFT 对连续信号进行频谱分析时，着重要考虑的问题是频谱分析范围和频率分辨率。在大多数情况下，待分析连续时间信号的最高频率 f_h 已知，如果不是也可如前面所述，通过预滤波将信号的最高频率进行限制。因此只对信号的频率分辨率 F_0 提出要求，以此作为出发点讨论频谱分析时参数的选择。

（1）抽样频率 f_s　设连续时间信号 $x_a(t)$ 的最高信号频率为 f_h，根据时域抽样定理，信号的抽样频率 f_s 应满足以下条件，才不会产生频谱的混叠失真：

$$f_s\geqslant 2f_h \tag{3-114}$$

对应的抽样时间间隔 T 应满足条件

$$T=\frac{1}{f_s}\leqslant\frac{1}{2f_h} \tag{3-115}$$

但考虑到将信号截断成有限长序列会造成频谱泄漏，使原来的频谱展宽且产生谱间干扰，这些都可能造成频谱的混叠失真，因而可以适当增加信号的抽样频率 f_s，可选为

$$f_s=(3\sim 5)f_h \tag{3-116}$$

（2）频率分辨率 F_0　频率分辨率 F_0 指的是长度为 N 的信号序列所对应的连续谱 $X(\mathrm{e}^{\mathrm{j}\omega})$ 中能分辨的两个频率分量峰值的最小频率间距，此最小间距 F_0 与数据长度 T_0 成反比，即

$$F_0=\frac{1}{T_0} \tag{3-117}$$

1）若不做数据补零值点的特殊处理，则时域抽样点数 N 与 T_0 关系为

$$T_0=NT=\frac{N}{f_s}=\frac{1}{F_0} \tag{3-118}$$

从式(3-118) 可以得到 F_0 的另一个表达式为

$$F_0=\frac{1}{NT}=\frac{f_s}{N} \tag{3-119}$$

显然，F_0 应根据频谱分析的要求来确定，由 F_0 就能确定所需要数据长度 T_0。

2）提高分辨率的办法。F_0 越小，频率分辨率就越高，若想提高分辨率，即减小 F_0，只能增加有效数据长度 T_0，此时若 f_s 不变，则抽样点数 N 一定会增加。

3）时域序列补零值点的办法增加 N 值，是不能提高频率分辨率的，因为补零不能增加信号的有效长度，所以，补零值点后信号的频谱是不会变化的，因而不能增加任何信息，不

能提高分辨率。

(3) 时域抽样点数 N　一般情况下，若时域不做补零的特殊处理，则这个 N 也是 DFT 运算的点数。

由于抽样点数 N 和信号观测值 T_0 有关（当 f_s 选定后），同时 T_0 又和所要求的 F_0 有关，故按下式可确定 N 的数值：

$$N = f_s T_0 = \frac{f_s}{F_0} \tag{3-120}$$

为了用 FFT 来计算，常要求 $N = 2^r$，r 为正整数。

例 3-15　试利用 DFT 分析连续时间信号 $x_a(t)$ 的频谱。已知该信号的最高频率 $f_h = 1000\text{Hz}$，要求信号的频率分辨率 $F_0 \leqslant 2\text{Hz}$，DFT 的点数必须为 2 的整数次幂。请确定以下参数：

(1) 最大的抽样时间间隔 T_{max}；

(2) 最小记录时间长度 T_{0min}；

(3) 最少的 DFT 点数 N_{min}。

解：(1) 由式(3-115) 可得最大的抽样时间间隔为

$$T_{max} = \frac{1}{2f_h} = \frac{1}{2 \times 1000}\text{s} = 0.5 \times 10^{-3}\text{s}$$

(2) 由式(3-118) 可得最小记录时间长度为

$$T_0 = \frac{1}{F_0} = \frac{1}{2}\text{s} = 0.5\text{s}$$

(3) 由式(3-114) 和式(3-120) 可得抽样点数为

$$N \geqslant \frac{2f_h}{F_0} = \frac{2 \times 1000}{2} = 1000$$

同时要求 DFT 的点数必须为 2 的整数次幂，因此选择最少的 DFT 点数 $N_{min} = 1024$。

3.6　DFT 及其应用的 MATLAB 实现

3.6.1　计算 DFS

由 DFS 定义式 $\tilde{X}(k) = \sum_{n=0}^{N-1} \tilde{x}(n) W_N^{kn}$ 看出，这是一个在数值上可以计算的表达式，可以采用矩阵向量乘法实现，即 $X = W_N \tilde{x}$，其中 W_N 是由 W_N^{kn}（$0 \leqslant n \leqslant N-1$，$0 \leqslant k \leqslant N-1$）决定的一个仿真，下面以一个例子来具体说明。

例 3-16　一周期序列为

$$\tilde{x}(n) = \{\cdots, 0, 1, 2, 3, \underset{\uparrow}{0}, 1, 2, 3, 0, 1, 2, 3, \cdots\}$$

计算其 DFS。

解：MATLAB 代码如下：

```
xn=[0,1,2,3];
N=4;
n=[0:1:N-1];
k=[0:1:N-1];
WN=exp(-j*2*pi/N);
nk=n'*k;
WNnk=WN.^nk;
Xk=xn*WNnk
```

程序运行结果如下：

```
Xk=6.0000    -2.0000+2.0000i    -2.0000-0.0000i    -2.0000-2.0000i
```

可见，得到了 $\widetilde{X}(k)$ 一个周期的数据，由此进行周期延拓就得到了 $\widetilde{X}(k)$。但这种分析方法在计算上不是最高效的，快速方法可采用函数 fft 来实现。

3.6.2 计算 DFT

DFT 是 DFS 的主值序列，所以 3.6.1 节中的方法也可以用来计算有限长序列的 DFT。下面的例子通过该方法计算 DFT，并比较序列末端补零后谱线的变化。

例 3-17　一有限长序列为

$$x(n)=\{\underset{\uparrow}{1},1,1,1\}$$

计算其 4 点、补零后的 16 点和 64 点 DFT。

解：MATLAB 代码如下：

```
xn=[1,1,1,1];
N=4;
n=[0:1:N-1];
k=[0:1:N-1];
WN=exp(-j*2*pi/N);
nk=n'*k;
WNnk=WN.^nk;
Xk=xn*WNnk
subplot(321)
stem(n,xn);
axis([0 3 0 1.2])
xlabel('n');ylabel('x(n)');
subplot(322)
stem(n,abs(Xk))
axis([0 3 0 5])
xlabel('k');ylabel('|X(k)|');
```

```
xn = [1,1,1,1,zeros(1,12)];
N = 16;
n = [0:1:N - 1];
k = [0:1:N - 1];
WN = exp( - j* 2* pi/N);
nk = n'* k;
WNnk = WN. ^nk;
Xk = xn* WNnk
subplot(323)
stem(n,xn);
axis([0 15 0 1.2])
xlabel('n');ylabel('x(n)');
subplot(324)
stem(n,abs(Xk))
axis([0 15 0 5])
xlabel('k');ylabel(' |X(k) |');
xn = [1,1,1,1,zeros(1,60)];
N = 64;
n = [0:1:N - 1];
k = [0:1:N - 1];
WN = exp( - j* 2* pi/N);
nk = n'* k;
WNnk = WN. ^nk;
Xk = xn* WNnk
subplot(325)
stem(n,xn);
axis([0 63 0 1.2])
xlabel('n');ylabel('x(n)');
subplot(326)
stem(n,abs(Xk))
axis([0 63 0 5])
xlabel('k');ylabel(' |X(k) |');
```

程序运行结果如图 3-26 所示。由图 3-26 可以看到，在序列 $x(n)$ 后补零，其谱线变得更密，但应注意，分辨率并没有提高。

为了进一步理解高密度谱和高分辨率谱之间的不同，下面再通过一个具体例子来说明。

例 3-18　对于序列 $x(n) = \cos(0.48\pi n) + \cos(0.52\pi n)$，画出其 10 点 DFT、64 点 DFT 以及在 10 点序列后补零至 64 点的 DFT，并分析其特点。

解： 由表达式得知，序列 $x(n)$ 应该有两个主要频率 0.48π 和 0.52π。先确定 10 点 DFT，并画出波形。

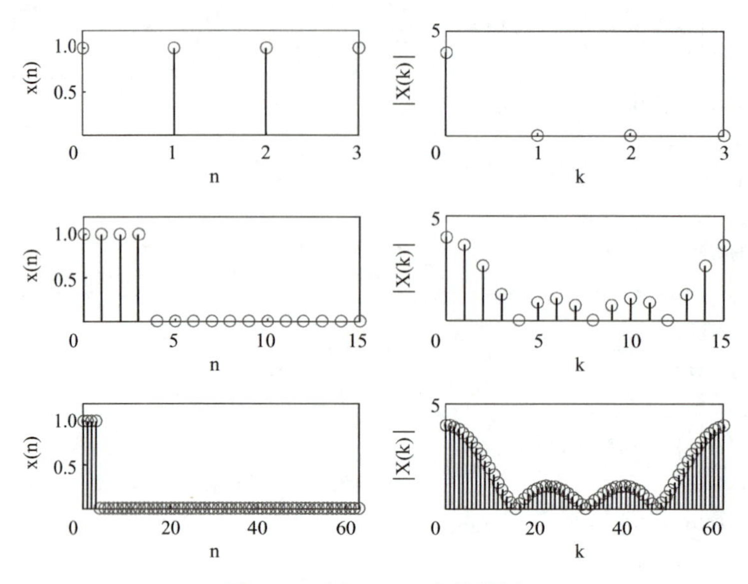

图 3-26　例 3-17 运行结果图

MATLAB 代码如下：

```
n = [0:1:9];
xn = cos(0.48* pi* n) + cos(0.52* pi* n);
xn1 = xn(1:1:10)
N = 10;
n = [0:1:N-1];
k = [0:1:N-1];
WN = exp(-j* 2'* pi/N);
nk = n'* k;
WNnk = WN.^nk;
Xk = xn1* WNnk
subplot(121)
stem(n,xn1);
xlabel('n');ylabel('x(n)');
axis([0 9 -2.5 2.5]);
n1 = 0:1:9;
subplot(122)
stem(n1,abs(Xk(1:1:10)))
xlabel('k');ylabel('|X(k)|');
```

程序运行结果如图 3-27 所示。

由图 3-27 可见，由于样本点数太少而无法做出结论。因此，在 10 点样本值后补 54 个零，得到更密的谱线。

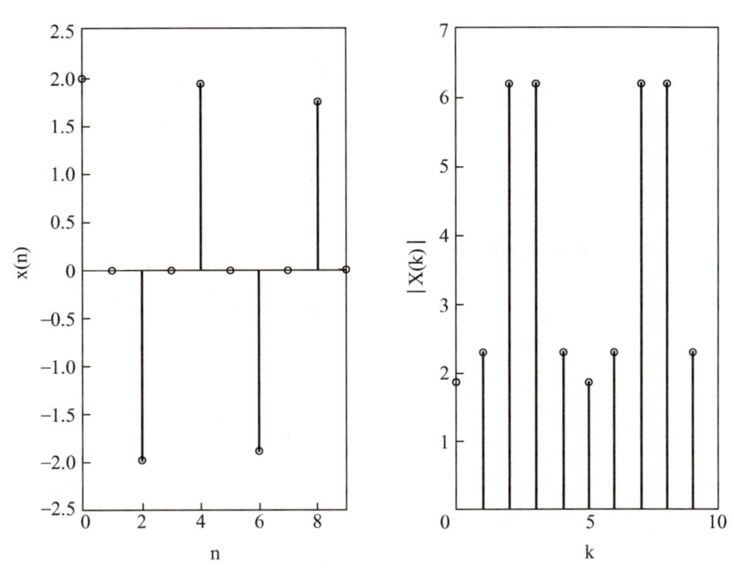

图 3-27　10 点序列及其 DFT

MATLAB 代码如下：

```
n=[0:1:63];
xn=cos(0.48* pi* n)+cos(0.52* pi* n);
xn1=[xn(1:1:10),zeros(1,54)];
N=64;
n=[0:1:N-1];
k=[0:1:N-1];
WN=exp(-j* 2* pi/N);
nk=n'* k;
WNnk=WN.^nk;
Xk=xn1* WNnk
subplot(121)
stem(n,xn1);
xlabel('n');ylabel('x(n)');
axis([0 63 -2.5 2.5]);
n1=0:1:32;
w=2* pi/64* n1;
subplot(122)
plot(w/pi,abs(Xk(1:1:33)))
xlabel('\omega/\pi');ylabel('|X(e^j^\omega)|');
axis([0 1 0 11]);
```

程序运行结果如图 3-28 所示。图中给出了离散时间傅里叶变换（DTFT）的波形。

由图 3-28 可见，该序列在 0.5π 处有一个主要频率，与原序列不符。这就是说，补零并不能提高频率分辨率，只能使频谱更为光滑。

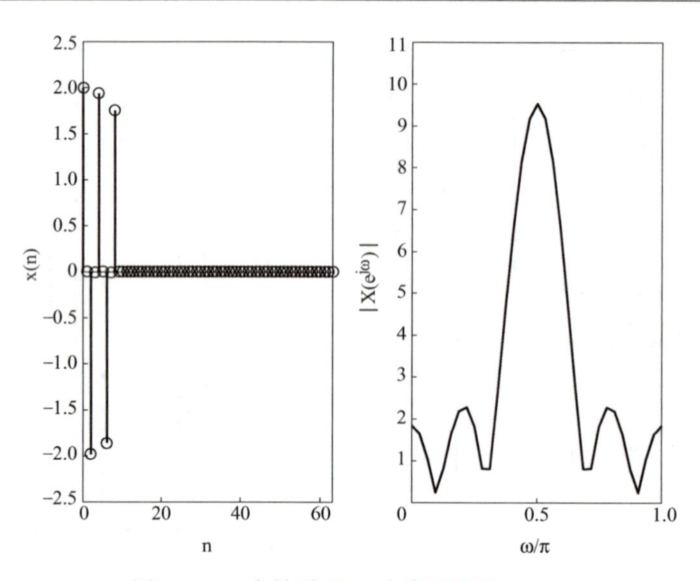

图 3-28　8 点补零至 64 点序列及其 DTFT

为了提高频率分辨率，现在增加样本点的有效点数，取 $x(n)$ 的前 64 点进行分析。MATLAB 代码如下：

```
n=[0:1:63];
xn=cos(0.48*pi*n)+cos(0.52*pi*n);
xn1=xn(1:1:64)
N=64;
n=[0:1:N-1];
k=[0:1:N-1];
WN=exp(-j*2*pi/N);
nk=n'*k;
WNnk=WN.^nk;
Xk=xn1*WNnk
subplot(121)
stem(n,xn1);
xlabel('n');ylabel('x(n)');
axis([0 63 -2.5 2.5]);
n1=0:1:32;
w=2*pi/64*n1;
subplot(122)
plot(w/pi,abs(Xk(1:1:33)))
xlabel('\omega/\pi');ylabel('|X(e^j^\omega)|');
axis([0 1 0 32]);
```

程序分析了 $x(n)$ 64 点 DFT，程序运行结果如图 3-29 所示。由图 3-29 可见，该序列在 0.48π 和 0.52π 处有两个主要频率，与原序列相符，这说明，增加样本点的有效点数可以提高频率分辨率。

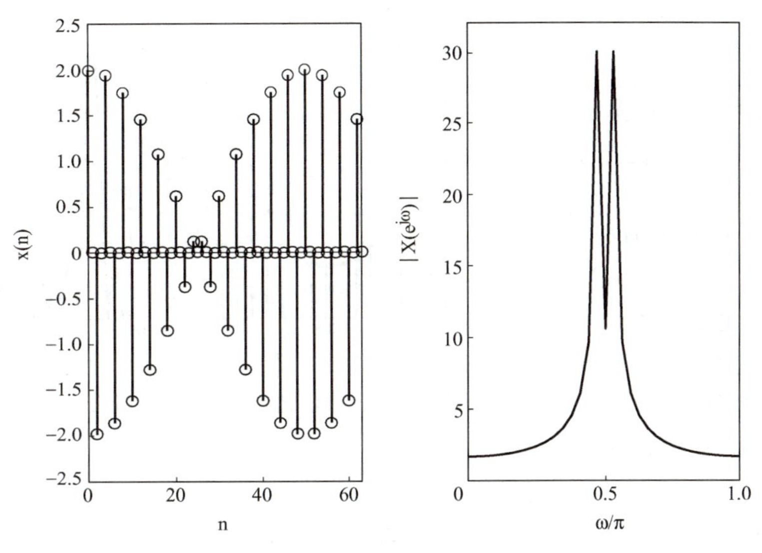

图 3-29　64 点序列及其 DTFT

3.6.3　利用 DFT 计算 DTFT

先通过函数 fft 计算 $x(n)$ 的 DFT。为了使谱线更密，可以在 $x(n)$ 末端补零，这可以对 $x(n)$ 进行指定点数的 DFT，其中指定点数比 $x(n)$ 长度长，由补零的个数决定。然后在对 DFT 通过 $\omega=2\pi k/N$ 进行变量转换，得到 DTFT。

例 3-19　已知有限长序列 $x(n)=\cos(5\pi n/8)$，$0\leqslant n\leqslant 15$，计算其 DTFT，并画出频谱波形。

解： MATLAB 代码如下：

```
n=0:1:15;
x=cos(pi* n* 5/16);
XK=fft(x);
k=0:1:15;
subplot(121);
stem(k/16,abs(XK),'*');
xlabel('k');ylabel('|X(k)|');
subplot(122);
XW=fft(x,512);
L=0:511;
w=2* pi/512* L
plot(w/(2* pi),abs(XW));
xlabel('\omega/2\pi');
ylabel('|X(e^j^\omega)|');
```

程序运行结果如图 3-30 所示。图中给出了 16 点 DFT 的 $|X(k)|$ 和补零至 512 点 DFT

决定的 $|X(e^{j\omega})|$ 的曲线。

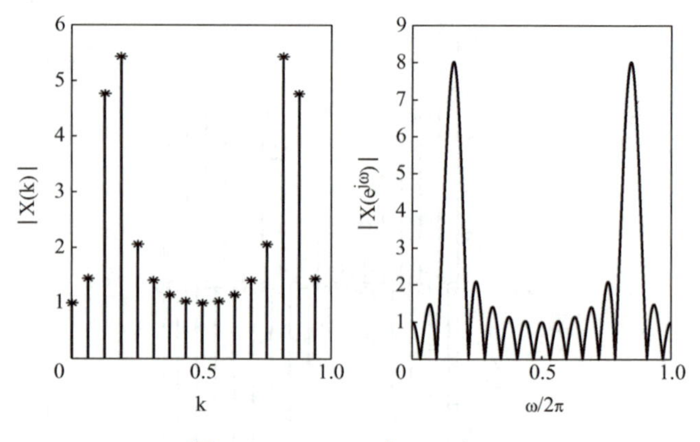

图 3-30　$|X(k)|$ 与 $|X(e^{j\omega})|$

3.6.4　计算 IDFT

MATLAB 中提供了函数 ifft、ifft2，可分别计算一维或二维序列的 IDFT。

例 3-20　已知 K 点 DFT 序列 $X(k)$ 为

$$X(k)=\begin{cases}k/K, & 0\leqslant k\leqslant K-1\\ 0, & 其他\end{cases}$$

计算其 IDFT 序列。

解： MATLAB 代码如下：

```
K=input('Type in the length of the DFT=');
N=input('Type in the length of the IDFT=');
k=0:K-1;
X=k/K;
x=ifft(X,N);
n=0:1:N-1;
subplot(121)
stem(n,real(x));
xlabel('n');ylabel('Re[x(n)]');
axis([0 15 -0.1 0.25]);
subplot(122)
stem(n,imag(x));
xlabel('n');ylabel('Im[x(n)]');
axis([0 15 -0.2 0.2]);
```

当输入 $K=8$，$N=16$ 时，程序运行结果如图 3-31 所示。图中给出序列 $x(n)$ 的实部与虚部。

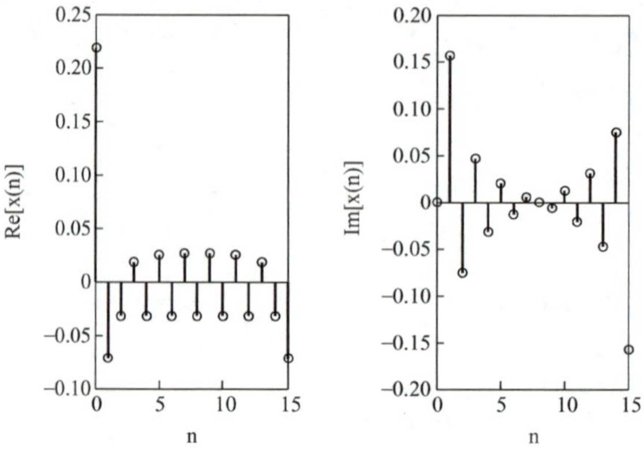

图 3-31　$x(n)$ 的实部与虚部

3.6.5　利用 DFT 求有限长序列的线性卷积

只要满足一定条件，DFT 可以计算两个有限长序列的线性卷积。首先通过函数 fft 计算两序列的 DFT，然后通过函数 ifft 计算两序列 DFT 乘积的 IDFT，从而得到两者的卷积结果。

例 3-21　利用 DFT 求解有限长序列 $x(n)$、$y(n)$ 的线性卷积。

解： MATLAB 代码如下：

```
x=input('Type in the first sequence=');
h=input('Type in the second sequence=');
N=length(x)+length(h)-1;
Xk=fft(x,N);
Hk=fft(h,N);
y1=ifft(Xk.*Hk);
n=0:1:N-1;
subplot(121);
stem(n,y1);
xlabel('n');ylabel('x(n)*h(n)');
y2=conv(x,h);
error=y1-y2;
subplot(122);
stem(n,abs(error));
xlabel('n');ylabel('|y1-y2|');
```

当输入 $x(n)=[\underset{\uparrow}{1},2,3,4,5]$，$h(n)=[\underset{\uparrow}{1},2,3,4,5,6]$时，程序运行结果如图 3-32 所示。图中给出了 $x(n)*h(n)$ 以及与 conv 卷积结果的差别。

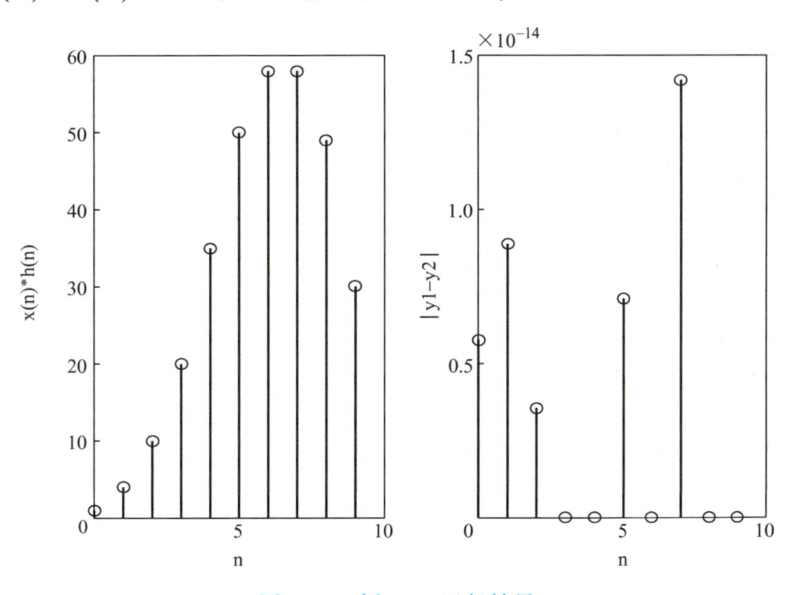

图 3-32　例 3-21 运行结果

本章小结

经过对几种傅里叶变换的比较，可知一个域的周期性会导致另一个域的离散化；反之，一个域的离散化会导致另一个域的周期延拓。本章主要学习周期序列的离散傅里叶级数（DFS）以及有限长序列的离散傅里叶变换（DFT）。

周期序列可利用 DFS 展开成基波及其谐波的加权和，DFS 的性质与第 2 章 DTFT 的性质对应。

DFT 是 DFS 的主值区间，而 DFS 可以看作 DFT 的周期延拓。

DFT 的性质在计算中具有重要作用，也是深刻理解离散傅里叶变换的基础。

掌握圆周卷积、线性卷积两者之间的关系，能利用 DFT 实现线性卷积的计算。

与时域抽样导致频域的周期延拓相似，频域抽样也会导致时域的周期延拓，因此，在频域抽样过程中，抽样点数不能小于序列长度，否则会导致时域的混叠失真。

习　题

3-1　求序列的 DFS 展开：

$$\tilde{x}(n)=A\cos\left(\frac{n\pi}{2}\right)$$

3-2　如果 $\tilde{x}(n)$ 是周期为 N 的周期序列，即

$$\tilde{x}(n)=\tilde{x}(n+N)$$

$\tilde{x}(n)$ 也是周期为 $2N$ 的周期序列。假定 $\tilde{X}(n)$ 表示 $\tilde{x}(n)$ 周期为 N 时的 DFS 系数。$\tilde{X}_2(k)$ 表示 $\tilde{x}(n)$ 周期为 $2N$ 时的 DFS 系数，用 $\tilde{X}(k)$ 表示 DFS 系数 $\tilde{X}_2(k)$。

3-3　计算一下序列的 N 点 DFT，在变换区间 $0\leqslant n\leqslant N-1$ 内，序列定义为：

(1) $x(n)=1$

(2) $x(n)=\delta(n)$

(3) $x(n)=\delta(n-n_0)$，$0<n_0<N$

(4) $x(n)=R_m(n)$，$0<m<N$

(5) $x(n)=\mathrm{e}^{\mathrm{j}\frac{2\pi}{N}mn}$，$0<m<N$

(6) $x(n)=\cos\left(\frac{2\pi}{N}mn\right)$，$0<m<N$

(7) $x(n)=\mathrm{e}^{\mathrm{j}\omega_0 n}R_N(n)$

(8) $x(n)=\sin(\omega_0 n)\cdot R_N(n)$

(9) $x(n)=\cos(\omega_0 n)\cdot R_N(n)$

(10) $x(n)=nR_N(n)$

3-4　已知下列 $X(k)$，求 $x(n)=\mathrm{IDFT}[X(k)]$。

(1) $X(k)=\begin{cases}\frac{N}{2}\mathrm{e}^{\mathrm{j}\theta}, & k=m\\ \frac{N}{2}\mathrm{e}^{-\mathrm{j}\theta}, & k=N-m\\ 0, & \text{其他}\end{cases}$

(2) $X(k)=\begin{cases}-\mathrm{j}\dfrac{N}{2}\mathrm{e}^{\mathrm{j}\theta}, & k=m\\ \mathrm{j}\dfrac{N}{2}\mathrm{e}^{-\mathrm{j}\theta}, & k=N-m\\ 0, & \text{其他}\end{cases}$

3-5　证明若 $x(n)$ 为实偶对称，即 $x(n)=x(N-n)$，则 $X(k)$ 也为实偶对称；若$x(n)$为实奇对称，即 $x(n)=-x(N-n)$，则 $X(k)$ 为纯虚奇对称（注：$X(k)=\mathrm{DFT}[X(n)]$）。

3-6　序列 $x(n)=\delta(n)+2\delta(n-2)+\delta(n-3)$。

(1) 求 $x(n)$ 的 4 点 DFT；

(2) 若 $y(n)$ 是 $x(n)$ 与它本身的 4 点圆周卷积，求 $y(n)$ 及其 4 点 DFT $Y(k)$；

(3) $h(n)=\delta(n)+\delta(n-1)+2\delta(n-3)$，求 $x(n)$ 与 $h(n)$ 的 4 点圆周卷积。

3-7　设 $X(k)=\mathrm{DFT}[x(n)]$，$Y(k)=\mathrm{DFT}[y(n)]$，如果 $Y(k)=X((k+l))_N\cdot R_N(k)$，证明

$$y(n)=\mathrm{IDFT}[Y(k)]=W_N^{ln}x(n)$$

3-8　证明离散帕塞瓦尔定理：若 $X(k)=\mathrm{DFT}[x(n)]$，则

$$\sum_{n=0}^{N-1}|x(n)|^2=\frac{1}{N}\sum_{K=0}^{N-1}|X(k)|^2。$$

3-9　用微处理器对实数序列做频谱分析，要求分辨率 $F\leqslant 50\mathrm{Hz}$，信号最高频率为 1kHz，试确定以下各参数：

(1) 最小记录时间 $T_{0\min}$；

(2) 最大取样间隔 $T_{\max}$；

(3) 最少抽样点数 $N_{\min}$；

(4) 在频带宽度不变的情况下，将频率分辨率提高一倍的 N 值。

3-10　已知调幅信号的载波频率 $f_c=1\mathrm{kHz}$，调制信号频率 $f_m=100\mathrm{Hz}$，用 FFT 对其进行频谱分析，试求：

(1) 最小记录时间 $T_{0\min}$；

(2) 最低抽样频率 $f_{s\min}$；

(3) 最少抽样点数 $N_{\min}$。

3-11　如何用一个 N 点 DFT 变换计算两个实序列 $x_1(n)$ 和 $x_2(n)$ 的 N 点 DFT 变换？

3-12　设 $x(n)=R_4(n)$，$\tilde{x}(n)=x((n))_6$，试求 $\tilde{X}(k)$，并画图表示 $\tilde{x}(n)$ 和 $\tilde{X}(k)$。

3-13　已知 $x(n)$ 为 $\{\underset{\uparrow}{1},1,3,2\}$，试画出 $x((-n))_5$，$x((-n))_6R_6(n)$，$x((n))_3R_3(n)$ 及 $x((n-3))_5R_5(n)$，$x((n))_7R_7(n)$ 等各序列。

3-14　若 $\mathrm{DFT}[x(n)]=X(k)$，求 $\mathrm{DFT}[X(n)]$。

第 4 章　快速傅里叶变换

导读

离散傅里叶变换是数字信号处理中非常重要的一种变换，然而直接计算 DFT 的运算量非常大，这极大地限制了 DFT 在实时信号处理中的应用。快速傅里叶变换（Fast Fourier Transform，FFT）是 DFT 的一种快速算法，而不是一种新的变换，它可以在数量级意义上提高运算速度。FFT 在工程实际中得到了广泛的应用，有力地推动了数字信号处理技术的发展。

【本章教学目标与要求】

- 了解直接计算 DFT 的问题及改进途径。
- 掌握按时间抽选的基 2-FFT 算法和按频率抽选的基 2-FFT 算法。
- 掌握 IDFT 的快速算法。
- 了解基 4-FFT 算法及混合基 FFT 算法。
- 了解线性调频 z 变换算法。
- 掌握利用 FFT 计算线性卷积的方法。

4.1　直接计算 DFT 的运算量及改进途径

4.1.1　直接计算 DFT 的运算量

长度为 N 的有限长序列 $x(n)$，其 N 点离散傅里叶变换和离散傅里叶反变换分别定义为

$$X(k)=\mathrm{DFT}[x(n)]=\sum_{n=0}^{N-1}x(n)W_N^{nk},\ k=0,1,\cdots,N-1 \tag{4-1}$$

$$x(n)=\mathrm{IDFT}[X(k)]=\frac{1}{N}\sum_{k=0}^{N-1}X(k)W_N^{-nk},\ n=0,1,\cdots,N-1 \tag{4-2}$$

IDFT 和 DFT 的运算量基本相同，只差一个因子 $1/N$。因此，这里以 N 点 DFT 为例来讨论运算量。

考虑 $x(n)$ 为复序列的一般情况。计算每一个 $X(k)$ 值，需要 N 次复数乘法和 $N-1$ 次复数加法。因此，计算 N 个 $X(k)$ 值，共需要 N^2 次复数乘法和 $N(N-1)$ 次复数加法。当 $N\gg1$ 时，直接计算 DFT 的复数乘法和复数加法次数均与 N^2 成正比。随着 N 的增大，运算量将急速增加。例如，当 $N=1024$ 时，$N^2=1048576$。为了将 DFT 应用于实时信号处理，有必要在计算方法上寻求改进，使其运算量大大减少。

4.1.2　减少运算量的途径

DFT 定义式中的系数 W_N^{nk} 具有周期性、共轭对称性和可约性：

（1）W_N^{nk} 的周期性

$$W_N^{nk} = W_N^{(n+N)k} = W_N^{n(k+N)}$$

（2）W_N^{nk} 的共轭对称性

$$(W_N^{nk})^* = W_N^{-nk}$$

（3）W_N^{nk} 的可约性

$$W_N^{nk} = W_{mN}^{mnk},\ W_N^{nk} = W_{N/m}^{nk/m}$$

利用这些性质，可以合并 DFT 中的某些项，从而减少 DFT 的运算量。

由于 N 点 DFT 的运算量与 N^2 成正比，因此，将 N 点 DFT 分解为几个短序列的 DFT，可使其运算量大大减少。快速傅里叶变换算法就是不断地将长序列的 DFT 分解为短序列的 DFT。

4.2　按时间抽选的基 2-FFT 算法

4.2.1　DIT-FFT 算法的基本原理

按时间抽选（Decimation-In-Time，DIT）的基 2-FFT 算法的基本思想是将一个 N 点长的序列 $x(n)$ 按序号 n 的奇偶进行抽选，得到两个 $N/2$ 点长的子序列，计算这两个子序列的 $N/2$ 点 DFT，并最终合成 $x(n)$ 的 N 点 DFT。

设有限长序列 $x(n)$ 的长度为 $N=2^L$，L 为正整数。将 $x(n)$ 按 n 的奇偶分为以下两组：

$$\begin{cases} x(2r) = x_1(r) \\ x(2r+1) = x_2(r) \end{cases},\ r=0,1,\cdots,\frac{N}{2}-1$$

则 $x(n)$ 的 DFT 可化为

$$\begin{aligned} X(k) &= \mathrm{DFT}[x(n)] = \sum_{n=0}^{N-1} x(n) W_N^{nk} = \sum_{\substack{n=0 \\ n\text{为偶数}}}^{N-1} x(n) W_N^{nk} + \sum_{\substack{n=0 \\ n\text{为奇数}}}^{N-1} x(n) W_N^{nk} \\ &= \sum_{r=0}^{\frac{N}{2}-1} x(2r) W_N^{2rk} + \sum_{r=0}^{\frac{N}{2}-1} x(2r+1) W_N^{(2r+1)k} \\ &= \sum_{r=0}^{\frac{N}{2}-1} x_1(r) W_N^{2rk} + W_N^k \sum_{r=0}^{\frac{N}{2}-1} x_2(r) W_N^{2rk} \end{aligned}$$

利用系数 W_N^{nk} 的可约性有 $W_N^{2rk} = W_{N/2}^{rk}$，则上式可表示为

$$X(k) = \sum_{r=0}^{\frac{N}{2}-1} x_1(r) W_{N/2}^{rk} + W_N^k \sum_{r=0}^{\frac{N}{2}-1} x_2(r) W_{N/2}^{rk} = X_1(k) + W_N^k X_2(k) \tag{4-3}$$

式中　$X_1(k)$ 和 $X_2(k)$ ——$x_1(r)$ 和 $x_2(r)$ 的 $N/2$ 点 DFT：

$$\left.\begin{aligned} X_1(k) &= \mathrm{DFT}[x_1(r)] = \sum_{r=0}^{\frac{N}{2}-1} x_1(r) W_{N/2}^{rk} \\ X_2(k) &= \mathrm{DFT}[x_2(r)] = \sum_{r=0}^{\frac{N}{2}-1} x_2(r) W_{N/2}^{rk} \end{aligned}\right\},\ k = 0,1,\cdots,\frac{N}{2}-1$$

由于 $X_1(k)$ 和 $X_2(k)$ 都是 $N/2$ 点的序列，即 $k=0, 1, \cdots, N/2-1$，利用式(4-3) 计算得到的只是 $X(k)$ 的前一半项数的结果。要利用 $X_1(k)$ 和 $X_2(k)$ 来计算全部的 $X(k)$ 值，还必须应用系数 W_N^{nk} 的周期性，即

$$W_{N/2}^{rk} = W_{N/2}^{r\left(k+\frac{N}{2}\right)}$$

由此可得

$$X_1\left(k+\frac{N}{2}\right) = \sum_{r=0}^{\frac{N}{2}-1} x_1(r) W_{N/2}^{r\left(k+\frac{N}{2}\right)} = \sum_{r=0}^{\frac{N}{2}-1} x_1(r) W_{N/2}^{rk} = X_1(k) \tag{4-4}$$

$$X_2\left(k+\frac{N}{2}\right) = X_2(k) \tag{4-5}$$

系数具有以下性质：

$$W_N^{k+\frac{N}{2}} = W_N^{\frac{N}{2}} W_N^k = -W_N^k \tag{4-6}$$

将式(4-4) ~ 式(4-6) 代入式(4-3)，则可将 $X(k)$ 表示为前后两部分。

前半部分表示为　$X(k) = X_1(k) + W_N^k X_2(k),\ k=0,1,\cdots,\frac{N}{2}-1$　(4-7)

后半部分表示为

$$X\left(k+\frac{N}{2}\right) = X_1\left(k+\frac{N}{2}\right) + W_N^{k+\frac{N}{2}} X_2\left(k+\frac{N}{2}\right)$$

$$= X_1(k) - W_N^k X_2(k),\ k=0,1,\cdots,\frac{N}{2}-1 \tag{4-8}$$

这样，就将一个 N 点 DFT 分解为两个 $N/2$ 点的 DFT。只要求出 0 到 $(N/2-1)$ 区间的所有 $X_1(k)$ 和 $X_2(k)$ 值，即可利用式(4-7)和式(4-8) 求出 0 到 $(N-1)$ 区间的所有$X(k)$值。

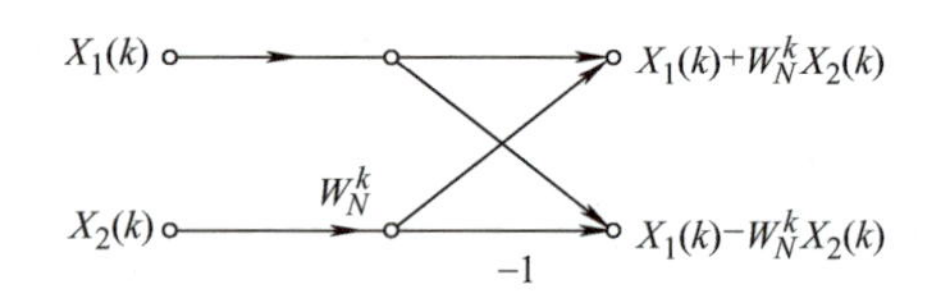

图 4-1　DIT-FFT 的蝶形运算流图符号

式(4-7) 和式(4-8) 的运算可以用图 4-1所示的蝶形运算流图符号表示。蝶形运算是 DIT-FFT 算法的基本单元，每个蝶形运算需要一次复数乘法和两次复数加（减）法。

采用这种表示方法，可将上面讨论的分解过程表示于图 4-2 中。此图表示 $N=2^3=8$ 的情况，图中 $X_1(k)$ 和 $X_2(k)$ 分别表示 $x(n)$ 偶数项和奇数项的 4 点 DFT，将 $X_1(k)$ 和 $X_2(k)$利用蝶形运算即可得到 $x(n)$ 的 8 点 DFT。

由图 4-2 可知，经过一次分解后，一个 N 点 DFT 分解为两个 $N/2$ 点的 DFT，直接计算一个 $N/2$ 点的 DFT 需要$(N/2)^2$ 次复数乘法和 $N/2(N/2-1)$ 次复数加法，两个 $N/2$ 点的 DFT 共需要 $N^2/2$ 次复数乘法和 $N(N/2-1)$ 次复数加法。将两个 $N/2$ 点的 DFT 合成为 N 点 DFT，需要 $N/2$ 个蝶形运算，共需要 $N/2$ 次复数乘法和 N 次复数加法。因此，经过一次分解后，共需要 $N^2/2+N/2 \approx N^2/2$ 次复数乘法和 $N(N/2-1)+N=N^2/2$ 次复数加法，相比直接计算 DFT，运算量减少近一半。

由于 $N=2^L$，因而 $N/2$ 仍然是偶数，可以进一步将每个 $N/2$ 点 DFT 分解为两个 $N/4$ 点 DFT。先将子序列 $x_1(r)$ 按其奇偶部分进行分解：

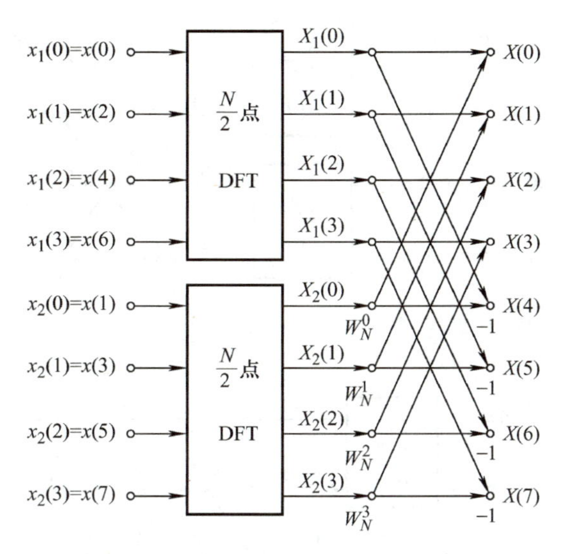

图 4-2　将一个 N 点 DFT 按时间抽选分解为两个 $N/2$ 点 DFT（$N=8$）

$$\begin{cases} x_1(2l)=x_3(l) \\ x_1(2l+1)=x_4(l) \end{cases}, \quad l=0,1,\cdots,\frac{N}{4}-1$$

同样可以得到

$$\begin{aligned} X_1(k) &= \sum_{l=0}^{\frac{N}{4}-1} x_1(2l)\,W_{N/2}^{2lk} + \sum_{l=0}^{\frac{N}{4}-1} x_1(2l+1)\,W_{N/2}^{(2l+1)k} \\ &= \sum_{l=0}^{\frac{N}{4}-1} x_3(l)\,W_{N/4}^{lk} + W_{N/2}^{k} \sum_{l=0}^{\frac{N}{4}-1} x_4(l)\,W_{N/4}^{lk} \\ &= X_3(k) + W_{N/2}^{k} X_4(k),\quad k=0,1,\cdots,\frac{N}{4}-1 \end{aligned}$$

且

$$X_1\left(k+\frac{N}{4}\right)=X_3(k)-W_{N/2}^{k}X_4(k),\quad k=0,1,\cdots,\frac{N}{4}-1$$

式中

$$\begin{cases} X_3(k) = \mathrm{DFT}[x_3(l)] = \sum_{l=0}^{\frac{N}{4}-1} x_3(l)\,W_{N/4}^{lk} \\ X_4(k) = \mathrm{DFT}[x_4(l)] = \sum_{l=0}^{\frac{N}{4}-1} x_4(l)\,W_{N/4}^{lk} \end{cases},\quad k=0,1,\cdots,\frac{N}{4}-1$$

图 4-3 给出了 $N=8$ 时，将一个 $N/2$ 点 DFT 分解为两个 $N/4$ 点 DFT 的流图。

$X_2(k)$ 也可进行同样的分解。将系数统一为 $W_{N/2}^{k}=W_N^{2k}$，则一个 $N=8$ 点 DFT 可以分解为 4 个 $N/4=2$ 点 DFT，其流图如图 4-4 所示。利用 4 个 $N/4$ 点 DFT 及两级蝶形运算来计算 N 点 DFT，比一次分解的运算量又减少近一半。

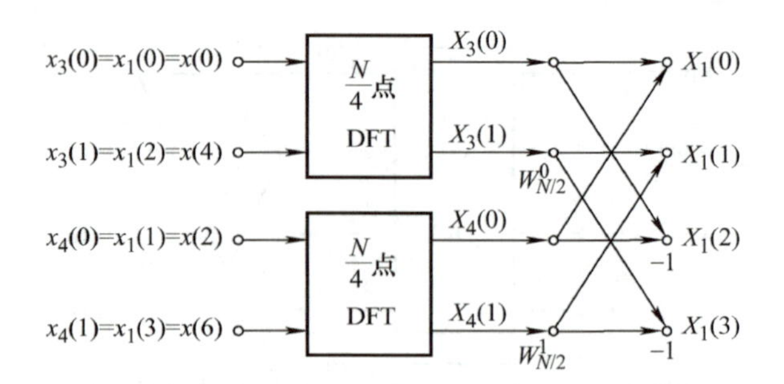

图 4-3　将一个 $N/2$ 点 DFT 分解为两个 $N/4$ 点 DFT

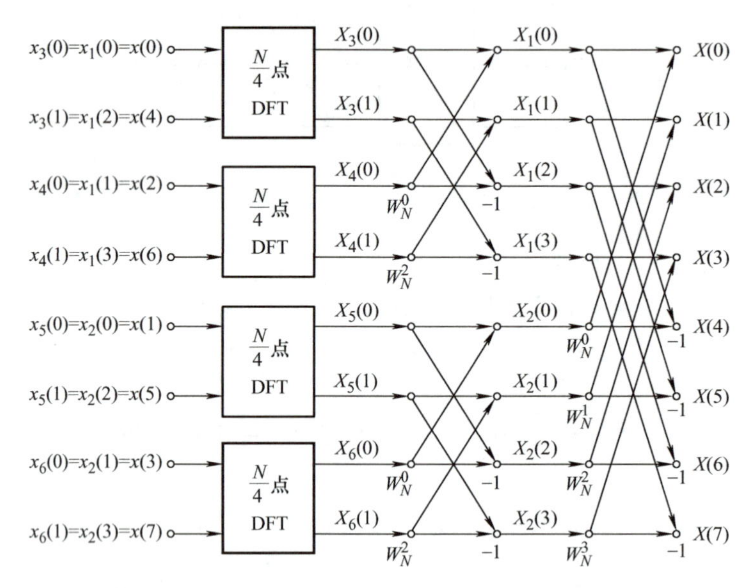

图 4-4　将一个 N 点 DFT 按时间抽选分解为 4 个 $N/4$ 点 DFT（$N=8$）

上述分解过程可以一直进行下去，直至分解为 $N/2$ 个 2 点 DFT。当 $N=8$ 时，$X_3(k)$ 和 $X_4(k)$ 就是 2 点 DFT，以 $X_3(k)$ 为例：

$$X_3(k) = \sum_{l=0}^{\frac{N}{4}-1} x_3(l) W_{N/4}^{lk} = \sum_{l=0}^{1} x_3(l) W_{N/4}^{lk},\ k = 0,1$$

即

$$X_3(0) = x_3(0) + x_3(1) = x_3(0) + x_3(1) W_2^0 = x_3(0) + x_3(1) W_N^0$$

$$X_3(1) = x_3(0) + x_3(1) W_2^1 = x_3(0) - x_3(1) = x_3(0) - x_3(1) W_2^0 = x_3(0) - x_3(1) W_N^0$$

其中，$W_2^1 = -1$。因此，这些 2 点 DFT 也可以用蝶形运算结构表示。最终得到一个完整的 $N=8$点 DIT-FFT 的运算流图，如图 4-5 所示。这种方法的每一步分解都是将输入序列按时间次序的奇偶分解为两个更短的子序列，所以称为“按时间抽选”（DIT）。

4.2.2　DIT-FFT 与直接计算 DFT 运算量的比较

利用 DIT-FFT 算法，一个 $N=2^L$ 点 DFT 分解为 $L=\log_2 N$ 级蝶形运算，每级蝶形运算包

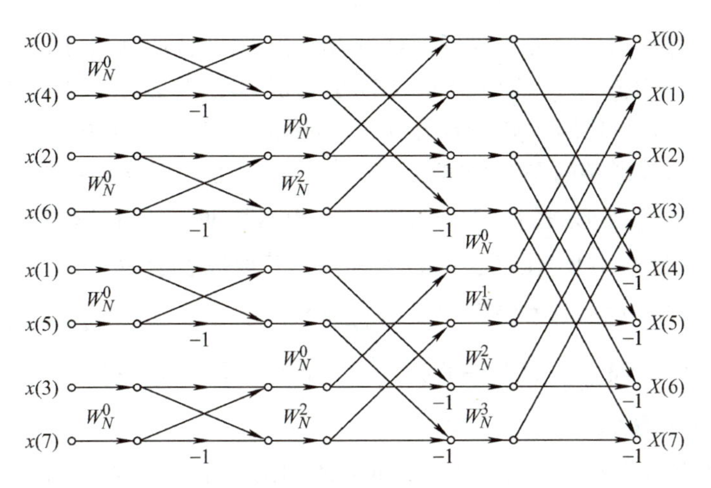

图 4-5　$N=8$ 点 DIT 基 2-FFT 运算流图

含 $N/2$ 个蝶形结，一共包含$(N/2)\log_2 N$个蝶形运算。由于每个蝶形运算需要一次复数乘法和两次复数加法，N 点 DIT-FFT 算法共需要$(N/2)\log_2 N$次复数乘法和 $N\log_2 N$ 次复数加法。直接计算 N 点 DFT 共需要 N^2 次复数乘法和 $N(N-1)$次复数加法。直接计算 DFT 与 DIT-FFT 的复数乘法次数之比为

$$\frac{\text{直接计算 DFT 的复数乘法次数}}{\text{DIT-FFT 的复数乘法次数}}=\frac{N^2}{\frac{N}{2}\log_2 N}=\frac{2N}{\log_2 N}$$

显然，N 越大，DIT-FFT 算法优势越明显。例如，当 $N=2^8$ 时，两者复数乘法次数之比为 64，而当$N=2^{10}$时，此比值为 204. 8。图 4-6 为直接计算 DFT 和 DIT-FFT 的复数乘法次数随 N 的变化曲线。

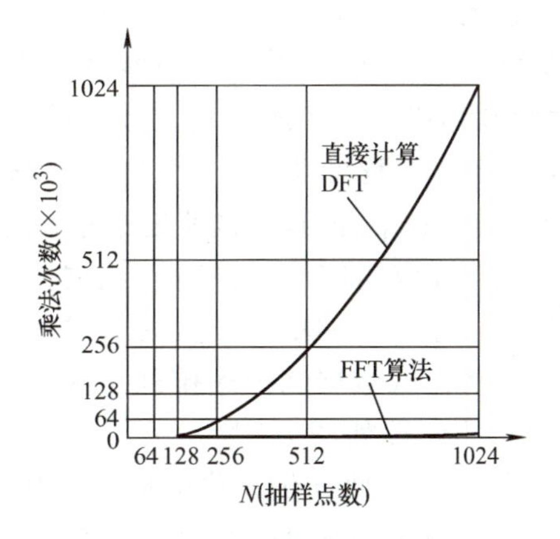

图 4-6　直接计算 DFT 与 DIT-FFT 所需复数乘法次数的比较

4. 2. 3　DIT-FFT 算法的特点

由 DIT-FFT 算法的推导过程及其运算流图，可以得出 DIT-FFT 算法具有以下特点。

1. 原位（同址）运算

DIT-FFT 算法可以采用原位（同址）运算。所谓原位运算是指每个蝶形结在运算完成后，输出两节点的值就放到原输入两节点的存储器中。

在 DIT-FFT 运算流图中，每级蝶形运算在运算完成后，其输入数据将不再有用，而其输出数据将作为下一级蝶形运算的输入数据，因此，可以将每个蝶形结运算的结果直接存放到原输入数据所在的存储单元。经过 L 级蝶形运算，原来存放输入序列 $x(n)$ 的 N 个存储单元中存放的就是 $X(k)$ 的 N 个值。采用原位运算可以节省大量存储单元，降低硬件实现成本。

2. 蝶形结系数 W_N^r 及蝶形结节点间距的确定

由 DIT-FFT 运算流图，第 L 级蝶形运算由 $N/2$ 点 DFT 合成 N 点 DFT，蝶形结两节点的间距为 $N/2$，第 $L-1$ 级蝶形运算由 $N/4$ 点 DFT 合成 $N/2$ 点 DFT，蝶形结两节点的间距为 $N/4$，依此类推，第 m 级蝶形运算蝶形结两节点的间距为 2^{m-1}，其中 $m=1, 2, \cdots, L$。

第 L 级蝶形运算蝶形结的系数为 W_N^k，第 $L-1$ 级蝶形运算蝶形结的系数为 $W_{N/2}^k$，依此类推，第 m 级蝶形运算蝶形结的系数为 $W_{N/2^{L-m}}^k$，由系数 W_N^{nk} 的可约性有 $W_{N/2^{L-m}}^k = W_N^{k\times 2^{L-m}}$，其中 $k=0, 1, \cdots, 2^{m-1}-1$。由此，第 m 级蝶形运算可以表示为

$$\begin{cases} X_m(k) = X_{m-1}(k) + W_N^{k\times 2^{L-m}} X_{m-1}(k+2^{m-1}) & m=1, 2, \cdots, L \\ X_m(k+2^{m-1}) = X_{m-1}(k) - W_N^{k\times 2^{L-m}} X_{m-1}(k+2^{m-1}) & k=0, 1, \cdots, 2^{m-1}-1 \end{cases}$$

3. 输入序列倒位序

DIT-FFT 算法输入序列并非自然顺序，而是采用倒位序。也就是说，要将输入数据 $x(n)$ 的序号 n 倒位序变成 $\hat{n}$，用 $x(\hat{n})$ 作为输入数据来做 L 级蝶形运算。

在 DIT-FFT 算法中，需要将输入数据不断按时域奇偶进行抽取。以 $N=8$ 点 DIT-FFT 为例，输入序列 $x(n)$ 的序号 n 可以用 3 位二进制数表示为 $(n_2n_1n_0)_2$。第一次分解是按二进制最低位 n_0 的 0、1 值进行时域奇偶抽取，第二次分解是按二进制次低位 n_1 的 0、1 值进行时域奇偶抽取，第三次分解是按二进制最高位 n_2 的 0、1 值进行时域奇偶抽取。整个时域奇偶抽取分解过程可以用图 4-7 所示树状图描述。经过时域奇偶抽取，输入序列 $x(\cdot)$ 的序号变为 $\hat{n}=(n_0n_1n_2)_2$，也就是序号 n 的倒位序。

在实际应用中，先将输入数据按自然顺序输入存储单元，然后通过变址运算将输入数据倒位序排列。倒位序的变址处理如图 4-8 所示，对于存储单元 $A(n)$，将 n 倒位序变成 $\hat{n}$，当 $n=\hat{n}$ 时，存储单元 $A(n)$ 和 $A(\hat{n})$ 存放的输入数据不对调，当 $n\neq\hat{n}$ 时，将存储单元 $A(n)$ 和 $A(\hat{n})$ 存放的输入数据对调。为了避免已经对调的存储单元数据再次对调，只对 $n<\hat{n}$ 的情况对调存储单元 $A(n)$ 和 $A(\hat{n})$ 存放的输入数据。

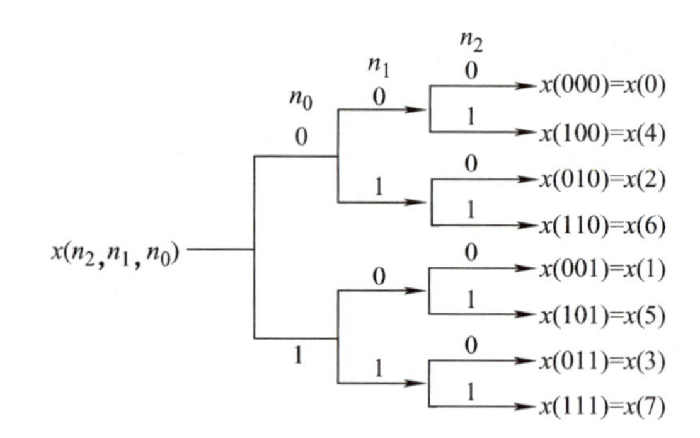

图 4-7 描述倒位序的树状结构

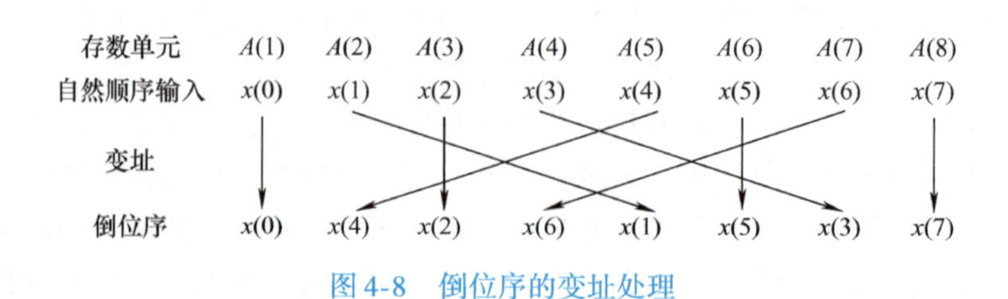

图 4-8 倒位序的变址处理

4.3　按频率抽选的基 2-FFT 算法

4.3.1　DIF-FFT 算法的基本原理

按频率抽选（Decimation-In-Frequency，DIF）的基 2-FFT 算法是另一种常用的快速傅里叶变换算法，它将输出序列 $X(k)$ 按其顺序的奇偶分解为越来越短的子序列。

仍设序列 $x(n)$ 的长度为 $N=2^L$，L 为正整数。首先将输入序列 $x(n)$ 按 n 的顺序分成前后两半，则 $x(n)$ 的 DFT 可以改写为

$$\begin{aligned}
X(k) &= \mathrm{DFT}[x(n)] = \sum_{n=0}^{N-1} x(n) W_N^{nk} = \sum_{n=0}^{\frac{N}{2}-1} x(n) W_N^{nk} + \sum_{n=\frac{N}{2}}^{N-1} x(n) W_N^{nk} \\
&= \sum_{n=0}^{\frac{N}{2}-1} x(n) W_N^{nk} + \sum_{n=0}^{\frac{N}{2}-1} x\left(n+\frac{N}{2}\right) W_N^{\left(n+\frac{N}{2}\right)k} \\
&= \sum_{n=0}^{\frac{N}{2}-1} \left[x(n) + x\left(n+\frac{N}{2}\right) W_N^{Nk/2}\right] W_N^{nk},\ k=0,1,\cdots,N-1
\end{aligned} \tag{4-9}$$

由于 $W_N^{N/2}=-1$，所以 $W_N^{Nk/2}=(-1)^k$，故式(4-9) 可以改写为

$$X(k) = \sum_{n=0}^{\frac{N}{2}-1} \left[x(n) + (-1)^k x\left(n+\frac{N}{2}\right)\right] W_N^{nk},\ k=0,1,\cdots,N-1 \tag{4-10}$$

可将 $X(k)$ 按 k 的奇偶分为两个部分。当 k 为偶数时，令 $k=2r$，则

$$\begin{aligned}
X(2r) &= \sum_{n=0}^{\frac{N}{2}-1} \left[x(n) + x\left(n+\frac{N}{2}\right)\right] W_N^{2nr} \\
&= \sum_{n=0}^{\frac{N}{2}-1} \left[x(n) + x\left(n+\frac{N}{2}\right)\right] W_{N/2}^{nr},\ r=0,1,\cdots,\frac{N}{2}-1
\end{aligned} \tag{4-11}$$

当 k 为奇数时，令 $k=2r+1$，则

$$\begin{aligned}
X(2r+1) &= \sum_{n=0}^{\frac{N}{2}-1} \left[x(n) - x\left(n+\frac{N}{2}\right)\right] W_N^{n(2r+1)} \\
&= \sum_{n=0}^{\frac{N}{2}-1} \left\{\left[x(n) - x\left(n+\frac{N}{2}\right)\right] W_N^{n}\right\} W_{N/2}^{nr},\ r=0,1,\cdots,\frac{N}{2}-1
\end{aligned} \tag{4-12}$$

式(4-11) 表明 $X(k)$ 的偶数项为前一半输入与后一半输入之和的 $N/2$ 点 DFT，式(4-12) 表明 $X(k)$ 的奇数项为前一半输入与后一半输入之差再与 W_N^n 之积的 $N/2$ 点 DFT。令

$$\left.\begin{aligned}
x_1(n) &= x(n) + x\left(n+\frac{N}{2}\right) \\
x_2(n) &= \left[x(n) - x\left(n+\frac{N}{2}\right)\right] W_N^n
\end{aligned}\right\},\ n=0,1,\cdots,\frac{N}{2}-1 \tag{4-13}$$

则

$$\begin{cases} X(2r) = \sum_{n=0}^{\frac{N}{2}-1} x_1(n) W_{N/2}^{nr} \\ X(2r+1) = \sum_{n=0}^{\frac{N}{2}-1} x_2(n) W_{N/2}^{nr} \end{cases}, r = 0,1,\cdots,\frac{N}{2}-1 \tag{4-14}$$

式(4-13)所表示的运算关系可以用图4-9所示蝶形运算流图符号来表示。

这样，就将一个N点DFT按k的奇偶分解为两个$N/2$点的DFT。当$N=8$时，上述分解过程如图4-10所示。

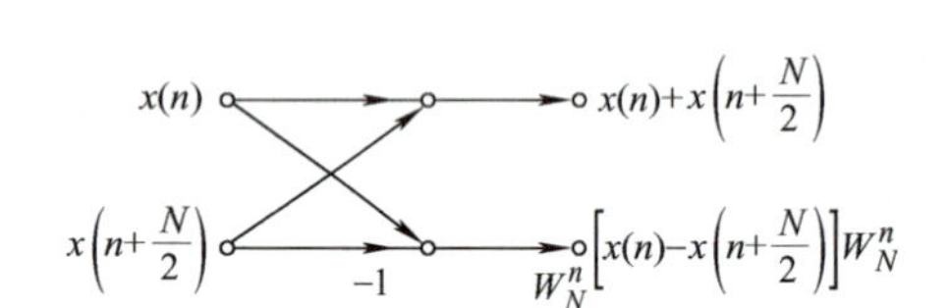

图4-9　按频率抽选蝶形运算流图符号

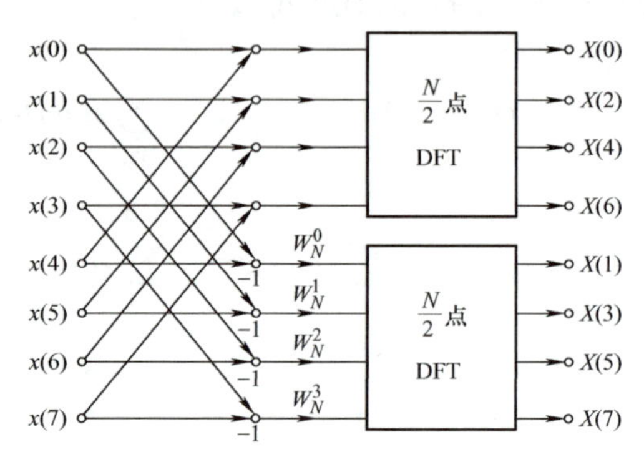

图4-10　将一个N点DFT按频率抽选分解为两个$N/2$点DFT($N=8$)

由于$N=2^L$，因而$N/2$仍然是偶数，可以继续将每个$N/2$点DFT的输出按频域奇偶抽取，也就是进一步将每个$N/2$点DFT分解为两个$N/4$点DFT。图4-11所示为$N=8$时两次分解后的运算流图。这样一直分解下去，直至分解为$N/2$个2点DFT，这些2点DFT也可以用DIF-FFT蝶形结表示。最终得到一个完整的$N=8$点DIF-FFT的运算流图，如图4-12所示。

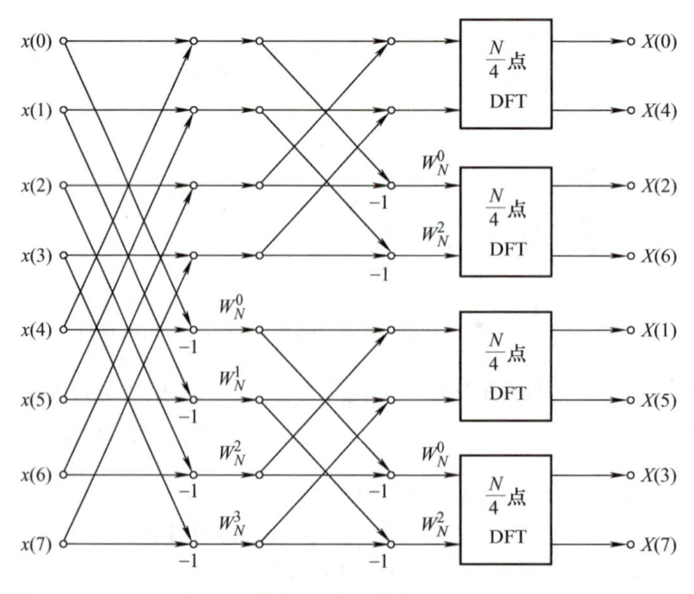

图4-11　一个N点DFT按频率抽选分解为4个$N/4$点DFT($N=8$)

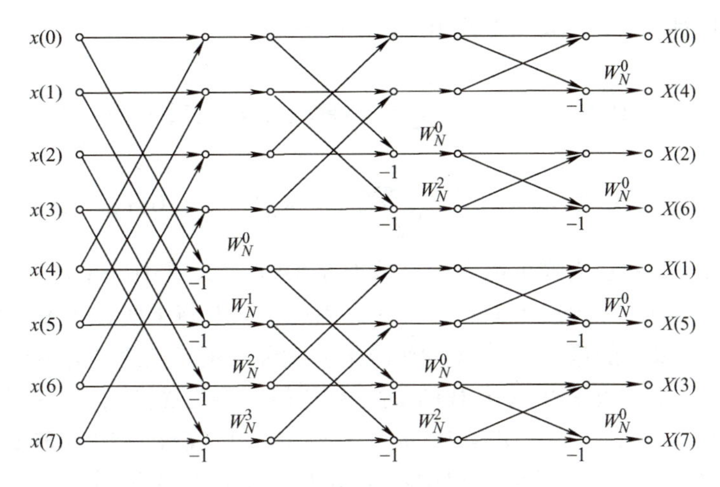

图 4-12　$N=8$ 点 DIF 基 2-FFT 运算流图

4.3.2　DIF-FFT 算法的特点

类似于 DIT-FFT 算法，DIF-FFT 算法也具有以下特点。

1. DIF-FFT 的运算量

采用 DIF-FFT 算法，一个 $N=2^L$ 点 DFT 分解为 $L=\log_2 N$ 级蝶形运算，每级蝶形运算包含 $N/2$ 个蝶形结，一共包含（$N/2$）$\log_2 N$ 个蝶形运算。每个按频率抽选蝶形运算需要一次复数乘法和两次复数加法，因此，N 点 DIF-FFT 算法共需要（$N/2$）$\log_2 N$ 次复数乘法和 $N\log_2 N$ 次复数加法，其运算量与 DIT-FFT 算法相同。

2. 原位（同址）运算

从图 4-12 可以看出，DIF-FFT 算法也可以采用原位运算，以节省存储空间。

3. 蝶形结系数及蝶形结节点间距的确定

由图 4-12 可知，第一级蝶形运算，蝶形结两节点的间距为 $N/2$，蝶形结的系数为 W_N^k，第二级蝶形运算，蝶形结两节点的间距为 $N/4$，蝶形结的系数为 $W_{N/2}^k$，依此类推，第 m 级蝶形运算，蝶形结两节点的间距为 2^{L-m}，蝶形结的系数为 $W_{N/2^{m-1}}^k=W_N^{k\times 2^{m-1}}$，其中 $m=1$，2，…，L。由此，第 m 级蝶形运算可以表示为

$$\begin{cases} X_m(k)=X_{m-1}(k)+X_{m-1}(k+2^{L-m}) & m=1,2,\cdots,L \\ X_m(k+2^{L-m})=[X_{m-1}(k)-X_{m-1}(k+2^{L-m})]W_N^{k\times 2^{m-1}} & k=0,1,\cdots,2^{L-m}-1 \end{cases}$$

4. 输出序列倒位序

DIF-FFT 算法的输入序列按自然顺序排列，而输出序列是倒序排列的，因此，需要通过变址运算将倒序排列的输出序列重排为按自然顺序排列，变址运算方法与 DIT 中的相同。

4.4　IDFT 的快速算法 IFFT

由于 IDFT 与 DFT 具有相似的运算结构，因而 FFT 算法的基本原理同样可以用于 IDFT

的快速计算，即快速傅里叶反变换（Inverse Fast Fourier Transform，IFFT）。

长度为 N 的序列 $x(n)$，其 DFT 及 IDFT 分别定义为

$$X(k)=\mathrm{DFT}[x(n)]=\sum_{n=0}^{N-1}x(n)W_N^{nk},\ k=0,1,\cdots,N-1$$

$$x(n)=\mathrm{IDFT}[X(k)]=\frac{1}{N}\sum_{k=0}^{N-1}X(k)W_N^{-nk},\ n=0,1,\cdots,N-1$$

比较 DFT 及 IDFT 的定义式可以看出，只要将 DFT 定义式中的系数 W_N^{nk} 改为 W_N^{-nk}，最后乘以 $1/N$ 因子，就可以得到 IDFT 的定义式。因此，只要将 DIT-FFT 和 DIF-FFT 算法中的系数 W_N^r 改为 W_N^{-r}，最后的输出再乘以 $1/N$ 因子，就可以用来快速计算 IDFT，此时输入为 $X(k)$，输出为 $x(n)$。将 DIT-FFT 改为 IFFT 时，由于输入变为 $X(k)$，此时是将 $X(k)$ 按奇偶分解，故应称为 DIF-IFFT，而将 DIF-FFT 改为 IFFT 时，则应称为 DIT-IFFT。

在实际应用中，为了防止运算过程中产生溢出，将 $1/N$ 分配到每一级蝶形运算中。由于 $1/N=(1/2)^L$，且共有 L 级蝶形运算，因此，每级蝶形运算分别乘以因子 1/2，从而得到 DIT-IFFT 运算流图，如图 4-13 所示。

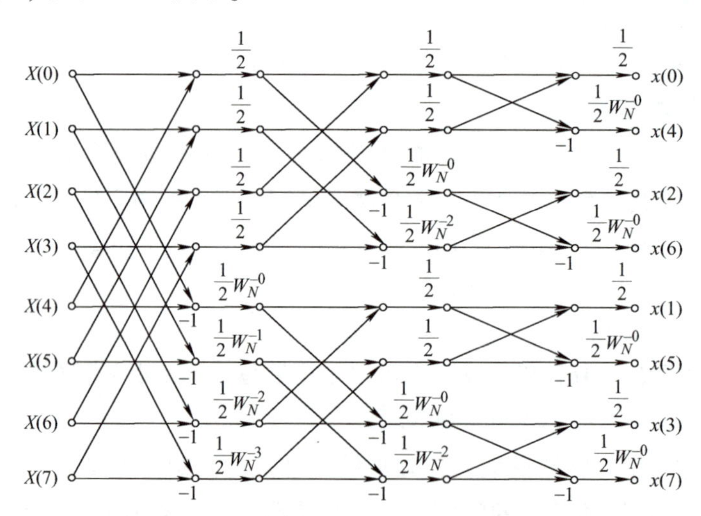

图 4-13　DIT-IFFT 运算流图（$N=8$）

为了直接调用 FFT 子程序计算 IFFT，可以采用如下方法。首先，对 IDFT 的定义式取共轭，可得

$$x^*(n)=\frac{1}{N}\sum_{k=0}^{N-1}X^*(k)W_N^{nk}$$

进一步对上式取共轭，可得

$$x(n)=\frac{1}{N}\left[\sum_{k=0}^{N-1}X^*(k)W_N^{nk}\right]^*=\frac{1}{N}\{\mathrm{DFT}[X^*(k)]\}^* \tag{4-15}$$

式(4-15)表明，为了计算 $X(k)$ 的 IDFT，可以先对 $X(k)$ 取共轭，然后直接调用 FFT 子程序计算 $X^*(k)$ 的 DFT，最后对 $X^*(k)$ 的 DFT 取共轭，并乘以 $1/N$，即得到 $x(n)$。由此，IFFT 可以与 FFT 共用同一子程序。

4.5　基 4-FFT 算法及混合基 FFT 算法

4.5.1　基 4-FFT 算法

为了进一步降低 FFT 算法的运算量，可以将基 2-FFT 算法的原理推广到高基的情况。接下来以时间抽选基 4-FFT 算法为例。

设序列 $x(n)$ 的长度为 $N=4^L$，L 为正整数。首先将 $x(n)$ 按基 4 分解为 4 个 $N/4$ 点的子序列：

$$\begin{cases} x(4r)=x_1(r) \\ x(4r+1)=x_2(r) \\ x(4r+2)=x_3(r) \\ x(4r+3)=x_4(r) \end{cases}, \quad r=0,1,\cdots,\frac{N}{4}-1$$

则 $x(n)$ 的 DFT 可以写为

$$\begin{aligned} X(k) &= \mathrm{DFT}[x(n)] = \sum_{n=0}^{N-1} x(n) W_N^{nk} \\ &= \sum_{r=0}^{\frac{N}{4}-1} x(4r) W_N^{4rk} + \sum_{r=0}^{\frac{N}{4}-1} x(4r+1) W_N^{(4r+1)k} + \\ &\quad \sum_{r=0}^{\frac{N}{4}-1} x(4r+2) W_N^{(4r+2)k} + \sum_{r=0}^{\frac{N}{4}-1} x(4r+3) W_N^{(4r+3)k} \\ &= \sum_{r=0}^{\frac{N}{4}-1} x_1(r) W_N^{4rk} + W_N^{k} \sum_{r=0}^{\frac{N}{4}-1} x_2(r) W_N^{4rk} + W_N^{2k} \sum_{r=0}^{\frac{N}{4}-1} x_3(r) W_N^{4rk} + W_N^{3k} \sum_{r=0}^{\frac{N}{4}-1} x_4(r) W_N^{4rk} \end{aligned}$$

利用系数 W_N^{nk} 的可约性，有 $W_N^{4rk}=W_{N/4}^{rk}$，则上式可表示为

$$\begin{aligned} X(k) &= \sum_{r=0}^{\frac{N}{4}-1} x_1(r) W_{N/4}^{rk} + W_N^{k} \sum_{r=0}^{\frac{N}{4}-1} x_2(r) W_{N/4}^{rk} + W_N^{2k} \sum_{r=0}^{\frac{N}{4}-1} x_3(r) W_{N/4}^{rk} + W_N^{3k} \sum_{r=0}^{\frac{N}{4}-1} x_4(r) W_{N/4}^{rk} \\ &= X_1(k) + W_N^{k} X_2(k) + W_N^{2k} X_3(k) + W_N^{3k} X_4(k) \end{aligned} \tag{4-16}$$

式中　$X_1(k)$、$X_2(k)$、$X_3(k)$ 和 $X_4(k)$ ——$x_1(r)$、$x_2(r)$、$x_3(r)$ 和 $x_4(r)$ 的 $N/4$ 点 DFT。

由于 $X_1(k)$、$X_2(k)$、$X_3(k)$ 和 $X_4(k)$ 都是 $N/4$ 点的序列，即 $k=0, 1, \cdots, N/4-1$，利用式(4-16) 计算得到的只是 $0\sim(N/4-1)$ 范围的 $X(k)$ 值。进一步，利用系数 W_N^{nk} 的周期性有 $W_{N/4}^{rk}=W_{N/4}^{r(k+N/4)}$，从而

$$\begin{aligned} X_1(k+N/4) &= X_1(k+2N/4) = X_1(k+3N/4) = X_1(k) \\ X_2(k+N/4) &= X_2(k+2N/4) = X_2(k+3N/4) = X_2(k) \\ X_3(k+N/4) &= X_3(k+2N/4) = X_3(k+3N/4) = X_3(k) \\ X_4(k+N/4) &= X_4(k+2N/4) = X_4(k+3N/4) = X_4(k) \end{aligned}$$

进而得到

$$\begin{cases}X(k)=X_1(k)+W_N^kX_2(k)+W_N^{2k}X_3(k)+W_N^{3k}X_4(k)\\X(k+N/4)=X_1(k)-jW_N^kX_2(k)-W_N^{2k}X_3(k)+jW_N^{3k}X_4(k)\\X(k+2N/4)=X_1(k)-W_N^kX_2(k)+W_N^{2k}X_3(k)-W_N^{3k}X_4(k)\\X(k+3N/4)=X_1(k)+jW_N^kX_2(k)-W_N^{2k}X_3(k)-jW_N^{3k}X_4(k)\end{cases},\ k=0,1,\cdots,\frac{N}{4}-1$$

上述运算关系可以用图 4-14 所示的蝶形结表示。可以看出，每个蝶形运算需要三次复数乘法。

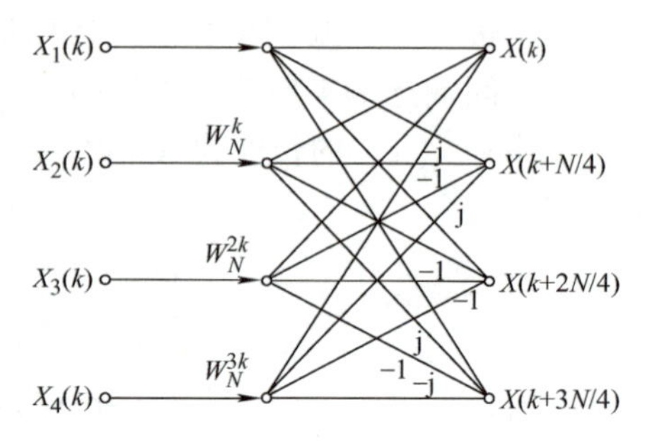

图 4-14　基 4 时间抽选蝶形运算流图符号

将长度为 $N=4^L$ 的序列 $x(n)$ 按基 4 时间抽选逐级分解下去，从而得到基 4 时间抽选 FFT 算法。对于 $N=4^L$ 点基 4 时间抽选 FFT 算法，一共有 $L=\log_4 N$ 级蝶形运算，每级 $N/4$ 个蝶形结，一共有 $(N/4)\log_4 N$ 个蝶形结。由于每个蝶形结需要三次复数乘法，因此，总共需要 $(3N/4)\log_4 N=(3N/8)\log_2 N$ 次复数乘法。而时间抽选基 2-FFT 算法所需复数乘法次数为 $(N/2)\log_2 N$，因此，基 4-FFT 算法可以进一步降低运算量。

4.5.2　N 为复合数的 FFT 算法——混合基 FFT 算法

基 2-FFT 算法程序简单、效率高、使用方便，因此，在实际应用中使用最多。基2-FFT 算法要求序列点数 $N=2^L$，若不满足，则可采用以下几种方法：

1）在序列 $x(n)$ 后补零值点，使序列长度满足 $N=2^L$。补零后，时域点数增加，但有效数据不变，故频谱 $X(e^{j\omega})$ 不变，只是频谱的抽样点数增加。序列长度的增加使运算量增加，有时运算量增加太多，造成很大浪费，例如当 $N=280$ 时，需要在序列后补 232 个零值点。

2）如果要计算准确的 N 点 DFT，而 N 又是素数，则只能采用直接计算 DFT 的方法，或者采用后面将要介绍的线性调频 z 变换算法。

3）如果 N 是一个复合数，可以分解为一些因子的乘积，则可采用混合基 FFT 算法。

1. 算法原理

N 点序列 $x(n)$ 的 DFT 为

$$X(k)=\sum_{n=0}^{N-1}x(n)W_N^{nk},\ k=0,1,\cdots,N-1 \tag{4-17}$$

假设 N 是一个复合数，且 $N=r_1r_2$。将 n 和 k 用多基多进制形式表示为 $n=(n_2n_1)_{r_2r_1}$ 和 $k=(k_2k_1)_{r_1r_2}$，则有

$$\begin{cases}n=r_1n_2+n_1\\k=r_2k_2+k_1\end{cases}\quad n_2,\ k_1=0,1,\cdots,r_2-1;n_1,\ k_2=0,1,\cdots,r_1-1 \tag{4-18}$$

将式(4-18) 代入式(4-17)，可得

$$X(k)=X(r_2k_2+k_1)=X(k_2,k_1)=\sum_{n=0}^{N-1}x(n)W_N^{nk}$$
$$=\sum_{n_1=0}^{r_1-1}\sum_{n_2=0}^{r_2-1}x(r_1n_2+n_1)W_N^{(r_1n_2+n_1)(r_2k_2+k_1)}$$

$$= \sum_{n_1=0}^{r_1-1} \sum_{n_2=0}^{r_2-1} x(n_2,n_1) W_N^{r_1 n_2 r_2 k_2} W_N^{r_1 n_2 k_1} W_N^{n_1 r_2 k_2} W_N^{n_1 k_1}$$

$$= \sum_{n_1=0}^{r_1-1} \sum_{n_2=0}^{r_2-1} x(n_2,n_1) W_N^{r_1 n_2 k_1} W_N^{n_1 r_2 k_2} W_N^{n_1 k_1} \tag{4-19}$$

式(4-19) 推导中应用到了 $W_N^{r_1 n_2 r_2 k_2} = W_N^{N n_2 k_2} = 1$。考虑到 $W_N^{r_1 n_2 k_1} = W_{r_2}^{n_2 k_1}$ 和 $W_N^{n_1 r_2 k_2} = W_{r_1}^{n_1 k_2}$，式(4-19) 可进一步写为

$$X(k_2,k_1) = \sum_{n_1=0}^{r_1-1} \left\{ \left[\sum_{n_2=0}^{r_2-1} x(n_2,n_1) W_{r_2}^{n_2 k_1} \right] W_N^{n_1 k_1} \right\} W_{r_1}^{n_1 k_2} \tag{4-20}$$

令

$$X_1(k_1,n_1) = \sum_{n_2=0}^{r_2-1} x(n_2,n_1) W_{r_2}^{n_2 k_1} \tag{4-21}$$

表示 n_1 为参变量时 n_2 与 k_1 之间的 r_2 点 DFT，共有 r_1 个 r_2 点 DFT。再令

$$X_1'(k_1,n_1) = X_1(k_1,n_1) W_N^{n_1 k_1} \tag{4-22}$$

表示 $X_1(k_1, n_1)$ 乘以旋转因子 $W_N^{n_1 k_1}$ 组成一个新的序列 $X_1'(k_1, n_1)$，则式(4-20) 可写为

$$X(k_2,k_1) = \sum_{n_1=0}^{r_1-1} X_1'(k_1,n_1) W_{r_1}^{n_1 k_2}$$

令

$$X_2(k_1,k_2) = \sum_{n_1=0}^{r_1-1} X_1'(k_1,n_1) W_{r_1}^{n_1 k_2} \tag{4-23}$$

表示 k_1 为参变量时 n_1 与 k_2 之间的 r_1 点 DFT，共有 r_2 个 r_1 点 DFT。由此可得

$$X(k_2,k_1) = X_2(k_1,k_2) = X(r_2 k_2 + k_1) \tag{4-24}$$

N 为复合数的 FFT 算法的运算步骤如下：

1）将 $x(n)$ 写成 $x(n_2, n_1)$，利用

$$x(n) = x(r_1 n_2 + n_1) = x(n_2,n_1), \begin{cases} n_1 = 0,1,\cdots,r_1-1 \\ n_2 = 0,1,\cdots,r_2-1 \end{cases}$$

2）利用式(4-21) 做 r_1 个 r_2 点 DFT，得到 $X_1(k_1, n_1)$。

3）利用式(4-22) 将 $X_1(k_1, n_1)$ 乘以旋转因子 $W_N^{n_1 k_1}$，组成一个新的序列 $X_1'(k_1, n_1)$。

4）利用式(4-23) 做 r_2 个 r_1 点 DFT，得到 $X_2(k_1, k_2)$。

5）利用式(4-24) 恢复出 $X(k)$，$X_2(k_1, k_2) = X(r_2 k_2 + k_1)$。

2. 运算量的估计

由 N 为复合数的 FFT 算法的运算步骤可知，若 $N = r_1 r_2$，则需要做 r_1 个 r_2 点 DFT，再将 N 个序列值与旋转因子相乘，然后进行 r_2 个 r_1 点 DFT。因此，所需运算量为：

1）r_1 个 r_2 点 DFT 的运算量：复乘次数为 $r_1 r_2^2$，复加次数为 $r_1 r_2 (r_2 - 1)$。

2）乘以 N 个旋转因子：N 次复数乘法。

3）r_2 个 r_1 点 DFT 的运算量：复乘次数为 $r_2 r_1^2$，复加次数为 $r_2 r_1 (r_1 - 1)$。

总运算量为：复乘次数为 $N(r_1 + r_2 + 1)$，复加次数为 $N(r_1 + r_2 - 2)$。混合基 FFT 与直

接计算 DFT 的复数乘法次数之比为

$$R_{\times}=\frac{N(r_1+r_2+1)}{N^2}=\frac{r_1+r_2+1}{N}$$

例如，当 $N=60=12\times5$ 时，$R_{\times}=(12+5+1)/60=0.3$，此时混合基 FFT 的运算量不到直接计算 DFT 运算量的 1/3。

4.6　线性调频 z 变换算法

序列的离散傅里叶变换是其 z 变换在 z 平面单位圆上的等间隔抽样值。然而，在实际应用中，常常只对信号某一频段的频谱感兴趣，也就是只需要计算单位圆上某一段的频谱值。例如，对于窄带信号，希望窄带内频率抽样足够密集，而窄带外则不予考虑。此外，有时也对非单位圆上的抽样感兴趣。例如，在语音信号处理中，常常需要知道 z 变换的极点所在处的复频率，如果极点位置离单位圆较远，只利用单位圆上的频谱，就很难知道极点所在处的复频率。上述这些问题可以用线性调频 z 变换（Chirp-z 变换或者 CZT）来解决。

4.6.1　算法原理

长度为 N 的有限长序列 $x(n)$，其 z 变换为

$$X(z)=\sum_{n=0}^{N-1}x(n)z^{-n} \tag{4-25}$$

为了使 z 沿着 z 平面更一般的路径取值，可以沿着 z 平面上的一段螺旋线做等分角抽样，z 的这些抽样点为

$$z_k=AW^{-k},\ k=0,1,\cdots,M-1 \tag{4-26}$$

式中　M——所要分析的复频谱的点数，M 不一定等于 N；

A 和 W——任意复数，可表示为

$$A=A_0\mathrm{e}^{\mathrm{j}\theta_0} \tag{4-27}$$

$$W=W_0\mathrm{e}^{-\mathrm{j}\phi_0} \tag{4-28}$$

将式(4-27) 和式(4-28) 代入式(4-26)，可得

$$z_k=A_0\mathrm{e}^{\mathrm{j}\theta_0}W_0^{-k}\mathrm{e}^{\mathrm{j}k\phi_0}=A_0W_0^{-k}\mathrm{e}^{\mathrm{j}(\theta_0+k\phi_0)}$$

抽样点所在的路径如图 4-15 所示。由以上讨论和图 4-15 可以看出：

1）A_0 表示起始抽样点 z_0 的矢量半径长度，通常 $A_0\leqslant1$，否则 z_0 将处于单位圆 $|z|=1$ 的外部。

2）θ_0 表示起始抽样点 z_0 的相位，它可以是正值或负值。

3）ϕ_0 表示两相邻抽样点之间的角度差，$\phi_0>0$ 表示 z_k 的路径是逆时针旋转的，$\phi_0<0$ 表示 z_k 的路径是顺时针旋转的。

4）W_0 表示螺旋线的伸展率。当 $W_0>1$ 时，随着 k 的增加螺旋线内缩；当 $W_0<1$ 时，随着 k 的增加螺旋线外伸；当 $W_0=1$ 时，表示半径为 A_0 的一段圆弧，若此时又有 $A_0=1$，则这段圆弧是单位圆的一部分。

5）当 $M=N$，$A=A_0\mathrm{e}^{\mathrm{j}\theta_0}=1$，$W=W_0\mathrm{e}^{-\mathrm{j}\phi_0}=\mathrm{e}^{-\mathrm{j}2\pi/N}$时，各 z_k 就均匀等间隔地分布在单位圆上，这就是求序列的 DFT。

将式(4-26) 代入式(4-25)，可得

$$X(z_k) = \sum_{n=0}^{N-1} x(n) z_k^{-n} = \sum_{n=0}^{N-1} x(n) A^{-n} W^{nk},\ 1 \leqslant k \leqslant M-1 \qquad (4\text{-}29)$$

直接计算这一公式，与直接计算 DFT 类似，总共要算 M 个抽样点，需要 NM 次复数乘法和 $(N-1)M$次复数加法。当 N 和 M 很大时，这个运算量很大，这就限制了运算速度。但是，通过一定的变换，以上运算可转换为卷积形式，从而可以采用 FFT 算法，这就大大提高了运算速度。

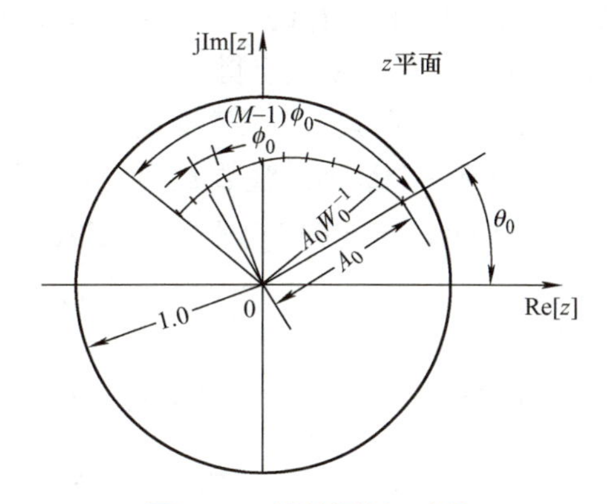

图 4-15　线性调频 z 变换在 z 平面上的螺旋线抽样

利用布鲁斯坦等式

$$nk = \frac{1}{2}[n^2 + k^2 - (k-n)^2]$$

式(4-29) 可以改写为

$$X(z_k) = W^{\frac{k^2}{2}} \sum_{n=0}^{N-1} [x(n) A^{-n} W^{\frac{n^2}{2}}] W^{-\frac{(k-n)^2}{2}} \qquad (4\text{-}30)$$

令

$$g(n) = x(n) A^{-n} W^{\frac{n^2}{2}},\ n = 0,1,\cdots,N-1$$

$$h(n) = W^{-\frac{n^2}{2}}$$

则式(4-30) 可写为

$$X(z_k) = W^{\frac{k^2}{2}} \sum_{n=0}^{N-1} g(n) h(k-n) = W^{\frac{k^2}{2}} [g(k) * h(k)],\ k = 0,1,\cdots,M-1 \qquad (4\text{-}31)$$

式(4-31) 所示的运算流程如图 4-16 所示。$h(n)$ 的频率随时间线性增加，在雷达系统中这种信号称为线性调频信号（Chirp Signal)。因此，上述变换称为线性调频 z 变换。

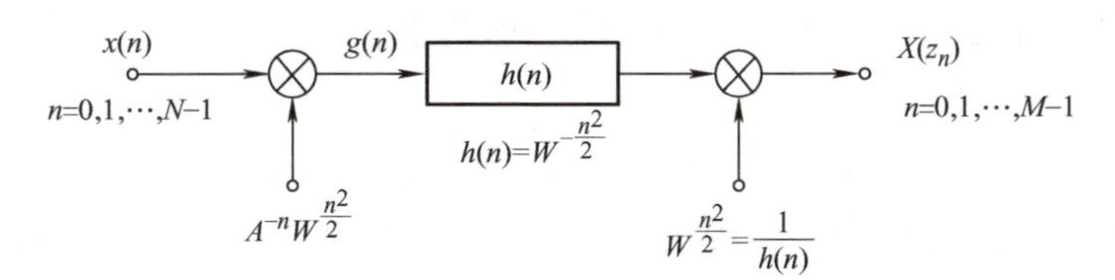

图 4-16　线性调频 z 变换运算流程

4.6.2　线性调频 z 变换的实现步骤

由式(4-31) 可以看出，线性系统 $h(n)$ 是一个非因果系统，因为当 n 的取值为 0 ~ $(N-1)$，k 的取值为 0 ~$(M-1)$ 时，$h(n)$ 在 $n=-(N-1)$ 到 $n=M-1$ 之间有非零值，$h(n)$ 是一个长度为 $N+M-1$ 的有限长非因果序列。输入序列 $g(n)$ 是长度为 N 的有限长序列，因此，线性卷积 $g(n) * h(n)$ 的长度为 $2N+M-2$。若要用圆周卷积来计算线性卷积，为了不产生混叠失真，则要求圆周卷积的长度大于或等于 $2N+M-2$。但是，由于只需要 $k=0$ 到 $k=M-1$ 范围的 M 个 $X(z_k)$ 值，对其他值是否混叠并不感兴趣，所以圆周卷积

的长度最小可取为 $N+M-1$。为了进行基2-FFT 运算，圆周卷积的长度应取为 $L \geqslant N+M-1$ 且满足 $L=2^m$ 的最小值。为了进行 L 点的圆周卷积，首先对 $h(n)$ 从 $n=M$ 到 $n=L-N$ 补 $L-(N+M-1)$ 个零值点，然后，将 $h(n)$ 以 L 为周期进行周期延拓，再取主值序列，从而得到进行圆周卷积运算的一个序列。进行圆周卷积运算的另一个序列是对 $g(n)$ 从 $n=N$ 到 $n=L-1$ 补 $L-N$ 个零值点得到的。

由此，线性调频 z 变换算法的实现步骤归纳如下：

1）选择一个最小的整数 L，使其满足 $L \geqslant N+M-1$ 且 $L=2^m$。

2）对 $g(n)=x(n)A^{-n}W^{n^2/2}$ 补零值点，变为 L 点序列，即

$$g(n)=\begin{cases} x(n)A^{-n}W^{n^2/2}, & 0 \leqslant n \leqslant N-1 \\ 0, & N \leqslant n \leqslant L-1 \end{cases}$$

利用 FFT 算法求 $g(n)$ 的 L 点 DFT，有

$$G(r) = \sum_{n=0}^{N-1} g(n) W_L^{nr}, 0 \leqslant r \leqslant L-1$$

3）构造长度为 L 的序列 $h(n)$ 为

$$h(n)=\begin{cases} W^{-n^2/2}, & 0 \leqslant n \leqslant M-1 \\ 0, & M \leqslant n \leqslant L-N \\ W^{-(L-n)^2/2}, & L-N+1 \leqslant n \leqslant L-1 \end{cases}$$

利用 FFT 算法求 $h(n)$ 的 L 点 DFT，有

$$H(r) = \sum_{n=0}^{L-1} h(n) W_L^{nr}, 0 \leqslant r \leqslant L-1$$

4）计算 $Q(r)=G(r)H(r)$。

5）利用 IFFT 算法求 $Q(r)$ 的 L 点 IDFT，得到 $g(n)$ 和 $h(n)$ 的圆周卷积

$$q(n) = g(n) \text{Ⓛ} h(n) = \frac{1}{L}\sum_{r=0}^{L-1} G(r)H(r)W_L^{-nr}$$

$q(n)$ 的前 M 个值等于 $g(n)$ 和 $h(n)$ 的线性卷积结果。

6）最后求 $X(z_k)$，有

$$X(z_k)=W^{k^2/2}q(k), 0 \leqslant k \leqslant M-1$$

可以看出，线性调频 z 变换是一种更灵活的频谱分析工具，它具有适应性强和运算效率高的优点。

4.7 利用 FFT 计算线性卷积

线性时不变系统的输出等于输入 $x(n)$ 与系统单位抽样响应 $h(n)$ 的线性卷积。设 $x(n)$ 的长度为 L，$h(n)$ 的长度为 M，则输出 $y(n)$ 为

$$y(n) = x(n) * h(n) = \sum_{m=0}^{L-1} x(m)h(n-m)$$

$y(n)$ 是一个有限长序列，其长度为 $L+M-1$。下面首先讨论直接计算线性卷积的运算量。由于每一个 $x(n)$ 值都必须和所有 $h(n)$ 值相乘一次，因此总共需要 LM 次乘法，这就是直

接计算的乘法次数，以 m_d 表示为

$$m_d = LM$$

若采用 FFT 来计算这一线性卷积，为了不产生混叠失真，必须将 $x(n)$ 和 $h(n)$ 补零至 $N = L + M - 1$ 点长，然后计算 $x(n)$ 和 $h(n)$ 的 N 点圆周卷积，该圆周卷积就能代表线性卷积。用 FFT 计算 $y(n)$ 的步骤如下：

1）将 $x(n)$ 和 $h(n)$ 补零至 N 点长。

2）计算 $x(n)$ 的 N 点 DFT，即 $X(k) = \mathrm{FFT}[x(n)]$。

3）计算 $h(n)$ 的 N 点 DFT，即 $H(k) = \mathrm{FFT}[h(n)]$。

4）计算 $Y(k) = X(k)H(k)$。

5）计算 $Y(k)$ 的 N 点 IDFT，即 $y(n) = \mathrm{IFFT}[Y(k)]$。

可见，步骤 2)、3)、5）各需做一次 N 点 FFT（或 IFFT），步骤 4）需做 N 次乘法，因此总共所需乘法次数为

$$m_F = \frac{3}{2}N\log_2 N + N = N\left(1 + \frac{3}{2}\log_2 N\right)$$

比较直接计算线性卷积和 FFT 法计算线性卷积，其乘法次数之比为

$$K_m = \frac{m_d}{m_F} = \frac{LM}{N\left(1 + \frac{3}{2}\log_2 N\right)} = \frac{LM}{(L + M - 1)\left[1 + \frac{3}{2}\log_2(L + M - 1)\right]} \tag{4-32}$$

对式(4-32) 分两种情况讨论如下：

1）$x(n)$ 和 $h(n)$ 点数差不多。例如，若 $M = L$，则 $N = 2M - 1 \approx 2M$，有

$$K_m = \frac{M}{2\left(\frac{5}{2} + \frac{3}{2}\log_2 M\right)} = \frac{M}{5 + 3\log_2 M}$$

这样可得表 4-1。

表 4-1　$M = L$ 时直接计算线性卷积和 FFT 法计算线性卷积乘法次数的比较

$M=L$	8	16	32	64	128	256	512	1024	2048	4096
K_m	0. 572	0. 941	1. 6	2. 78	5. 92	8. 82	16	29. 24	53. 9	99. 9

当 $M = 8$ 时，FFT 法的运算量大于直接法；当 $M = 16$ 时，两者相当；当 $M = 512$ 时，FFT 法的运算速度是直接法的 16 倍；当 $M = 4096$ 时，FFT 法是直接法的约 100 倍。可以看出，当 $M = L$ 且 M 超过 16 以后，M 越长，FFT 法的好处越明显。

2）当 $x(n)$ 的点数很多，即 $L >> M$ 时，有

$$N = L + M - 1 \approx L$$

于是有

$$K_m = M/\left(1 + \frac{3}{2}\log_2 L\right)$$

可见，当 L 太大时，会使 K_m 下降，FFT 法的优点就表现不出来了。因此需要采用分段卷积或称分段过滤的办法，即将待处理的长信号 $x(n)$ 加以分段，分别求出每段的卷积结果，然后以适当的方式将其组合起来，便得到总的输出。有两种分段卷积的办法：重叠相加

法和重叠保留法。

4.7.1 重叠相加法

设 $h(n)$ 的长度为 M，$x(n)$ 的长度为无限长。将 $x(n)$ 分段，每段长为 L，L 取为与 M 相同数量级。用 $x_i(n)$ 表示 $x(n)$ 的第 i 段：

$$x_i(n)=\begin{cases}x(n), & iL\leqslant n\leqslant(i+1)L-1\\ 0, & \text{其他}\end{cases}\quad i=0,1,2,\cdots$$

则输入序列 $x(n)$ 可表示为

$$x(n)=\sum_{i=0}^{\infty}x_i(n)$$

于是，$x(n)$ 和 $h(n)$ 的线性卷积等于各 $x_i(n)$ 和 $h(n)$ 的线性卷积之和，即

$$y(n)=x(n)*h(n)=\sum_{i=0}^{\infty}x_i(n)*h(n)=\sum_{i=0}^{\infty}y_i(n)$$

其中 $y_i(n)=x_i(n)*h(n)$。由于 $x_i(n)$ 的长度为 L，而 $y_i(n)$ 的长度为 $L+M-1$，相邻两段 $y_i(n)$ 序列必然有 $M-1$ 个点发生重叠。将这些重叠部分叠加起来才能构成最后的输出序列，这就是“重叠相加法”名称的由来。图 4-17 是重叠相加法的示意图。

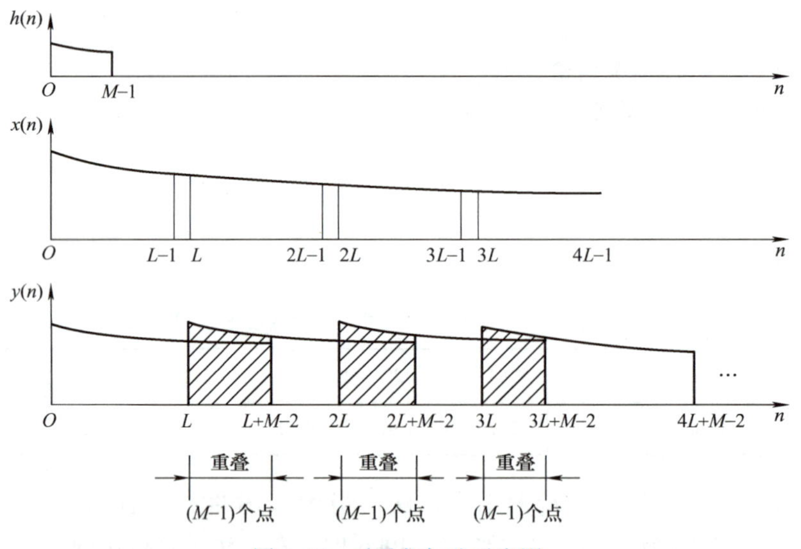

图 4-17 重叠相加法示意图

用 FFT 法实现重叠相加法的步骤如下：

1）计算 $h(n)$ 的 N 点 FFT，即 $H(k)=\mathrm{FFT}[h(n)]$。

2）计算 $x_i(n)$ 的 N 点 FFT，即 $X_i(k)=\mathrm{FFT}[x_i(n)]$。

3）计算 $Y_i(k)=X_i(k)H(k)$。

4）计算 $Y_i(k)$ 的 N 点 IFFT，即 $y_i(n)=\mathrm{IFFT}[Y_i(k)]$。

5）将 $y_i(n)$ 的重叠部分叠加起来，最后输出为 $y(n)=\sum_{i=0}^{\infty}y_i(n)$。

4.7.2 重叠保留法

设 $h(n)$ 为 M 点序列，$x(n)$ 为无限长序列。不同于重叠相加法，重叠保留法将序列 $x(n)$进行重叠分段，设每段长度为 N，相邻两端有 $M-1$ 个点重叠。用 $x_i(n)$ 表示 $x(n)$ 的第 i 段：

$$x_i(n)=\begin{cases}x(n), & iL-M+1\leqslant n\leqslant(i+1)L-1\\ 0, & \text{其他}\end{cases}\quad i=0,1,2,\cdots$$

其中，$L=N-M+1$，且在 $x_0(n)$ 前补 $M-1$ 个零值点。$x_i(n)$ 和 $h(n)$ 的线性卷积$y_i(n)$为

$$y_i(n)=x_i(n)*h(n)=\sum_{m=iL-M+1}^{(i+1)L-1}x_i(m)h(n-m)$$

$y_i(n)$ 非零值范围为 $iL-M+1$ 到 $iL+N-1$，在 iL 到$(i+1)$ $L-1$ 范围，$y_i(n)$ 对应于 $x(n)$ 和 $h(n)$ 的线性卷积。用 FFT 法计算 $x_i(n)$ 和 $h(n)$ 的 N 点圆周卷积，有

$$y_i'(n)=x_i(n)\text{Ⓝ}h(n)$$

由于 $y_i'(n)$ 的长度为 N，而 $x_i(n)$ 和 $h(n)$ 的线性卷积 $y_i(n)$ 的长度为 $N+M-1$，因此必然产生混叠，其中第 M 个到第 N 个 $y_i'(n)$ 能够代表线性卷积 $y_i(n)$，并且正好对应于 $y(n)$在 iL 到$(i+1)$ $L-1$ 范围的取值。因此，只要计算出各分段序列 $x_i(n)$ 与 $h(n)$ 的圆周卷积 $y_i'(n)$，去掉前 $M-1$ 个序列值，保留后 $N-M+1$ 个序列值，再将其拼接起来就得到 $x(n)$ 和 $h(n)$ 的线性卷积 $y(n)$。

4.8 FFT 及其应用的 MATLAB 实现

在 MATLAB 信号处理工具箱中，提供了函数 chirp 和 czt，分别用于产生线性调频信号和求 CZT（Chirp-z 变换）。函数用法如下：

$$y=\text{chirp}(t,f_0,t_1,f_1)$$

其中，f_0 是在 $t=0$ 时刻的起始频率；f_1 是在 $t=t_1$ 时刻的终止频率。

$$y=\text{czt}(x,M,W,A)$$

其中，x 是待变换的时域信号即输入序列 $x(n)$，其长度为 N；M 是所取 CZT 变换的长度；W 为变换的步长即相邻两频点的比，是一个复数，$W=W_0\text{e}^{-\text{j}\phi_0}$；$A$ 为变换的起点即起始频点，也是一个复数。

若 $M=N$，$A=1$，$W=\text{e}^{-\text{j}2\pi/N}$，则 CZT 变为 DFT。

例 4-1　用函数 chirp 产生线性调频信号，并画出波形。

解： MATLAB 程序如下：

```
t=0:0.001:2; % 2 secs @ 1kHz sample rate
y=chirp(t,0,1,150); % Start @ DC, cross 150Hz at t=1s
plot(t,y);axis([0 0.5 -1 1]);
```

运行结果如图 4-18 所示。

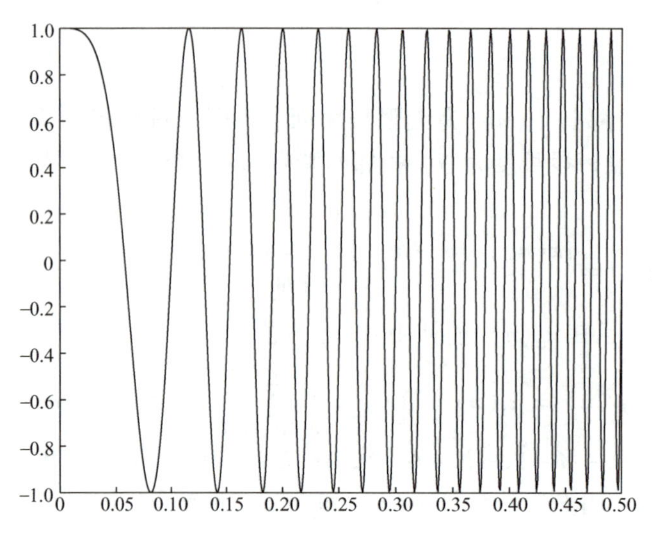

图 4-18　用函数 chirp 产生的线性调频信号的波形

例 4-2　设 $x(t)=\sin(2\pi f_1 t)+\sin(2\pi f_2 t)+\sin(2\pi f_3 t)$，其中 $f_1=78\text{Hz}$，$f_2=82\text{Hz}$，$f_3=100\text{Hz}$，抽样频率是 500Hz，$N=128$。试分析该信号的频谱。

解：f_1 和 f_2 相隔比较近，直接计算 FFT 得到的频谱不易分辨，而在 [70 ~ (70 + M × 0.4)] Hz 这一段频率范围内计算 CZT 求出的频谱分点较细，三个频率的谱线都可分辨出来。MATLAB 程序如下：

```
% 构造三个不同频率的正弦信号的叠加
N=128;f1=78;f2=82;f3=100;fs=500;
stepf=fs/N;n=0:N-1;
t=n/fs;n1=0:stepf:fs/2-stepf;
x=sin(2*pi*f1*t)+sin(2*pi*f2*t)+sin(2*pi*f3*t);
M=N;
W=exp(-j*2*pi/M);
% A=1 时的 CZT 变换
A=1;
Y1=czt(x,M,W,A);
subplot(311);plot(n1,abs(Y1(1:N/2)));grid on;
% FFT
Y2=abs(fft(x));
subplot(312);plot(n1,abs(Y2(1:N/2)));grid on;
% 详细构造 A 后的 czt
M=85;f0=70;DELf=0.4;
A=exp(j*2*pi*f0/fs);
W=exp(-j*2*pi*DELf/fs);
Y3=czt(x,M,W,A);
n2=f0:DELf:f0+(M-1)*DELf;
subplot(313);plot(n2,abs(Y3));grid on;
```

用 CZT 和 FFT 分析信号的频谱如图 4-19 所示，第一幅图是用 CZT 计算的 DFT，第二幅图是用 FFT 直接计算的 DFT，所以两幅图是一样的。图中 f_1 和 f_2 相隔较近，不易分辨出来。第三幅图是在[70 ~ (70 + M ×0.4)]Hz 这一段频率范围内计算 CZT，可分辨出来 3 个频率的谱线。

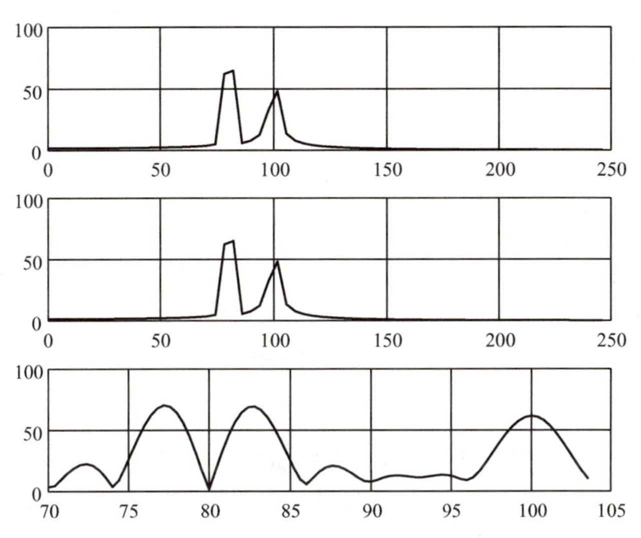

图 4-19　用 CZT 和 FFT 分析信号的频谱比较

例 4-3　假设某线性时不变系统的系统函数为

$$H(z)=\frac{(z-z_1)(z-z_2)}{(z-p_1)(z-p_2)}$$

其中，z_1、z_2 为系统零点，p_1、p_2 为系统极点。若抽样频率为 1000Hz，试分别采用 DFT 和 CZT 分析系统的零、极点特性。

解： 假设系统的零、极点分别在频率为 80Hz 和 300Hz 处的单位圆内，离单位圆较远，如图 4-20 所示。首先采用 DFT 进行分析，MATLAB 程序如下：

```
fs =1000;N =600;M =600;
fz1 =80;z1 =0.68* exp(-j* 2* pi* fz1/fs);z2 =z1';z =[z1;z2];
fp1 =300;p1 =0.6* exp(-j* 2* pi* fp1/fs);p2 =p1';p =[p1;p2];
figure;zplane(z,p);
[b,a] =zp2tf(z,p,1);
hn =impz(b,a,M); % 求系统的单位抽样响应
[H,w] =freqz(b,a,N,'whole');
magH =abs(H);
Hmax =max(magH);
figure;plot(w(1:N/2)* fs/2/pi,20* log10(magH(1:N/2)/Hmax));title('DFT');
grid;
xlabel('频率/Hz');ylabel('幅度/dB');
```

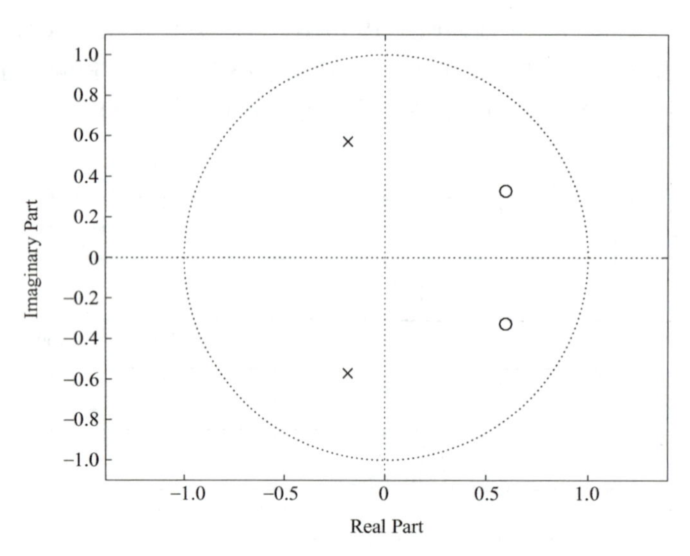

图 4-20 系统的零、极点图

采用 DFT 分析的结果如图 4-21 所示。可以看出，由于系统的零、极点离单位圆较远，沿单位圆抽样进行 DFT 分析，零、极点处的频率在幅频响应曲线中表现不明显。

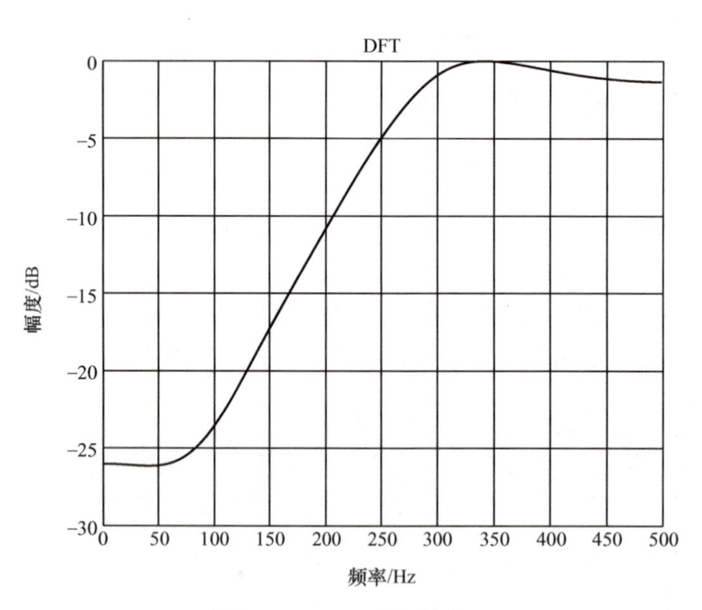

图 4-21 DFT 分析结果

下面采用 CZT 进行分析，其抽样螺旋路径如图 4-22 所示，MATLAB 程序如下：

```
f2 =400;f1 =60;
W =1.0* exp(-j* 2* pi* (f2 -f1)/((M -1)* fs));
A =0.69* exp(j* 2* pi* f1/fs); % 抽样螺旋半径为 0.69
yz =czt(hn,M,W,A); % 求 CZT
zk1 =A* W.^(-(0:M -1)');
```

```
figure;zplane([],zk1);
magyz=abs(yz);
yzmax=max(magyz);
wz=(0:M-1)* (f2-f1)/(M-1)+f1;
figure;plot(wz,20* log10(magyz/yzmax));title('CZT');grid;
xlabel('频率/Hz');ylabel('幅度/dB');
```

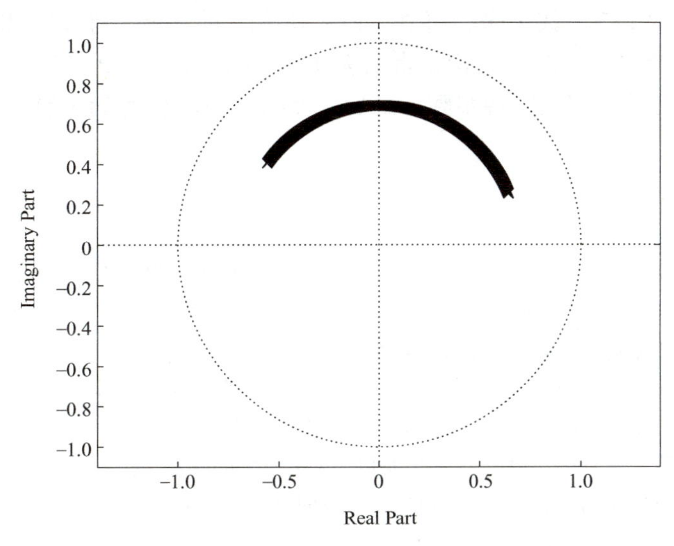

图 4-22　CZT 抽样螺旋路径

采用 CZT 分析的结果如图 4-23 所示。可以看出，由于 CZT 抽样路径很接近零、极点，因此，零、极点处的频率在幅频响应曲线中表现非常明显。

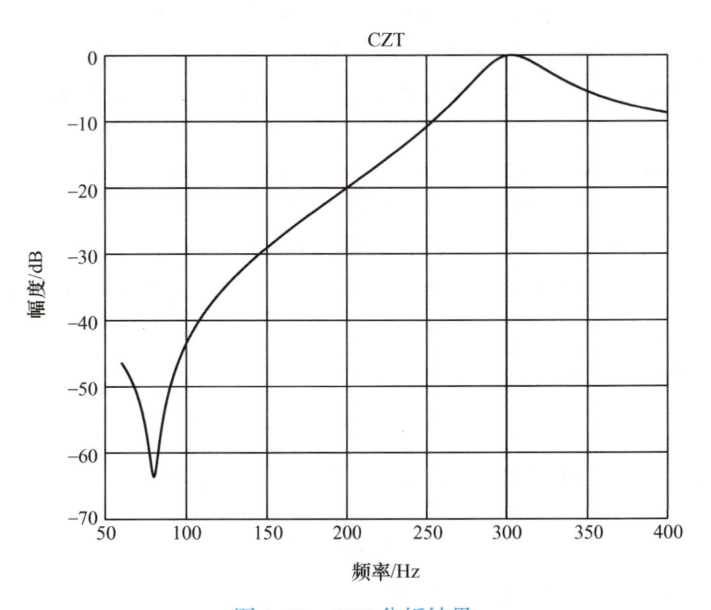

图 4-23　CZT 分析结果

本章小结

FFT 并不是一种新的变换，而是 DFT 的一种快速算法。FFT 在数字信号处理技术的发展历史上具有里程碑式的意义，有力地推动了数字信号处理技术的发展。首先，分析了直接计算 DFT 的运算量，并讨论了减少运算量的途径。重点讨论了 DIT 基 2-FFT 和 DIF 基 2-FFT 算法的基本原理和特点，两者分别将输入序列和输出序列按奇偶进行抽选，从而将长序列的 DFT 分解为短序列的 DFT。接下来，将基 2-FFT 算法的原理推广到 IFFT 和高基 FFT 的情况。对于序列长度为复合数的情况，讨论了混合基 FFT 算法的原理及实现步骤。然后，讨论了线性调频 z 变换算法的原理及实现步骤。最后，介绍了如何利用 FFT 算法来计算线性卷积。

习　题

4-1　如果通用计算机的速度为平均每次复数乘需要 5μs，每次复数加需要 1μs，用来计算 $N=1024$ 点 DFT，问直接计算需要多少时间？用 FFT 计算又需要多少时间？照这样计算，用 FFT 进行快速卷积对信号进行处理时，估计可实现实时处理的信号最高频率。

4-2　对一个连续时间信号 $x_a(t)$ 抽样 1s 得到一个 4096 个抽样点的序列。

（1）若抽样后没有发生频谱混叠，$x_a(t)$ 的最高频率是多少？

（2）若计算抽样信号的 4096 点 DFT，DFT 系数之间的频率间隔是多少？

（3）假设仅仅对 $200\text{Hz}\leqslant f\leqslant 300\text{Hz}$ 频率范围所对应的 DFT 抽样点感兴趣，若直接用 DFT，要计算这些值需要多少次复乘？若用 DIT-FFT 又需要多少次？

（4）为了使 FFT 算法比直接计算 DFT 效率更高，需要多少个频率抽样点？

4-3　一个长度为 $N=8192$ 的复序列 $x(n)$ 与一个长度为 $L=512$ 的复序列 $h(n)$ 卷积。

（1）求直接进行卷积所需（复）乘法次数；

（2）若用 1024 点按时间抽选基 2-FFT 重叠相加法计算卷积，重复问题（1）。

4-4　设计一个频率抽选的 8 点 FFT 流图，输入是倒位序，而输出是自然顺序。

4-5　已知 $X(k)$ 和 $Y(k)$ 是两个 N 点实序列 $x(n)$ 和 $y(n)$ 的 DFT，若要从 $X(k)$ 和 $Y(k)$ 求 $x(n)$ 和 $y(n)$，为提高运算效率，试设计用一次 N 点 IFFT 来完成。

4-6　设 $x(n)$ 是长度为 $2N$ 的有限长实序列，$X(k)$ 为 $x(n)$ 的 $2N$ 点 DFT。

（1）试设计用一次 N 点 FFT 完成计算 $X(k)$ 的高效算法；

（2）若已知 $X(k)$，试设计用一次 N 点 IFFT 实现求 $X(k)$ 的 $2N$ 点 IDFT 运算。

4-7　若已知有限长序列 $x(n)=\{\underset{\uparrow}{2},-1,1,1\}$，画出其按时间抽选的基 2-FFT 流图，并按 FFT 运算流程计算 $X(k)$ 的值。

4-8　证明 $x(n)$ 的 IDFT 有以下算法：

$$x(n)=\text{IDFT}[X(k)]=\frac{1}{N}\{\text{DFT}[X^*(k)]\}^*$$

4-9　设 $x(n)$ 是一个 M 点的有限长序列，$0\leqslant n\leqslant M-1$，其 z 变换为

$$X(z)=\sum_{n=0}^{M-1}x(n)z^{-n}$$

今欲求 $X(z)$ 在单位圆上 N 个等间隔点的抽样值 $X(z_k)$，$z_k=\mathrm{e}^{\mathrm{j}2\pi k/N}$，$k=0, 1, \cdots, N-1$，问在 $N\leqslant M$ 和 $N>M$ 两种情况下，应如何用一个 N 点 FFT 算出全部 $X(z_k)$ 值？

4-10　若 $h(n)$ 是按窗函数法设计的 FIR 滤波器的 M 点单位抽样响应，现希望检验设计效果，要观察滤波器的频响 $H(e^{j\omega})$。一般可以采用观察 $H(e^{j\omega})$ 的 N 个抽样点值来代替观察 $H(e^{j\omega})$ 的连续曲线。如果 N 足够大，$H(e^{j\omega})$ 的细节就可以清楚地表现出来。设 N 是 2 的整数次方，且 $N>M$，试用 FFT 运算来完成这个工作。

4-11　若 $H(k)$ 是按频率抽样法设计的 FIR 滤波器的 M 点单位抽样响应，为检验设计效果，需要观察更密的 N 点频率响应值。若 N、M 都是 2 的整数次方，且 $N>M$，试用 FFT 运算来完成这个工作。

4-12　在下列说法中选择正确的结论。线性调频 z 变换可以用来计算一个有限长序列 $h(n)$ 在 z 平面实轴上诸点 $\{z_k\}$ 的 z 变换 $H(z_k)$，使

（1）$z_k=a^k$，$k=0, 1, \cdots, N-1$，a 为实数，$a\neq0$，$a\neq\pm1$；

（2）$z_k=ak$，$k=0, 1, \cdots, N-1$，a 为实数，$a\neq0$；

（3）线性调频 z 变换不能计算 $H(z)$ 在 z 平面实轴上的抽样值，即（1）和（2）都不行。

4-13　$X(e^{j\omega})$ 表示长度为 10 的有限长序列 $x(n)$ 的傅里叶变换，希望计算 $X(e^{j\omega})$ 在频率 $\omega=(2\pi k^2/100)$，$k=0, 1, \cdots, 9$ 处的 10 个抽样，计算时不能采取先算出比要求数多的抽样然后再丢掉一些的办法。讨论采用下列方法的可能性：

（1）直接利用 10 点快速傅里叶变换算法；

（2）利用线性调频 z 变换算法。

4-14　设信号 $x(t)=\sin(2\pi f_1 t)+\sin(2\pi f_2 t)+\sin(2\pi f_3 t)$，其中，$f_1=78\text{Hz}$，$f_2=82\text{Hz}$，$f_3=100\text{Hz}$，抽样频率为 500Hz，$N=128$。

（1）采用 FFT 分析该信号的频谱，频谱抽样点之间的间隔是多少？

（2）利用 MATLAB 画出信号的 FFT 频谱，会产生什么结果？分析其原因。应如何克服？

4-15　设 $x(t)=\sin(2\pi f_1 t)+\sin(2\pi f_2 t)+\sin(2\pi f_3 t)$，其中，$f_1=10.8\text{Hz}$，$f_2=11.75\text{Hz}$，$f_3=12.55\text{Hz}$，对 $x(t)$ 抽样后得到 $x(n)$，抽样频率为 40Hz，$N=64$。

（1）采用 FFT 分析该信号的频谱，分析三个谱峰的分辨情况；

（2）在 $x(n)$ 后补 $2N$ 个零值点、$5N$ 个零值点，再做 FFT，观察补零的效果；

（3）采用 CZT 分析该信号的频谱，并与前面的结果进行比较，其中，M 取为 60，谱分析起始频率为 8Hz，谱分辨率为 0.12Hz。

第 5 章　数字滤波器的结构

导读

数字信号处理的目的之一，是设计某种设备或建立某种算法分析处理序列，使序列具有某些确定的性质，这种设备或算法结构就是数字滤波器。

网络结构是数字滤波器设计中的一个非常重要内容，也是数字信号处理的重要内容。因为数字滤波器的稳定性、运算速度以及系统的成本和体积等许多重要性能都取决于其网络结构。不同的滤波器网络结构，具有不同的效果，因此需要研究不同的网络结构。

【本章教学目标与要求】

- 理解数字滤波器结构的表示方法。
- 掌握 IIR 滤波器的基本结构。
- 掌握 FIR 滤波器的直接型、级联型、线性相位型、频率抽样型和快速卷积型。

5.1　用信号流图表示网络结构

5.1.1　描述数字滤波器的方法

数字滤波器可以采用下面 4 种方法描述。

1）系统单位抽样响应 $h(n)$（系统的时域特性）。

2）系统频率响应（变换域特性）：

$$H(\mathrm{e}^{\mathrm{j}\omega}) = \sum_{n=-\infty}^{\infty} h(n) \cdot \mathrm{e}^{-\mathrm{j}\omega n},\ Y(\mathrm{e}^{\mathrm{j}\omega}) = X(\mathrm{e}^{\mathrm{j}\omega})H(\mathrm{e}^{\mathrm{j}\omega}) \tag{5-1}$$

3）系统函数 $H(z)$（变换域特性）：

$$H(z) = \sum_{n=-\infty}^{\infty} h(n) \cdot z^{-n} \tag{5-2}$$

4）差分方程（输入输出序列间的关系）：

$$y(n) = \sum_{i=0}^{M} b_i x(n-i) + \sum_{i=1}^{N} a_i y(n-i) \tag{5-3}$$

5.1.2　实现方法

硬件实现：根据描述数字滤波器的数字模型或信号流图，用数字硬件设计成一台专门的设备，构成专用的信号处理机。

软件实现：直接利用通用计算机，将所需要的运算编成程序让计算机执行。

为了用计算机或专用硬件完成对输入信号的处理，必须把式(5-1）或者式(5-3）变换成一种算法，按照这种算法对输入信号进行运算。其实，式(5-3）就是对输入信号的一种直接算法，如果已知输入信号 $x(n)$ 以及 a_i、b_i 和 n 时刻以前的 $y(n-i)$，则可以递推出

$y(n)$值。但给定一个差分方程，不同的算法有多种，例如

$$H(z)=\frac{1}{1-3z^{-1}+2z^{-2}}=\frac{2}{1-2z^{-1}}-\frac{1}{1-z^{-1}}=\frac{1}{1-2z^{-1}}\cdot\frac{1}{1-z^{-1}} \tag{5-4}$$

不同的算法将直接影响系统运算误差、运算速度以及系统的复杂程度和成本等，因此研究实现信号处理的算法是一个很重要的问题，用网络结构表示具体的算法，所以网络结构实际表示的是一种运算结构。在介绍数字系统的基本网络结构之前，先介绍网络结构的表示方法。

5.1.3 用信号流图表示网络结构

观察式(5-3)可知，数字信号处理中有三种基本运算，即单位延迟、乘法和加法。三种基本运算框图及其流图如图 5-1 所示。

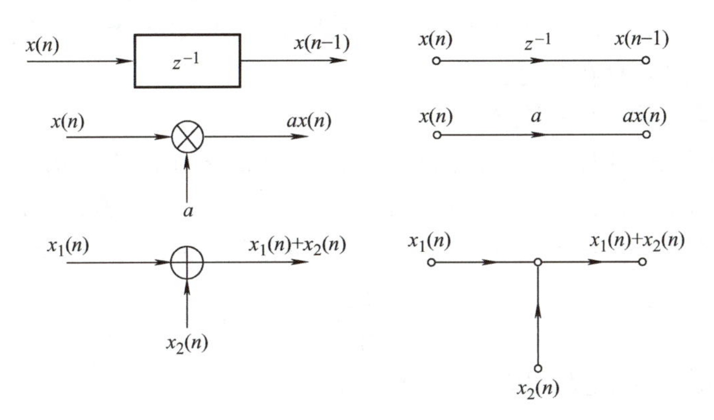

图 5-1　三种基本运算的框图及其流图

例如，二阶数字滤波器为

$$y(n)=a_1y(n-1)+a_2y(n-2)+b_0x(n)$$

其框图及信号流图结构如图 5-2 所示。

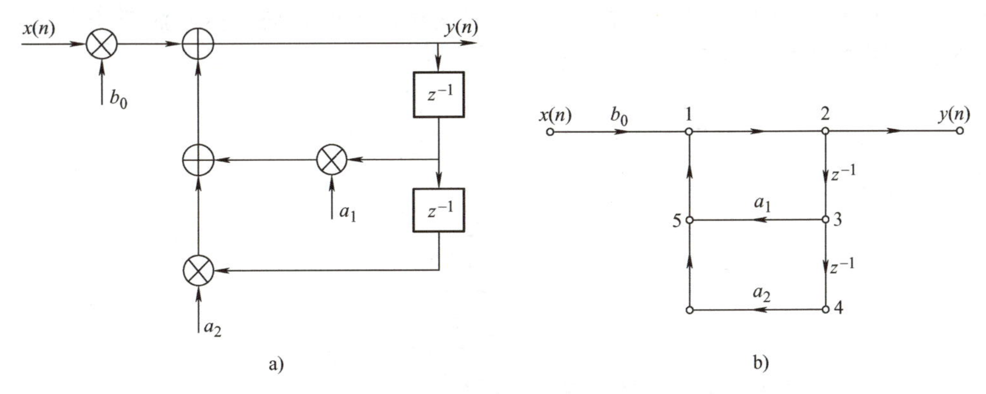

图 5-2　二阶网络框图及信号流图

图 5-2b 中，1、2、3、4、5 为网络节点。$x(n)$ 为输入节点或源节点（没有输入支路），$y(n)$ 为输出节点或阱节点（没有输出支路）。节点之间用有向支路连接，每个节点可以有几条输入支路和几条输出支路，任意节点的节点值等于它所有输入支路的信号和。而输入支

路的信号值等于这一支路起点处节点信号值乘以支路上的传输系数。如果支路上不标传输系数值，则认为其传输系数为 1。节点 2 处的节点值可以用 $\omega_2(n)$ 表示，其他节点类似，则有如下方程组：

$$\begin{cases}\omega_2(n)=y(n)=\omega_1(n)\\ \omega_3(n)=\omega_2(n-1)=y(n-1)\\ \omega_4(n)=\omega_3(n-1)=y(n-2)\\ \omega_5(n)=a_1\omega_3(n)+a_2\omega_4(n)=a_1y(n-1)+a_2y(n-2)\\ \omega_1(n)=b_0x(n)+\omega_5(n)=b_0x(n)+a_1y(n-1)+a_2y(n-2)\end{cases}$$

不同的信号流图代表不同的运算方法，而对于同一个系统函数，可以有许多种信号流图与其对应。从基本运算考虑，满足以下三个条件，称为基本信号流图。

1）信号流图中所有支路都是基本的，即支路增益是常数或者是 z^{-1}。

2）流通环路中必须存在延时支路。

3）节点和支路的数目是有限的。

从该例中可以看出，用信号流图表示系统的运算情况（网络结构）是比较简明的。以下均用信号流图表示网络结构。一般将网络结构分成两类，一类称为 FIR 网络，另一类称为 IIR 网络。FIR 网络中一般不存在输出对输入的反馈支路，因此差分方程为

$$y(n)=\sum_{i=0}^{M}b_ix(n-i) \tag{5-5}$$

其单位抽样响应 $h(n)$ 是有限长的，按照式(5-5)，则

$$h(n)=\begin{cases}b_n,0\leqslant n\leqslant M\\ 0,\text{其他}\end{cases}$$

系统函数为

$$H(z)=\sum_{n=0}^{M}b_nz^{-n} \tag{5-6}$$

另一类 IIR 网络结构存在输出对输入的反馈支路，也就是说，信号流图中存在反馈环路。这类网络的单位抽样响应是无限长的：

$$y(n)=\sum_{i=0}^{M}b_ix(n-i)+\sum_{i=1}^{N}a_iy(n-i)$$

系统函数为

$$H(z)=\frac{\sum_{i=0}^{M}b_iz^{-i}}{1-\sum_{i=1}^{N}a_iz^{-i}} \tag{5-7}$$

例如，一个简单的一阶 IIR 网络的差分方程为

$$y(n)=ay(n-1)+x(n)$$

其单位抽样响应 $h(n)=a^nu(n)$。

综上所述，这两类不同的网络结构各有不同的特点，下面分类叙述其网络结构。

5.2　IIR 滤波器的结构

IIR 滤波器的基本网络结构有直接型、级联型和并联型三种。其中，直接型又可分为直接Ⅰ型和直接Ⅱ型。

5.2.1　直接Ⅰ型

一个 N 阶 IIR 滤波器的系统函数和差分方程分别如式(5-8) 和式(5-9) 所示。

$$H(z) = \frac{\sum_{k=0}^{M} b_k z^{-k}}{1 - \sum_{k=1}^{N} a_k z^{-k}} \tag{5-8}$$

$$y(n) = \sum_{k=0}^{M} b_k x(n-k) + \sum_{k=1}^{N} a_k y(n-k) \tag{5-9}$$

从式(5-9) 所示的差分方程可看出，系统的输出由两部分组成：第一部分 $\sum_{k=0}^{M} b_k x(n-k)$ 是一个对输入 $x(n)$ 的 M 节延时链结构，每节延时抽头后加权相加，构成一个横向结构网络；第二部分 $\sum_{k=1}^{N} a_k y(n-k)$ 是一个对输出 $y(n)$ 的 N 节延时链结构，是由输出到输入的反馈网络。其结构如图 5-3 所示，这种结构称为直接Ⅰ型结构。由图 5-3 可看出，整个网络是由上面所述的两部分网络级联组成的，第一个网络实现零点，第二个网络实现极点，从图中还可以看出，直接Ⅰ型结构需要$(N+M)$ 个延时单元。

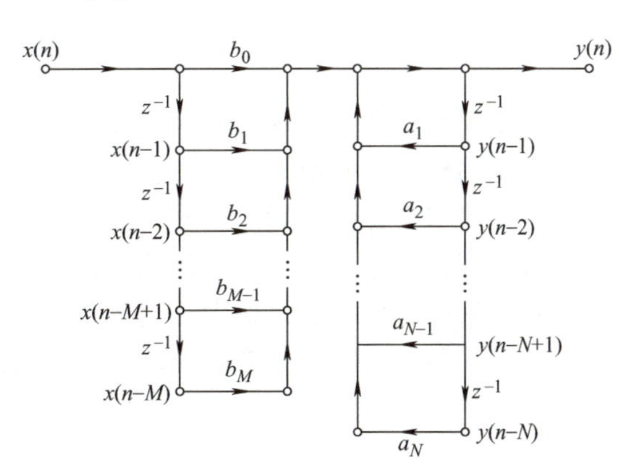

图 5-3　N 阶系统的直接Ⅰ型结构

5.2.2　直接Ⅱ型（典范型）

由图 5-3 可以看出，直接Ⅰ型结构的系统函数 $H(z)$ 也可以看成是两个独立的系统函数的乘积。

第一部分
$$H_1(z) = \sum_{k=0}^{M} b_k z^{-k}$$

第二部分
$$H_2(z) = \frac{1}{1 - \sum_{k=1}^{N} a_k z^{-k}}$$

这两部分级联构成总的系统函数

$$H(z) = H_1(z) H_2(z)$$

对于一个线性时不变系统，若交换其级联子系统的次序，系统函数不变，也就是总的输入输出关系不改变。这样就得到另外一种结构如图 5-4 所示，它的两个级联子网络，第一个实现系统函数的极点，第二个实现系统函数的零点。可以看到，这两个子网络中，有一条延时链完全相同，因而可以将它们合并，于是得到图 5-5 所示结构，称为直接Ⅱ型结构，或称为典范型结构。

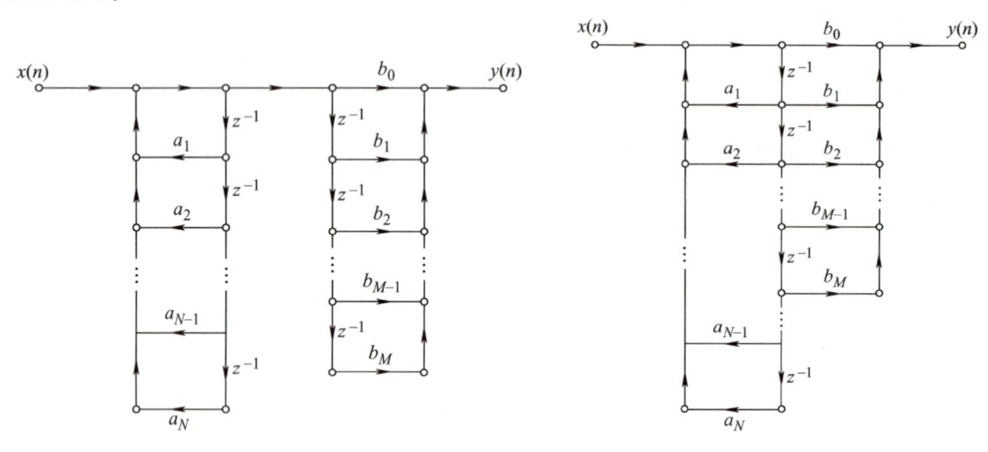

图 5-4　将图 5-3 的零、极点实现顺序互换　　图 5-5　直接Ⅱ型结构

直接Ⅰ型和直接Ⅱ型结构的共同优点是简单直观。比较图 5-3 和图 5-5 可知，直接Ⅱ型比直接Ⅰ型结构的延时单元少，用硬件实现时可以节省移位寄存器，比直接Ⅰ型经济；若用软件实现则可节省存储单元。虽然直接Ⅱ型比直接Ⅰ型结构有上述优点，但不管是直接Ⅰ型还是直接Ⅱ型，都存在一些共同的缺点，那就是对于高阶系统而言，直接型结构零点和极点调整困难；另外在后面的讨论中还会看到，直接型结构还存在极点位置灵敏度大、对系数量化效应敏感等不足。因此，有必要讨论下面的结构。

5.2.3　级联型

把式(5-8) 的系统函数进行因式分解，可表示成

$$H(z)=\frac{\sum_{k=0}^{M}b_k z^{-k}}{1-\sum_{k=1}^{N}a_k z^{-k}}=A\frac{\prod_{k=1}^{M}(1-c_k z^{-1})}{\prod_{k=1}^{N}(1-d_k z^{-1})} \tag{5-10a}$$

式中　A——常数；

c_k 和 d_k——$H(z)$ 的零点和极点。

由于 $H(z)$ 的分子和分母都是实系数多项式，而实系数多项式的根只有实根和共轭复根两种情况。设 e_k、f_k 分别为 $H(z)$ 的实数零点和极点，各有 M_1 和 N_1 个，g_k、g_k^* 和 h_k、h_k^* 为共轭零点和极点，各有 M_2 和 N_2 对，即

$$H(z)=A\frac{\prod_{k=1}^{M_1}(1-e_k z^{-1})}{\prod_{k=1}^{N_1}(1-f_k z^{-1})}\cdot\frac{\prod_{k=1}^{M_2}(1-g_k z^{-1})(1-g_k^* z^{-1})}{\prod_{k=1}^{N_2}(1-h_k z^{-1})(1-h_k^* z^{-1})} \tag{5-10b}$$

将每一对共轭极点（零点）合并起来构成一个实系数的二阶因子，并把实根因子两两合并

成为二阶因子，把剩余单个的实根因子看成是二阶因子中二次项系数为零的特例，于是，$H(z)$可以表示成多个实系数的二阶子系统 $H_k(z)$ 的连乘积形式，如式(5-11) 所示。

$$H(z) = A\prod_k \frac{1+\beta_{1k}z^{-1}+\beta_{2k}z^{-2}}{1-\alpha_{1k}z^{-1}+\alpha_{2k}z^{-2}} = A\prod_k H_k(z) \tag{5-11}$$

级联的节数视具体情况而定，当 $M=N$ 时，共有 $[\frac{N+1}{2}]$ 节（$[\frac{N+1}{2}]$ 表示取整数），如果有奇数个实极点，则有一个系数 $\alpha_{2k}=0$。同样，如果有奇数个实零点，则有一个系数 $\beta_{2k}=0$。称组成系统的每一个子系统为基本节，一阶子系统为基本一阶节，二阶子系统为基本二阶节，如图 5-6 所示。若每一个基本二阶节 $H_k(z)$ 是用典范型结构来实现的，则可以得到系统函数 $H(z)$ 的级联型结构，如图 5-7 所示。级联型结构的特点是只需调整系数 α_{1k}、α_{2k}就能单独调整滤波器第 k 对零点，而便于调整滤波器频率特性。此外，因为在级联型结构中，后面子系统的输出不会返回到前面的子系统，所以其运算误差也比直接型小。

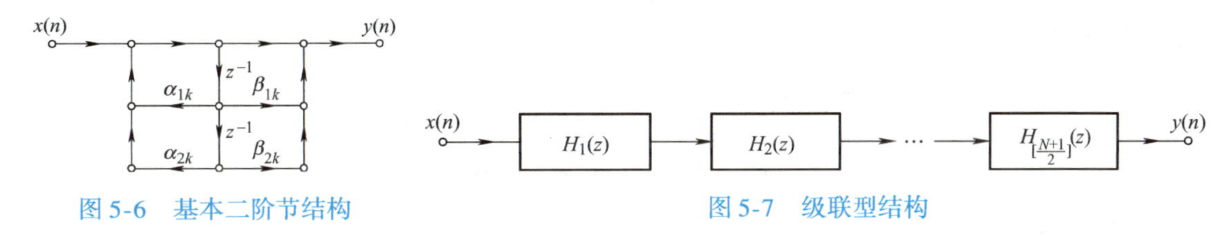

图 5-6　基本二阶节结构　　图 5-7　级联型结构

5.2.4　并联型

将 $H(z)$ 部分分式展开式表示成式(5-12) 所示的形式，可以得到数字滤波器的并联型结构。

$$H(z) = \frac{\sum_{k=0}^{M} b_k z^{-k}}{1-\sum_{k=1}^{N} a_k z^{-k}} = \sum_{k=1}^{N_1}\frac{A_k}{1-f_k z^{-1}} + \sum_{k=1}^{N_2}\frac{B_k(1-q_k z^{-1})}{(1-h_k z^{-1})(1-h_k^* z^{-1})} + \sum_{k=0}^{M-N} G_k z^{-k} \tag{5-12}$$

如果式(5-12) 中的系数 a_k 和 b_k 都是实数，则 A_k、B_k、G_k 也都是实数；如果 $M=N$，则式(5-12)中的 $\sum_{k=0}^{M-N} G_k z^{-k}$ 项，只存在常数 G_0。将实数极点成对地组合，则 $H(z)$ 可写成

$$H(z) = \sum_{k=0}^{M-N} G_k z^{-k} + \sum_{k=1}^{N_3}\frac{r_{0k}+r_{1k}z^{-1}}{1-\alpha_{1k}z^{-1}-\alpha_{2k}z^{-2}} \tag{5-13}$$

式中　$N_3=\left[\frac{N_1+1}{2}\right]+N_2$。$M=N=3$ 时的并联实现如图 5-8 所示。

并联型结构可以单独调整极点位置，但对于零点的调整却不如级联型方便，而且当滤波器的阶数较高时，部分分式展开比较麻烦。由于并联型结构的各基本节间的误差互不影响，没有误差积累，因此并联型结构比直接型和级联型误差更小。

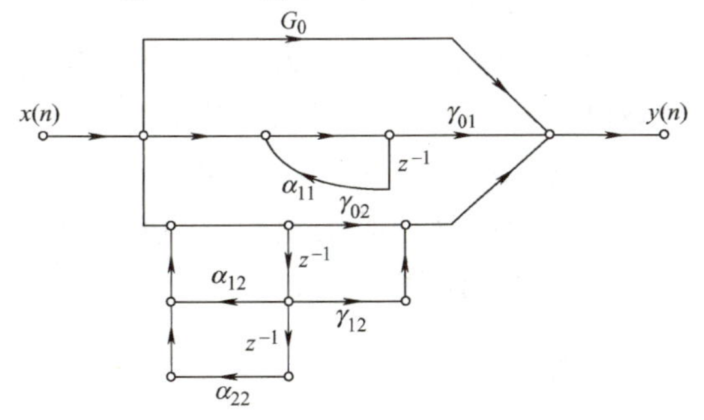

图 5-8　三阶 IIR 滤波器并联型结构

5.3　FIR 滤波器的结构

FIR 系统的系统函数可表示为

$$H(z)=\sum_{n=0}^{N-1}h(n)z^{-n} \tag{5-14}$$

与 IIR 滤波器相对应，FIR 滤波器有以下几个特点：

1）单位抽样响应 $h(n)$ 是有限长的。

2）极点皆位于 $z=0$ 处。

3）结构上不存在输出到输入的反馈，即是非递归型的。

有限长单位抽样响应系统也有很多种实现方式，基本网络结构有直接型、级联型、线性相位型、频率抽样型和快速卷积型五种。

5.3.1　直接型（横截型、卷积型）

式(5-14) 的系统差分方程为

$$y(n)=\sum_{m=0}^{N-1}h(m)x(n-m) \tag{5-15}$$

根据式(5-14) 或式(5-15) 可直接画出如图 5-9 所示的 FIR 滤波器的直接型结构。由于该结构利用输入信号 $x(n)$和滤波器单位抽样响应 $h(n)$ 的线性卷积来描述输出信号 $y(n)$，所以 FIR 滤波器的直接型结构又称为卷积型结构，有时也称为横截型结构。

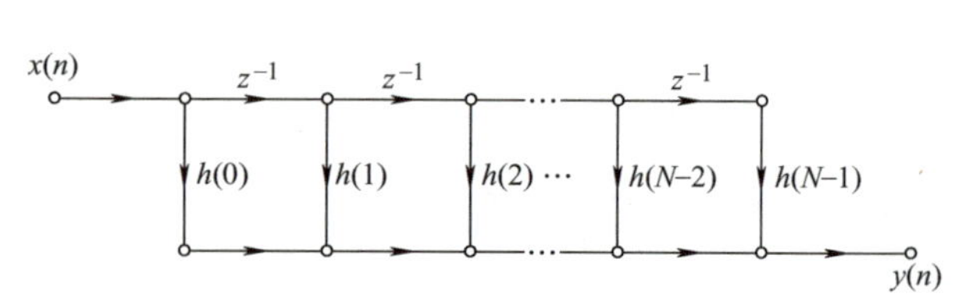

图 5-9　FIR 滤波器的直接型结构

5.3.2　级联型

将系统函数 $H(z)$ 分解成二阶实系数因子的乘积形式，即

$$H(z)=\sum_{n=0}^{N-1}h(n)z^{-n}=\prod_{k=1}^{\left[\frac{N}{2}\right]}(\beta_{0k}+\beta_{1k}z^{-1}+\beta_{2k}z^{-2}) \tag{5-16}$$

式中　$\left[\frac{N}{2}\right]$——$\frac{N}{2}$的整数部分。

若 N 为偶数，则 $N-1$ 为奇数，故系数 β_{2k} 中有一个为零，这是因为这时有奇数个根，其中复数根成共轭对，必为偶数，必然有奇数个实根。图 5-10 画出了 N 为奇数时 FIR 的级联结构。级联结构中的每一基本节控制一对零点，所用的系数乘法次数比直接型多，运算时间比直接型长。

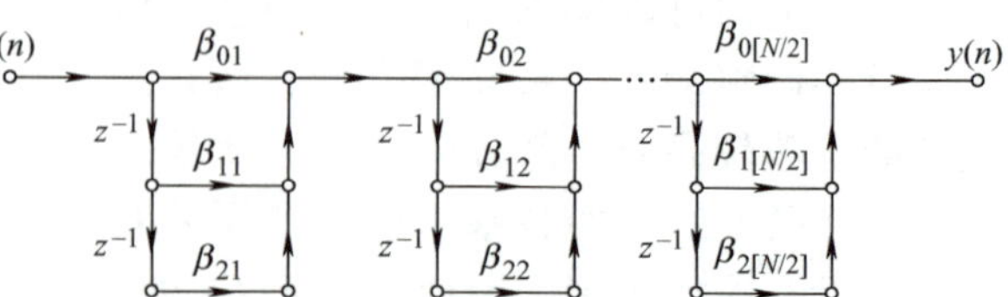

图 5-10　FIR 滤波器的级联型结构(N 为奇数)

5.3.3　线性相位型

FIR 滤波器的一个重要特点是可以

实现严格的线性相位。线性相位 FIR 滤波器的单位脉冲响应 $h(n)$ 满足偶对称条件 $h(n)=h(N-1-n)$ 或奇对称条件 $h(n)=-h(N-1-n)$。下面以 $h(n)$ 为偶对称为例，介绍 FIR 滤波器的线性相位型结构。

当 $h(n)$ 为偶对称，N 为奇数时，有

$$H(z)=h\left(\frac{N-1}{2}\right)z^{-\frac{N-1}{2}}+\sum_{n=0}^{\frac{N-1}{2}-1}h(n)\left[z^{-n}+z^{-(N-1-n)}\right] \tag{5-17}$$

式(5-17) 的结构如图 5-11 所示。显然，当 N 为奇数时，线性相位型结构只需要进行$\frac{N+1}{2}$次乘法，少于横截型的 N 次，计算量减少近一半。

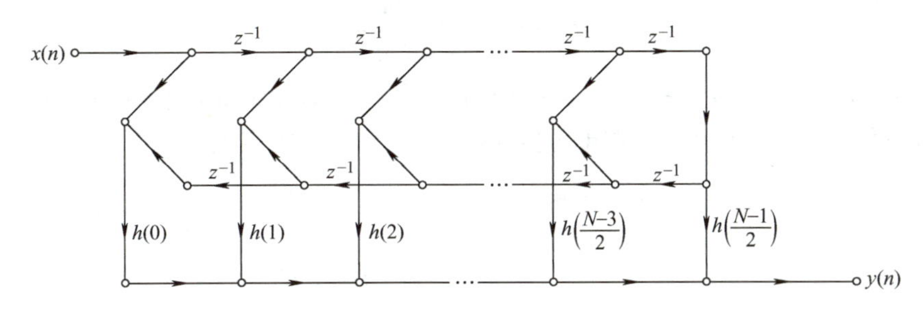

图 5-11　N 为奇数时线性相位 FIR 滤波器结构

当 $h(n)$ 为偶对称，N 为偶数时，有

$$H(z)=\sum_{n=0}^{\frac{N}{2}-1}h(n)\left[z^{-n}+z^{-(N-1-n)}\right] \tag{5-18}$$

式(5-18) 的结构如图 5-12 所示。当 N 为偶数时，线性相位型结构只需要进行$\frac{N}{2}$次乘法，少于横截型的 N 次，计算量减少一半。

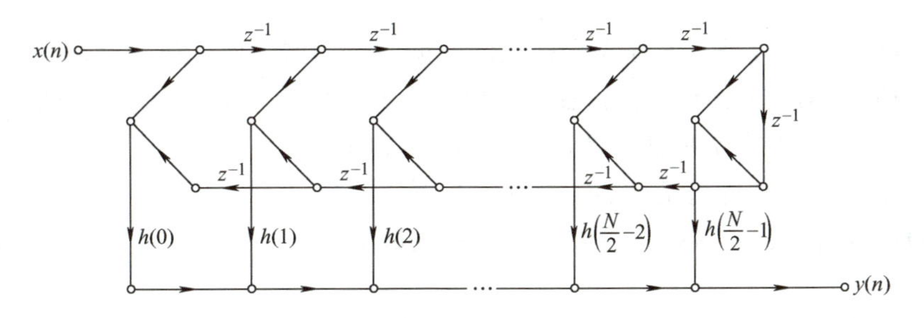

图 5-12　N 为偶数时线性相位 FIR 滤波器结构

5.3.4　频率抽样型

由频率抽样定理可知，对有限长序列 $h(n)$ 的 z 变换 $H(z)$ 在单位圆上做 N 点等间隔抽样，N 个频率抽样值的离散傅里叶反变换所对应的时域信号 $h_N(n)$ 是原序列 $h(n)$ 以抽样点数 N 为周期进行周期延拓的结果。当 N 大于原序列 $h(n)$ 的长度 M 时，$h_N(n)=h(n)$，不会发生信号失真，此时 $H(z)$ 可以用频率抽样序列 $H(k)$ 内插得到，内插公式为

$$H(z) = (1 - z^{-N}) \frac{1}{N} \sum_{k=0}^{N-1} \frac{H(k)}{1 - W_N^{-k} z^{-1}} \tag{5-19}$$

式中

$$H(k) = H(z) \big|_{z = e^{j\frac{2\pi}{N}k}}, \quad k = 0, 1, \cdots, N-1$$

式(5-19) 的 $H(z)$ 可以写成

$$H(z) = \frac{1}{N} H_c(z) \sum_{k=0}^{N-1} H'_k(z) \tag{5-20}$$

式中

$$H_c(z) = 1 - z^{-N}$$

$$H'_k(z) = \frac{H(k)}{1 - W_N^{-k} z^{-1}}$$

显然，$H(z)$ 的第一部分 $H_c(z)$ 是一个由 N 阶延时单元组成的梳状滤波器，其结构和幅度响应函数如图 5-13 所示，它在单位圆上有 N 个等间隔的零点

$$z_i = e^{j\frac{2\pi}{N}i} = W_N^{-i}, \quad i = 0, 1, 2, \cdots, N-1 \tag{5-21}$$

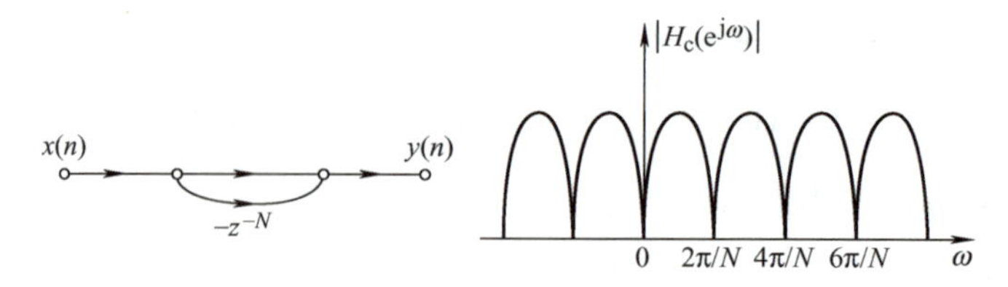

图 5-13 梳状滤波器

第二部分是 N 个一阶网络 $H'_k(z)$ 组成的并联结构，每个一阶网络在单位圆上有一个极点

$$z_k = W_N^{-k} = e^{j\frac{2\pi}{N}k}$$

因此，$H(z)$ 的第二部分是一个有 N 个极点的谐振网络。这些极点正好与第一部分梳状滤波器的 N 个零点相抵消，从而使 $H(z)$ 在这些频率上的响应等于 $H(k)$。把这两部分级联起来就可以构成 FIR 滤波器的频率抽样型结构，如图 5-14 所示。

FIR 滤波器的频率抽样型结构的主要优点如下：

1） 它的系数 $H(k)$ 直接就是滤波器在 $\omega = 2\pi k/N$ 的响应值，因此，可以直接控制滤波器的响应。

2） 只要滤波器的阶数 N 相同，对于任何频率响应形状，其梳状滤波器部分的结构完全相同，N 个一阶网络部分的结构也完全相同，只是各支路的增益 $H(k)$ 不同，因此，频率抽样型结构便于标准化、模块化。

但是该结构也存在一些缺点：

1） 该滤波器所有系数 $H(k)$ 和 W_N^{-k} 一般为复数，复数相乘运算实现起来比较麻烦。

2） 系数稳定是靠位于单位圆上的 N 个零极点对消保证的，如果滤波器的系数稍有误差，极点就可能移到单位圆外，造成零、极点不能完全对消，影响系统的稳定性。

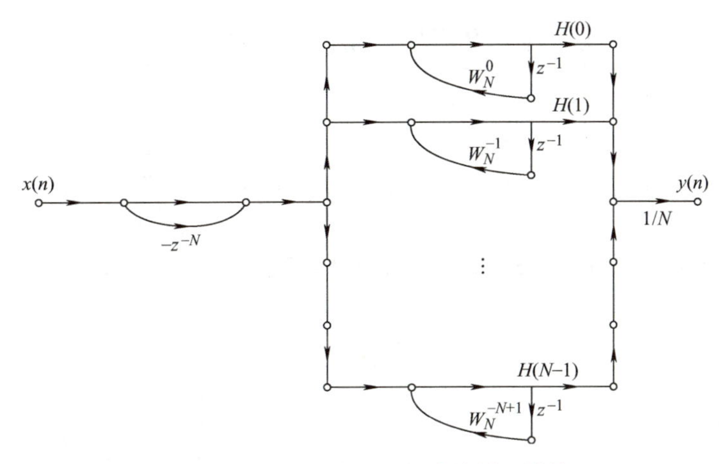

图 5-14　FIR 滤波器的频率抽样型结构

为了克服上述缺点，对频率抽样型结构做以下修正。

单位圆上的所有零、极点向内收缩到半径为 r 的圆上，这里的 r 稍小于 1，这时的系统 $H(z)$ 可表示为

$$H(z) = (1 - r^N z^{-N}) \frac{1}{N} \sum_{k=0}^{N-1} \frac{H_r(k)}{1 - rW_N^{-k} z^{-1}} \tag{5-22}$$

式中　$H_r(k)$ ——在半径为 r 的圆上对 $H(z)$ 的 N 点等间隔抽样之值。

由于 $r \approx 1$，所以可近似取 $H_r(k) = H(k)$。因此

$$H(z) \approx (1 - r^N z^{-N}) \frac{1}{N} \sum_{k=0}^{N-1} \frac{H(k)}{1 - rW_N^{-k} z^{-1}} \tag{5-23}$$

根据 DFT 的共轭对称性，如果 $h(n)$ 是实序列，则其离散傅里叶变换 $H(k)$ 关于 $N/2$ 点共轭对称，即

$$H(k) = H^*(N-k), \begin{cases} k=1,2,\cdots,\dfrac{N-1}{2}, & N \text{ 为奇数} \\ k=1,2,\cdots,\dfrac{N}{2}-1, & N \text{ 为偶数} \end{cases} \tag{5-24}$$

又因为 $(W_N^{-k})^* = W_N^{-(N-k)}$，为了得到实系数，将 $H_k(z)$ 和 $H_{N-k}(z)$ 合并为一个二阶网络，记为

$$\begin{aligned} H_k(z) &\approx \frac{H(k)}{1 - rW_N^{-k} z^{-1}} + \frac{H(N-k)}{1 - rW_N^{-(N-k)} z^{-1}} = \frac{H(k)}{1 - rW_N^{-k} z^{-1}} + \frac{H^*(k)}{1 - r(W_N^{-k})^* z^{-1}} \\ &= \frac{a_{0k} + a_{1k} z^{-1}}{1 - 2r\cos\left(\dfrac{2\pi}{N}k\right) z^{-1} + r^2 z^{-2}}, \begin{cases} k=1,2,\cdots,\dfrac{N-1}{2}, & N \text{ 为奇数} \\ k=1,2,\cdots,\dfrac{N}{2}-1, & N \text{ 为偶数} \end{cases} \end{aligned} \tag{5-25}$$

式中　$a_{0k} = 2\mathrm{Re}[H(k)]$，$a_{1k} = -2\mathrm{Re}[rH(k)W_N^k]$。

该网络是一个谐振频率为 $\omega_k = 2\pi k/N$，有限 Q 值（品质因数）的谐振器，其结构如图 5-15所示。

除共轭复根外，$H(z)$ 还有实根。当 N 为偶数时，有一对实根，除二阶网络外，尚有两个对应的一阶网络，即

$$H_0(z)=\frac{H(0)}{1-rz^{-1}},\quad H_{N/2}(z)=\frac{H(N/2)}{1+rz^{-1}}$$

这时的 $H(z)$ 可表示为

$$H(z)=(1-r^Nz^{-N})\frac{1}{N}\left[H_0(z)+H_{\frac{N}{2}}(z)+\sum_{k=1}^{\frac{N}{2}-1}H_k(z)\right] \tag{5-26}$$

其结构如图5-16所示。图中 $H_k(z)$ 的结构如图5-15所示，$k=1,\ 2,\ \cdots,\ \frac{N}{2}-1$。

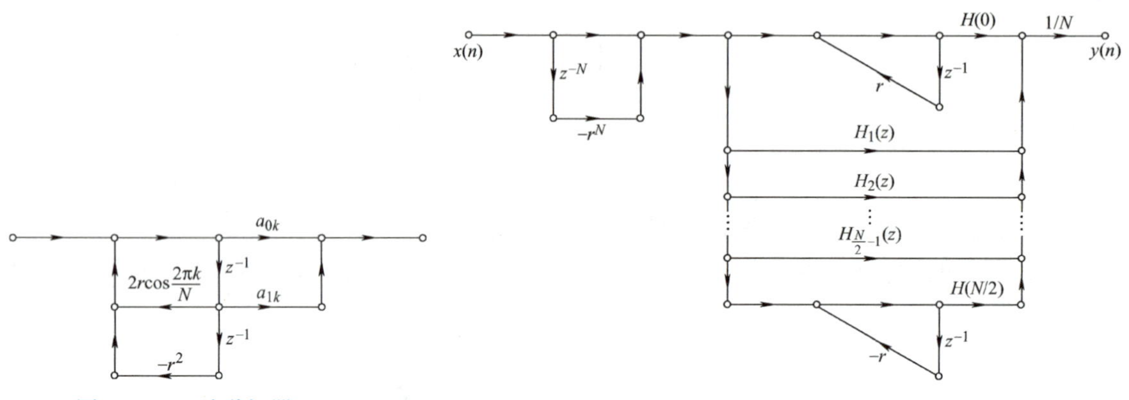

图5-15　二阶谐振器 $H_k(z)$

图5-16　频率抽样修正结构

当 N 为奇数时，只有一个实根 $z=r$，对应于一个一阶网络 $H_0(z)$。这时的 $H(z)$ 为

$$H(z)=(1-r^Nz^{-N})\frac{1}{N}\left[H_0(z)+\sum_{k=1}^{(N-1)/2}H_k(z)\right] \tag{5-27}$$

显然，N 等于奇数时的频率抽样修正结构由一个一阶网络结构和 $(N-1)/2$ 个二阶网络结构组成。

一般来说，当抽样点数 N 较大时，频率抽样结构比较复杂，所需的乘法器和延时器比较多。但在以下两种情况下，使用频率抽样结构比较经济。

1）对于窄带滤波器，其多数抽样值 $H(k)$ 为零，谐振器柜中只剩下几个所需要的谐振器。这时采用频率抽样结构比直接型结构所用的乘法器少，当然存储器还是要比直接型用得多些。

2）在需要同时使用很多并列的滤波器的情况下，这些并列的滤波器可以采用频率抽样结构，并且可以共用梳状滤波器的谐振柜，只要将各谐振器的输出适当加权组合就能组成各个并列的滤波器。

总之，在抽样点数 N 较大时，采用图5-16所示的频率抽样结构比较经济。

5.3.5　快速卷积型

根据圆周卷积和线性卷积的关系可知，只要将两个有限长序列补上一定的零值点，就可以用圆周卷积来代替两个序列的线性卷积。由于时域的圆周卷积等效到频域内为离散傅里叶变换的乘积，如果

$$x(n)=\begin{cases}x(n), & 0\leqslant n\leqslant N_1-1\\ 0, & N_1\leqslant n\leqslant L-1\end{cases}$$

$$h(n)=\begin{cases}h(n), & 0\leqslant n\leqslant N_2-1\\0, & N_2\leqslant n\leqslant L-1\end{cases}$$

将输入 $x(n)$ 补上 $L-N_1$ 个零值点，将有限长单位抽样响应 $h(n)$ 补上 $L-N_2$ 个零值点，只要满足 $L\geqslant N_1+N_2-1$，则 L 点的圆周卷积就能代表线性卷积。利用圆周卷积定理，采用 FFT 实现有限长序列 $x(n)$ 和 $h(n)$ 的线性卷积，则可得到 FIR 滤波器的快速卷积结构，如图 5-17 所示，当 N_1、N_2 很长时，它比直接计算线性卷积要快得多。

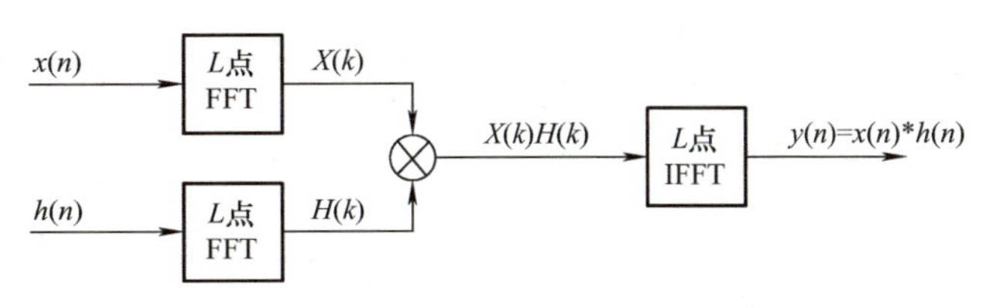

图 5-17　FIR 滤波器的快速卷积结构

5.4　本章涉及的 MATLAB 程序

例 5-1　一个滤波器由下面的差分方程描述，求出它的级联形式结构并画出零极点图。

$$16y(n)+12y(n-1)+2y(n-2)-4y(n-3)-y(n-4)$$
$$=x(n)-3x(n-1)+11x(n-2)-27x(n-3)+18x(n-4)$$

解： 该系统是一个 4 阶 IIR 滤波器，采用两级二阶结构实现。通过调用 tf2sos 实现级联结构系数的计算；通过调用 tf2zp 得出系统的零极点。

程序如下：

```
b= [1 -3 11 -27 18];
a = [16 12 2 4 -4 -1];
[sos,G] = tf2sos(b,a)
[zer,pol] = tf2zp(b,a)
zplane(zer,pol);
```

程序运行结果如图 5-18 所示。根据运行的结果 sos 和 G 的值可以得出滤波器级联结构方程为

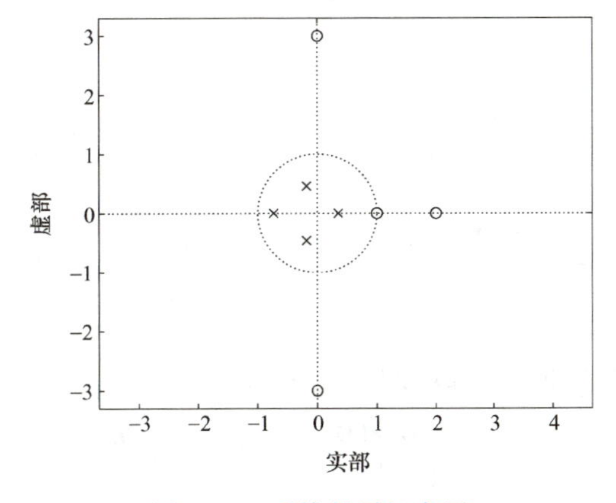

图 5-18　系统的零极点图

$$H(z)=0.0625\cdot\frac{1-3z^{-1}+2z^{-2}}{1-0.25z^{-1}-0.125z^{-2}}\cdot\frac{1+9z^{-2}}{1+z^{-1}+0.5z^{-2}}$$

所得结构图如图 5-19 所示。

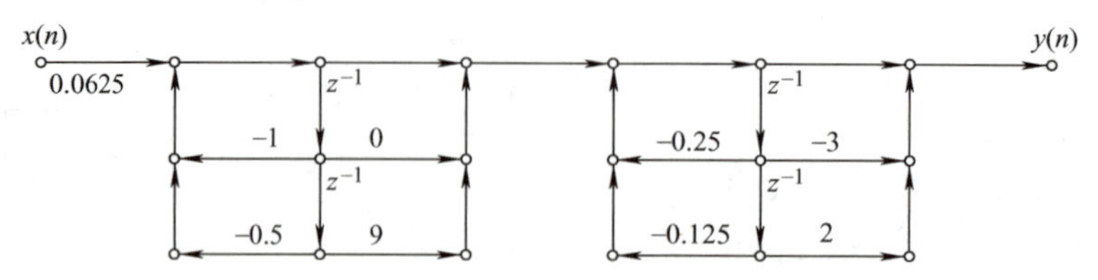

图 5-19　系统的级联结构

例 5-2　已知 FIR 滤波器的单位抽样响应函数 $h(n)=\{1,\ 1/9,\ 2/9,\ 3/9,\ 2/9,\ 1\}$，求系统函数 $H(z)$ 的频率抽样型结构。

解： 该滤波器为五阶系统，通过调用自编函数 tf2fs 完成结构各系数的计算。

程序如下：

```
h=[1,2,3,2,1]/9;
[C,B,A]=tf2fs(h)
function[C,B,A]=tf2fs(h)
% C=各并联部分增益的行向量
% B=按行排列的分子系数矩阵
% A=按行排列的分母系数矩阵
% h(n)=直接型 FIR 系统的系数,不包括 h(0)
N=length(h);H=fft(h);
magH=abs(H);phaH=angle(H);
if(N==-2* floor(N/2))
    L=N/2-1;A1=[1,-1,0;1,1,0];
    C1=[real(H(1)),real(H(L+2))];
else
    L=(N-1)/2;A1=[1,-1,0];
    C1=[real(H(1))];
end
k=[1:L];
B=zeros(L,2);A=ones(L,3);
A(1:L,2)=-2* cos(2* pi* k/N);A=[A;A1];
B(1:L,1)=cos(phaH(2:L+1));
B(1:L,2)=-cos(phaH(2:L+1)-(2* pi* k/N));
C=[2* magH(2:L+1),C1]';
```

由运行结果可得，系统的频率抽样型结构为

$$H(z)=\frac{1-z^{-5}}{5}\left(0.5818\frac{-0.809+0.809z^{-1}}{1-1.618z^{-1}+z^{-2}}+0.0849\frac{0.309-0.309z^{-1}}{1+1.618z^{-1}+z^{-2}}+\frac{1}{1-z^{-1}}\right)$$

系统结构图如图 5-20 所示。

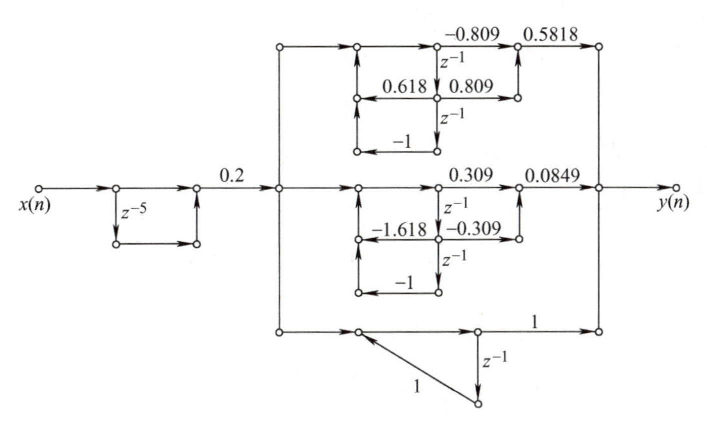

图 5-20　系统的频率抽样型结构

例 5-3　已知某系统的系统函数 $H(z)=1+16.0625z^{-4}+z^{-8}$，求系统函数的级联结构。

解：采用 tf2sos 函数实现级联结构的计算。

程序如下：

```
b = [1 0 0 0 16.0625 0 0 0 1];
[tsos,g] = tf2sos(b,1)
```

根据运行结果，得级联型结构的系统函数为

$$H(z)=(1-2.8284z^{-1}+4z^{-2})(1+2.8284z^{-1}+4z^{-2})\cdot$$
$$(1-0.707z^{-1}+0.25z^{-2})(1+0.707z^{-1}+0.25z^{-2})$$

系统函数的级联结构如图 5-21 所示。

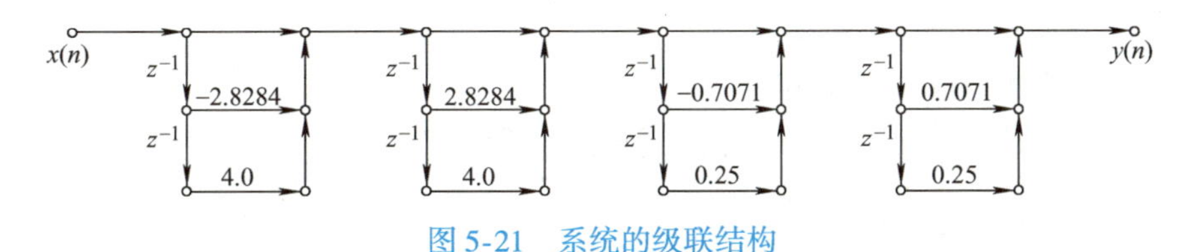

图 5-21　系统的级联结构

本章小结

本章主要介绍了数字滤波器结构的表示方法；介绍了 IIR 基本网络结构，包括 IIR 滤波器的直接型、级联型和并联型结构；介绍了 FIR 基本网络结构，包括 FIR 滤波器的直接型、级联型、线性相位型、频率抽样型和快速卷积型结构。

习　　题

5-1　设系统用下面差分方程描述：

$$y(n)-\frac{3}{4}y(n-1)+\frac{1}{8}y(n-2)=x(n)+\frac{1}{3}x(n-1)$$

试分别画出系统直接Ⅰ型、直接Ⅱ型、级联型和并联型结构。

5-2　设数字滤波器的差分方程为

$$y(n)=x(n)+x(n-1)+\frac{1}{3}y(n-1)+\frac{1}{4}y(n-2)$$

试分别画出系统直接Ⅰ型、直接Ⅱ型、级联型和并联型结构。

5-3　设系统的系统函数为

$$H(z)=\frac{(1+3z^{-1})(1+1.414z^{-1}+z^{-2})}{(1-0.5z^{-1})(1+0.9z^{-1}+0.81z^{-2})}$$

试画出可能的级联型结构。

5-4　试分别用级联型和并联型结构实现系统函数

$$H(z)=\frac{3-3.5z^{-1}+2.5z^{-2}}{(1-z^{-1}+z^{-2})(1-0.5z^{-1})}$$

5-5　求图5-22中各结构的差分方程和系统函数。

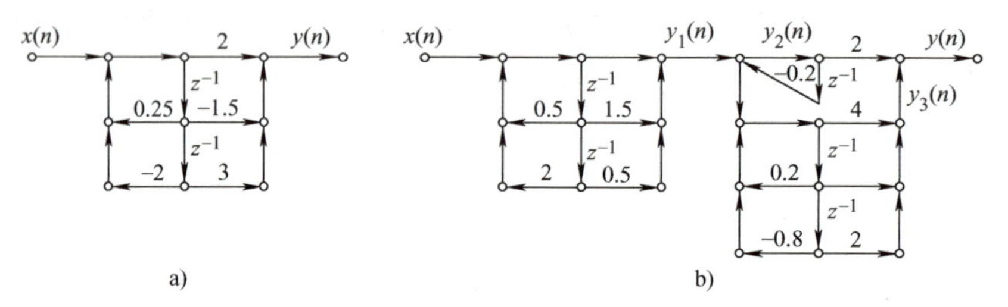

图5-22　题5-5图

5-6　已知FIR滤波器的单位抽样响应为

$$h(n)=\delta(n)+0.3\delta(n-1)+0.72\delta(n-2)+0.11\delta(n-3)+0.12\delta(n-4)$$

试画出其级联型结构。

5-7　令$H_1(z)=1-0.6z^{-1}-1.414z^{-2}+0.864z^{-3}$，$H_2(z)=1-0.98z^{-1}-0.9z^{-2}+0.898z^{-3}$，$H_3(z)=H_1(z)/H_2(z)$，试分别画出其直接型结构。

5-8　频率抽样结构实现以下系统函数：

$$H(z)=\frac{5-2z^{-3}-3z^{-6}}{1-z^{-1}}$$

抽样点数$N=6$，修正半径$r=0.9$。

5-9　已知FIR滤波器的单位抽样响应为

$$h(n)=\delta(n)-\delta(n-1)+\delta(n-4)$$

设抽样点数$N=5$。

（1）画出其频率抽样型结构；

（2）设修正半径$r=0.9$，画出其修正后的频率抽样型结构。

5-10　设滤波器的差分方程为

$$h(n)=x(n)+x(n-1)+\frac{1}{3}y(n-1)+\frac{1}{4}y(n-2)$$

（1）试用直接Ⅰ型、典范型及一阶节的级联型、一阶节的并联型实现此差分方程；

（2）求系统的频率响应（幅度及相位）；

（3）设抽样频率为10kHz，输入正弦幅度为5，频率为1kHz，试求稳态输出。

第6章　无限长冲激响应数字滤波器设计

导读

数字滤波器是数字信号处理的重要基础。在对信号的过滤、检测与参数的估计等处理中，数字滤波器是使用最广泛的线性系统。本章内容包括：

数字滤波器设计概述，包括滤波器的分类、数字滤波器的性能要求等。

IIR数字滤波器设计的一般方法及原型，包括IIR数字滤波器设计的一般方法、巴特沃斯低通滤波器、切比雪夫低通滤波器的特点等。

冲激响应不变法，包括冲激响应不变法的变换原理、混叠失真、模拟滤波器到数字滤波器的冲激响应不变法转换等。

双线性变换法，包括双线性变换的基本概念、变换常数的选择、模拟滤波器双线性变换法数字化设计等。

数字高通、带通及带阻滤波器的设计等。

【本章教学目标与要求】

- 理解数字滤波器的基本概念。
- 了解巴特沃斯（Butterworth）低通滤波器、切比雪夫（Chebyshev）低通滤波器的特点。
- 掌握冲激响应不变法和双线性变换法。
- 掌握利用模拟滤波器设计IIR数字滤波器的设计过程。
- 了解利用频带变换法设计各种类型数字滤波器的方法。

6.1　数字滤波器设计概述

滤波器在实际信号处理中起到了非常重要的作用，由于特性的不同，IIR滤波器和FIR滤波器的设计方法是不同的。

IIR滤波器设计方法有间接法和直接法，间接法是借助于模拟滤波器的设计方法进行的，其步骤是先设计过渡模拟滤波器，得到模拟的系统函数，然后采用模/数（A/D）转换器转换成数字滤波器。模拟滤波器的设计方法，目前已经非常成熟，有完整的设计公式、完善的图表和图线供查阅和参考，另外，还有一些典型的优良滤波器类型可供我们使用。直接法直接在频域或者时域中设计数字滤波器，由于要解联立方程，设计时需要计算机辅助。

FIR滤波器不能采用间接法，常用的设计方法有窗函数法、频率抽样法和切比雪夫等波纹逼近法。对于有线性相位要求的滤波器，经常采用FIR滤波器。在第7章中可以证明，FIR滤波器的单位抽样响应满足一定条件时，其相位特性在整个频带是严格线性的，这是模拟滤波器无法达到的。当然，也可以采用IIR滤波器，但必须使用全通网络对其非线性相位特性进行校正，这样增加了设计与实现的复杂性。

本章介绍IIR滤波器的设计。主要内容包括：模拟低通滤波器原型设计，冲激响应不变法和双线性变换法的数字化变换方法，数字高通、带通和带阻滤波器的设计。

6.1.1 滤波器的分类

数字滤波器是通过一定的算法改变输入信号所含频率成分的相对比例，或者剔除某些频率成分或噪声的功能模块。如果信号中有用的频率成分和希望滤除的频率成分占据不同的频带，可以采用经典的选频滤波器，通过设置合理的通带区间达到滤波的目的；如果信号成分和噪声在频带上有所重叠，则需要用到基于现代信号处理理论的滤波器，如维纳滤波器或卡尔曼滤波器。

经典滤波器按选频功能划分可分为低通、高通、带通、带阻四种滤波器，这些滤波器的幅频响应如图 6-1 所示。

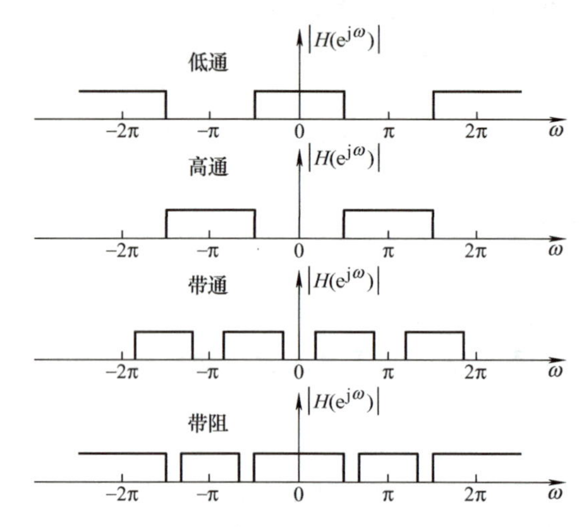

图 6-1 理想低通、高通、带通、带阻滤波器的幅频响应

经典滤波器设计从实现方法上分为 IIR 滤波器和 FIR 滤波器。IIR 滤波器是一个线性时不变离散时间系统，如果滤波器用单位抽样响应 $h(n)$ 表示，其输入 $x(n)$ 与输出 $y(n)$ 之间的关系可以表示为 $y(n)=x(n)*h(n)$，$h(n)$ 的 z 变换称为系统函数。

IIR 滤波器的系统函数是

$$H(z)=\frac{\sum\limits_{i=0}^{M} b_i z^{-i}}{1-\sum\limits_{i=1}^{N} a_i z^{-i}}$$

FIR 滤波器的系统函数是

$$H(z)=\sum_{n=0}^{N-1} h(n) z^{-n}$$

两种类型的滤波器的差分方程和系统函数不同，性能、特点也不同，设计方法也存在差异。下面针对 IIR 滤波器的设计方法展开讨论。

6.1.2 数字滤波器的性能要求

一个理想滤波器，要求所在通频带内的幅频响应是一常数，如图 6-2a 所示；相频响应为零或是频率的线性函数。但理想滤波器是非因果不稳定的系统，实际上滤波器不可能得到理想的频率响应。以低通滤波器为例，频率响应有通带、过渡带及阻带三个范围，如图 6-2b 所示。

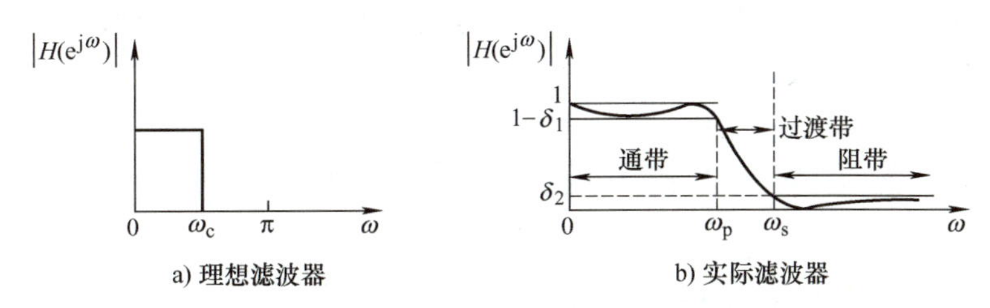

图 6-2　理想滤波器和实际滤波器的幅频响应

一般选频滤波器的技术要求由幅频响应给出，对几种典型滤波器（如巴特沃斯滤波器），其相频响应是确定的，所以设计过程中，对相频响应一般不做要求。本章主要研究针对幅频响应指标的选频滤波器设计。如果对输出波形有严格要求，则需要设计线性相位数字滤波器，这部分内容将在第 7 章的 FIR 滤波器中进行讨论。

常用的数字滤波器一般属于选频滤波器。假设数字滤波器的频率响应函数 $H(e^{j\omega})$ 表示为

$$H(e^{j\omega}) = |H(e^{j\omega})| e^{j\varphi(\omega)} \tag{6-1}$$

式中　$|H(e^{j\omega})|$——幅频响应函数；

$\varphi(\omega)$——相频响应函数。

幅频响应表示信号通过该滤波器后各频率成分振幅衰减情况，而相频响应反映各频率成分通过滤波器后在时间上的延时情况。因此，即使两个滤波器的幅频响应相同，但相频响应不同，对相同的输入，滤波器输出的信号波形也是不一样的。

在工程上，总是采用某种逼近指标来进行滤波器的设计。滤波器的性能要求以频率响应的幅度特性的允许误差来表示。图 6-2b 中定义了这样一些参数，δ_1 为通带波纹，δ_2 为阻带波纹，ω_p 为通带截止频率，ω_s 为阻带截止频率，$\omega_p-\omega_s$ 为过渡带。通带内和阻带内允许的衰减一般用分贝（dB）数表示，通带内允许的最大衰减用 α_p 表示，α_p 定义为

$$\alpha_p = 20\lg \frac{|H(e^{j0})|}{|H(e^{j\omega_p})|} \tag{6-2}$$

阻带内允许的最小衰减用 α_s 表示，α_s 定义为

$$\alpha_s = 20\lg \frac{|H(e^{j0})|}{|H(e^{j\omega_s})|} \tag{6-3}$$

如果将 $|H(e^{j0})|$ 归一化，式(6-2) 和式(6-3) 则表示为

$$\alpha_p = 20\lg \frac{|H(e^{j0})|}{|H(e^{j\omega_p})|} = -20\lg |H(e^{j\omega_p})| \tag{6-4}$$

$$\alpha_s = 20\lg \frac{|H(e^{j0})|}{|H(e^{j\omega_s})|} = -20\lg |H(e^{j\omega_s})| \tag{6-5}$$

α_p、α_s 又满足

$$\alpha_p = -20\lg(1-\delta_1) \tag{6-6}$$

$$\alpha_s = -20\lg\delta_2 \tag{6-7}$$

显然，α_p 越小，通带波纹越小，通带逼近误差就越小；α_s 越大，阻带波纹越小，阻带逼近误差就越小；ω_p 与 ω_s 间距越小，过渡带就越窄。所以低通滤波器的设计指标完全由通带截止频率 ω_p、通带最大衰减 α_p、阻带截止频率 ω_s 和阻带最小衰减 α_s 确定。

幅频响应 $|H(e^{j\omega_c})|=\sqrt{2}/2\approx0.707$ 所对应的频率 ω_c 为 3dB 通带截止频率，ω_c 是滤波器设计中很重要的一个参数。

6.2 IIR 数字滤波器设计的一般方法及原型

6.2.1 IIR 数字滤波器设计的一般方法

IIR 滤波器设计方法有间接法和直接法，间接法是以模拟低通滤波器为基础，有很多现成的数据和图表可以参考，设计方法很成熟。这种方法的主要设计步骤如下：

1）将给定的数字滤波器的性能指标，直接转换为模拟低通滤波器的性能指标。

2）根据指标，充分利用现成的数据和表格，得到满足要求的模拟低通滤波器。

3）分别利用模/数转换和频率变换，得到数字滤波器。

在过程中包含了频率变换和模/数转换，频率变换可以实现由低通到高通、带通、带阻滤波器的变换，模/数转换则可以实现由模拟系统到数字系统的转换，根据两种变换的先后次序，得到两种设计方法，如图 6-3 所示。

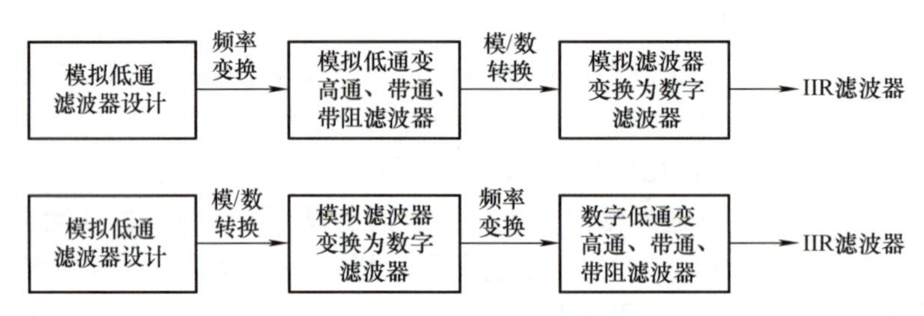

图 6-3 IIR 滤波器的设计流程

从图 6-3 中可以看到，不管是哪种方法，IIR 滤波器设计都是从模拟低通滤波器出发，因此把模拟低通滤波器叫作滤波器原型。实际中的滤波器原型有巴特沃斯低通滤波器、切比雪夫低通滤波器和椭圆滤波器。

6.2.2 巴特沃斯低通滤波器

1. 基本性质

巴特沃斯滤波器以巴特沃斯函数来近似滤波器的系统函数。巴特沃斯滤波器是根据幅频响应在通频带内具有最平坦特性定义的滤波器。所谓最平坦特性，是指滤波器的幅度平方函数在通带和阻带内始终是频率的单调下降函数，如图 6-4 所示。

巴特沃斯低通滤波器的幅度平方函数表示为

$$|H_a(j\Omega)|^2=\frac{1}{1+(\Omega/\Omega_c)^{2N}}\qquad N=1,2,\cdots \tag{6-8}$$

巴特沃斯低通滤波器的主要特征归纳如下：

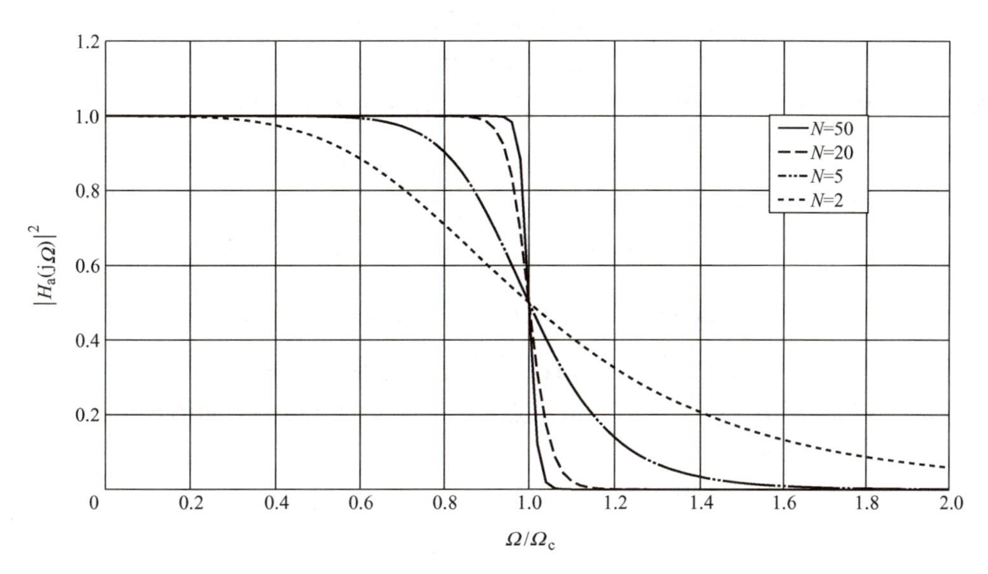

图 6-4　巴特沃斯低通滤波器幅度平方函数

1）对 N 的任意取值，$|H_a(j\Omega)|^2_{\Omega=0}=1$。

2）对 N 的任意取值，$|H_a(j\Omega)|^2_{\Omega=\Omega_c}=\dfrac{1}{2}$，$|H_a(j\Omega)|_{\Omega=\Omega_c}\approx 0.707$，即 Ω_c 为巴特沃斯滤波器的 3dB 截止频率。

3）$|H_a(j\Omega)|^2$ 是关于模拟频率 Ω 的单调下降函数。

4）随着阶次 N 的增大，$|H_a(j\Omega)|^2$ 的特性越来越好，即通带内有更多的幅度接近于 1；在阻带内幅度能更迅速地衰减到零。

2. 系统函数和极点分布

巴特沃斯低通滤波器的系统函数为 $H_a(s)$，则频率响应为

$$H_a(j\Omega)=H_a(s)\big|_{s=j\Omega}$$

$$|H_a(j\Omega)|^2=H_a(j\Omega)H_a^*(j\Omega)=H_a(j\Omega)H_a(-j\Omega)=H_a(s)H_a(-s)\big|_{s=j\Omega}$$

将 $\Omega=\dfrac{s}{j}$ 代入式(6-8) 得到

$$H_a(s)H_a(-s)=\frac{1}{1+\left(\dfrac{s}{j\Omega_c}\right)^{2N}}$$

令上式分母为零，即令 $1+(s/j\Omega_c)^{2N}=0$，从而得到 $H_a(s)H_a(-s)$ 的 $2N$ 个极点 s_k，即

$$s_k=\Omega_c e^{j\left(\frac{1}{2}+\frac{2k-1}{2N}\right)\pi},\ k=1,2,\cdots,2N \tag{6-9}$$

$H_a(s)$ 的极点是 $H_a(s)H_a(-s)$ 在 s 左半平面的极点，即

$$s_k=\Omega_c e^{j\left(\frac{1}{2}+\frac{2k-1}{2N}\right)\pi},\ k=1,2,\cdots,N$$

参见图 6-5（s 左半平面），当 N 为偶数时，极点全为共轭对，即

$$s_k,s_{N+1-k}=s_k^*,\ k=1,2,\cdots,N/2 \tag{6-10}$$

而当 N 为奇数时，则除了有 $(N-1)/2$ 个和上面一样的共轭极点对以外，还有一个实极点，即

$$s_k, s_{N+1-k} = s_k^*,\ k=1,2,\cdots,(N-1)/2$$
$$s_k = -\Omega_c, k=(N+1)/2 \tag{6-11}$$

例如，当 $N=3$ 时，代入式(6-9)，得到三阶系统的 6 个极点如下：

$$s_1 = \Omega_c e^{j\frac{2}{3}\pi},\ s_2 = -\Omega_c,\ s_3 = \Omega_c e^{j\frac{4}{3}\pi},$$
$$s_4 = \Omega_c e^{j\frac{5}{3}\pi},\ s_5 = \Omega_c,\ s_6 = \Omega_c e^{j\frac{1}{3}\pi}$$

当 $N=4$ 时，根据式(6-9)，可以计算出四阶系统的所有 8 个极点如下：

$$s_1 = \Omega_c e^{j\frac{5}{8}\pi},\ s_2 = \Omega_c e^{j\frac{7}{8}\pi},\ s_3 = \Omega_c e^{j\frac{9}{8}\pi},\ s_4 = \Omega_c e^{j\frac{11}{8}\pi},$$
$$s_5 = \Omega_c e^{j\frac{13}{8}\pi},\ s_6 = \Omega_c e^{j\frac{15}{8}\pi},\ s_7 = \Omega_c e^{j\frac{1}{8}\pi},\ s_8 = \Omega_c e^{j\frac{3}{8}\pi}$$

当 $N=3$，$N=4$ 时 $H_a(s)H_a(-s)$ 的极点在 s 平面上的分布情况如图 6-5 所示。

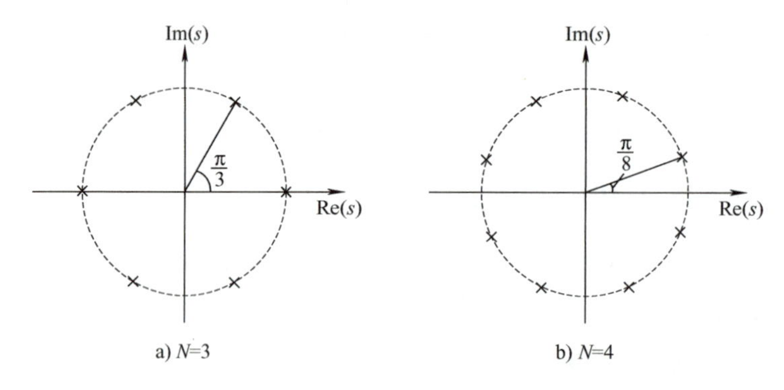

图 6-5 当 $N=3$ 和 $N=4$ 时 $H_a(s)H_a(-s)$ 的极点分布

幅度平方函数的极点分布特点是：无论 N 为奇数还是偶数，极点均匀分布在 s 平面中以 Ω_c 为半径、以原点为中心的圆周上，以原点为中心成对出现，$2N$ 个极点的角度间隔为 π/N，极点关于 $j\Omega$ 轴对称，不会落在虚轴上。

考虑系统的稳定性，将左半平面的极点分配给 $H_a(s)$。

以 $N=3$ 为例，系统函数是以左半平面的极点组成，它们分别为

$$s_{p3} = \Omega_c e^{j\frac{2}{3}\pi},\ s_{p4} = -\Omega_c,\ s_{p5} = \Omega_c e^{-j\frac{2}{3}\pi}$$

构成的系统函数为

$$H_a(s) = \frac{\Omega_c^3}{(s-s_{p3})(s-s_{p4})(s-s_{p5})}$$

在以后的设计和分析时，经常把归一化巴特沃斯低通滤波器作为原型滤波器，一旦归一化低通滤波器的系统函数确定后，其他巴特沃斯低通、高通、带通、带阻滤波器的系统函数都可以通过变换法从归一化低通原型的系统函数 $H_a(p)$ 得到。归一化低通原型滤波器是指截止频率 Ω_c 已经归一化成 $\Omega_c'=1$ 的低通滤波器。

当 $N=3$ 时，令 $\Omega_c=1$，得归一化的三阶巴特沃斯滤波器的系统函数为

$$H_a(p) = \frac{1}{p^3+2p^2+2p+1} = \frac{1}{B(p)}$$

对于截止频率为某个 Ω_c 的低通滤波器，可以令 s/Ω_c 代替归一化原型滤波器系统函数中

的 p，即 $p=s/\Omega_c$，则可以得到还原。

$$H_a(s)=\frac{1}{\left(\frac{s}{\Omega_c}\right)^3+2\left(\frac{s}{\Omega_c}\right)^2+2\left(\frac{s}{\Omega_c}\right)+1}$$

归一化的巴特沃斯低通滤波器参数见表 6-1、表 6-2，只要知道阶数，就可以通过查表得到归一化滤波器的分母多项式表示、极点位置及分母因式表示。

表 6-1　巴特沃斯归一化低通滤波器参数（一）

阶次 N \ 分母多项式	$B(p)=p^N+b_{N-1}p^{N-1}+b_{N-2}p^{N-2}+\cdots+b_1p+b_0$								
	b_0	b_1	b_2	b_3	b_4	b_5	b_6	b_7	b_8
1	1.0000								
2	1.0000	1.4142							
3	1.0000	2.0000	2.0000						
4	1.0000	2.6131	3.4142	2.6131					
5	1.0000	3.2361	5.2361	5.2364	3.2361				
6	1.0000	3.8637	7.4641	9.1416	7.4641	3.8637			
7	1.0000	4.4940	10.097	14.591	14.591	10.097	4.4940		
8	1.0000	5.1258	13.137	21.864	25.668	21.864	13.137	5.1258	
9	1.0000	5.7588	16.581	31.163	41.986	41.986	31.163	16.581	5.7588

表 6-2　巴特沃斯归一化低通滤波器参数（二）

阶次 N \ 分母因式	$B(p)=B_1(p)B_2(p)B_3(p)B_4(p)B_5(p)$
1	$p+1$
2	$p^2+1.414p+1$
3	$(p^2+p+1)(p+1)$
4	$(p^2+0.7654p+1)(p^2+1.8478p+1)$
5	$(p^2+0.6180p+1)(p^2+1.6180p+1)(p+1)$
6	$(p^2+0.5176p+1)(p^2+1.4142p+1)(p^2+1.9319p+1)$
7	$(p^2+0.4450p+1)(p^2+1.2470p+1)(p^2+1.3019p+1)(p+1)$
8	$(p^2+0.3902p+1)(p^2+1.1111p+1)(p^2+1.6629p+1)(p^2+1.9619p+1)$
9	$(p^2+0.3472p+1)(p^2+p+1)(p^2+1.5321p+1)(p^2+1.8794p+1)(p+1)$

3. 巴特沃斯滤波器的设计过程

根据实际工程设计巴特沃斯滤波器需要给定指标：通带截止频率 Ω_p、通带最大衰减 α_p、阻带截止频率 Ω_s 和阻带最小衰减 α_s。上面这些技术指标关系为 $\alpha_p\geqslant-20\lg|H_a(\mathrm{j}\Omega)|$，$\Omega\leqslant\Omega_p$；$\alpha_s\leqslant-20\lg|H_a(\mathrm{j}\Omega)|$，$\Omega\geqslant\Omega_s$，其中 α_p 和 α_s 可以分别表示为

$$\alpha_p = -10\lg\frac{1}{1+\left(\frac{\Omega_p}{\Omega_c}\right)^{2N}} = 10\lg\left[1+\left(\frac{\Omega_p}{\Omega_c}\right)^{2N}\right] \tag{6-12}$$

$$\alpha_s = -10\lg\frac{1}{1+\left(\frac{\Omega_s}{\Omega_c}\right)^{2N}} = 10\lg\left[1+\left(\frac{\Omega_s}{\Omega_c}\right)^{2N}\right] \tag{6-13}$$

化简后得到 $(\Omega_p/\Omega_c)^{2N}=10^{0.1\alpha_p}-1$，$(\Omega_s/\Omega_c)^{2N}=10^{0.1\alpha_s}-1$，两式相比消去 Ω_c 后得到 $(\Omega_p/\Omega_s)^{2N}=(10^{0.1\alpha_p}-1)/(10^{0.1\alpha_s}-1)$，由此得到

$$N\geqslant\frac{\lg\left(\frac{10^{0.1\alpha_p}-1}{10^{0.1\alpha_s}-1}\right)}{2\lg(\Omega_p/\Omega_s)} \tag{6-14}$$

令 $\lambda_{sp}=\Omega_s/\Omega_p$，$k_{sp}=\sqrt{(10^{0.1\alpha_s}-1)\ /\ (10^{0.1\alpha_p}-1)}$，则 N 可表示为

$$N\geqslant\frac{\lg k_{sp}}{\lg\lambda_{sp}} \tag{6-15}$$

取满足上式的最小整数 N 作为滤波器的阶数。将 N 代入可得截止频率

$$\Omega_c\geqslant\frac{\Omega_p}{(10^{0.1\alpha_p}-1)^{\frac{1}{2N}}}$$

或

$$\Omega_c\leqslant\frac{\Omega_s}{(10^{0.1\alpha_s}-1)^{\frac{1}{2N}}} \tag{6-16}$$

查表6-1或表6-2求得归一化系统函数 $H_a(p)$，去归一化令 s/Ω_c 代替归一化原型滤波器系统函数中的 p，即 $p=s/\Omega_c$ 代入 $H_a(p)$，即得到实际滤波器的系统函数。

例6-1　设计一巴特沃斯低通滤波器，使其满足以下指标：通带边频 $\Omega_p=0.2\pi\text{rad/s}$，通带的最大衰减为 $\alpha_p=1\text{dB}$，阻带边频为 $\Omega_s=0.3\pi\text{rad/s}$，阻带的最小衰减为 $\alpha_s=15\text{dB}$。

解： 滤波器技术指标为 $\Omega_p=0.2\pi\text{rad/s}$，$\alpha_p=1\text{dB}$，$\Omega_s=0.3\pi\text{rad/s}$，$\alpha_s=15\text{dB}$。首先确定阶次 N，代入式(6-14)得

$$N\geqslant\frac{\lg[(10^{0.1\alpha_p}-1)/(10^{0.1\alpha_s}-1)]}{2\lg(\Omega_p/\Omega_s)}=5.8858$$

取 $N=6$。查表6-2得六阶巴特沃斯多项式，得归一化系统函数表达式为

$$H_a(p)=\frac{1}{(p^2+0.5176p+1)(p^2+1.4142p+1)(p^2+1.9319p+1)}$$

由式(6-16)得

$$\Omega_c=\frac{0.2\pi}{(10^{0.1\times1}-1)^{\frac{1}{12}}}=0.7032$$

用 $p=s/\Omega_c$ 替换归一化式中的 p，构成巴特沃斯低通滤波器系统函数 $H_a(s)$ 为

$$H_a(s)=\frac{0.12093}{(s^2+0.3640s+0.4945)(s^2+0.9945s+0.4945)(s^2+1.3585s+0.4945)}$$

6.2.3　切比雪夫低通滤波器

巴特沃斯滤波器的频率特性曲线，无论在通带还是阻带都是频率的单调减函数。因此，

当通带和阻带边界处满足指标要求时，通带和阻带内肯定会有较大富余量。更有效的设计方法应该是将逼近精确度均匀地分布在整个通带内，或者均匀分布在整个阻带内，或者同时均匀分布在两者之内。这样，在满足相同指标的情况下，可以使滤波器阶数大大降低。这一点可通过选择具有等波纹特性的逼近函数来达到。

图 6-6 是巴特沃斯和切比雪夫滤波器的幅度平方函数的曲线，从图中可见，切比雪夫滤波器的幅频响应就具有这种等波纹特性。它有两种形式：幅频响应在通带内是等波纹的、在阻带内是单调下降的切比雪夫Ⅰ型滤波器；幅频响应在通带内是单调下降、在阻带内是等波纹的切比雪夫Ⅱ型滤波器。采用何种形式的切比雪夫滤波器取决于实际用途。

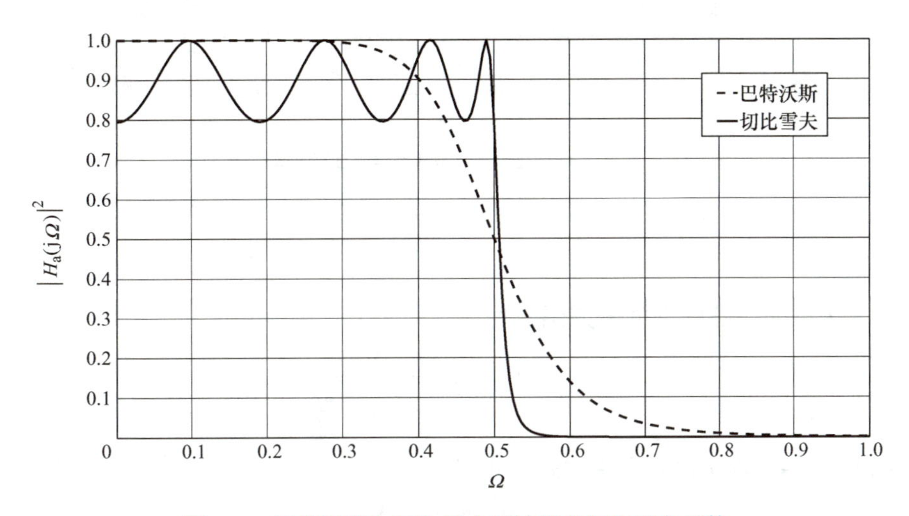

图 6-6　巴特沃斯和切比雪夫滤波器的幅度平方函数

图 6-7a、b 分别画出不同阶数的切比雪夫Ⅰ型和Ⅱ型滤波器幅度平方函数。

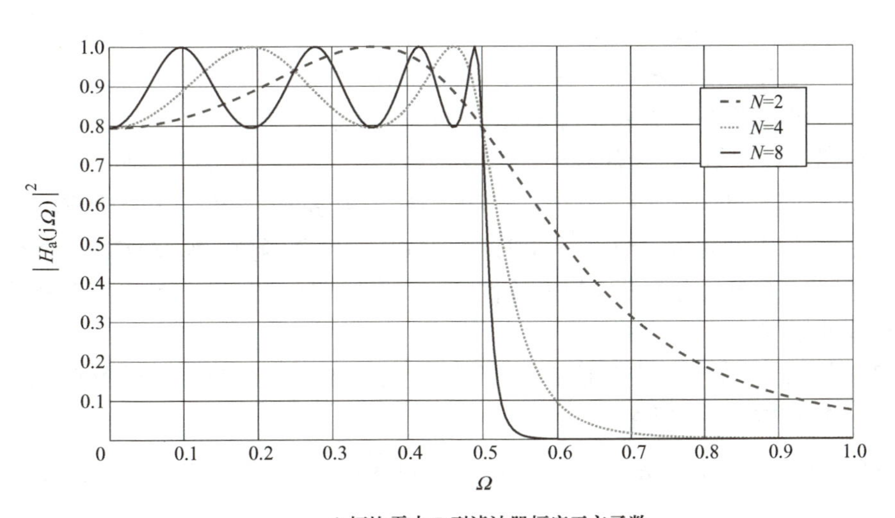

a) 切比雪夫Ⅰ型滤波器幅度平方函数

图 6-7　切比雪夫Ⅰ型和Ⅱ型滤波器幅度平方函数

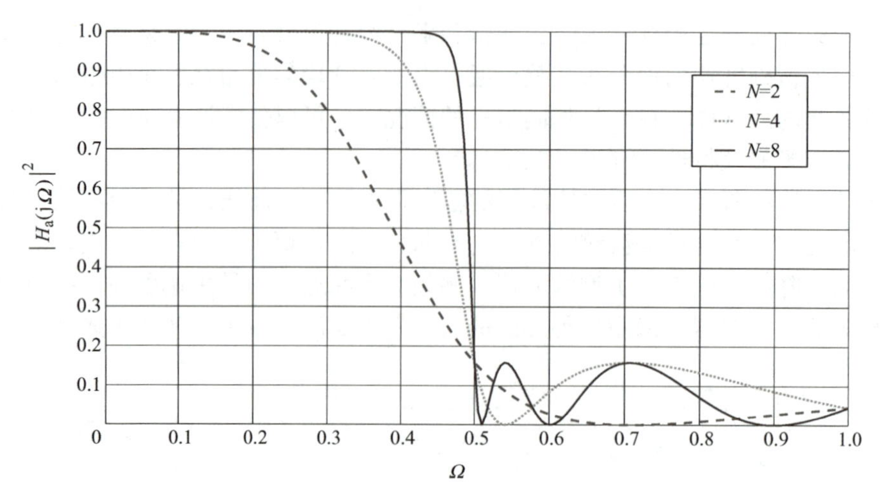

b) 切比雪夫Ⅱ型滤波器幅度平方函数

图 6-7　切比雪夫Ⅰ型和Ⅱ型滤波器幅度平方函数（续）

1. 基本性质

切比雪夫Ⅰ型滤波器的幅度平方函数为

$$|H_a(j\Omega)|^2=\frac{1}{1+\varepsilon^2 C_N^2\left(\frac{\Omega}{\Omega_c}\right)} \tag{6-17}$$

式中　$C_N(x)$ ——N 阶切比雪夫多项式，定义为

$$C_N(x)=\begin{cases}\cos(N\arccos x), & |x|\leqslant 1\\ \mathrm{ch}(N\mathrm{arch}x), & |x|>1\end{cases}$$

当 $N=0$ 时，$C_0(x)=1$；

当 $N=1$ 时，$C_1(x)=x$；

当 $N=2$ 时，$C_2(x)=2x^2-1=2xC_1(x)-C_0(x)$；

由以上归纳出迭代公式为 $C_N(x)=2xC_{N-1}(x)-C_{N-2}(x)$。

当 N 为偶数时，$C_N(x)$ 为偶函数；当 N 为奇数时，$C_N(x)$ 为奇函数。

图 6-8 画出了不同阶数（$N=0\sim5$）下的切比雪夫多项式特性。由图可知，切比雪夫多项式的零点在 $|x|\leqslant1$ 间隔内，当 $|x|\leqslant1$ 时，$C_N(x)$ 是余弦函数，所以 $|C_N(x)|<1$，且多项式 $C_N(x)$ 在 $|x|\leqslant1$ 内具有等波纹幅度特性；当 $|x|>1$ 时，$C_N(x)$ 是双曲余弦函数，它随 x 增大而单调地增加。

图 6-7a 是切比雪夫Ⅰ型滤波器在不同阶数下的幅度平方函数。对照图 6-7a，切比雪夫Ⅰ型滤波器的幅频响应有如下特点：

1）当 $0<\Omega<\Omega_c$ 时，$|H_a(j\Omega)|$ 在 $1\sim1/\sqrt{1+\varepsilon^2}$ 之间等幅波动，ε 越大，波动幅度越大。

2）当 $\Omega=0$ 时，若 N 为奇数，则 $|H_a(j\Omega)|_{\Omega=0}=1$；若 N 为偶数，则 $|H_a(j\Omega)|_{\Omega=0}=1/\sqrt{1+\varepsilon^2}$。

3）当 $\Omega=\Omega_c$ 时，对所有的 N 值，$|H_a(j\Omega)|$ 都取同样的值 $1/\sqrt{1+\varepsilon^2}$。

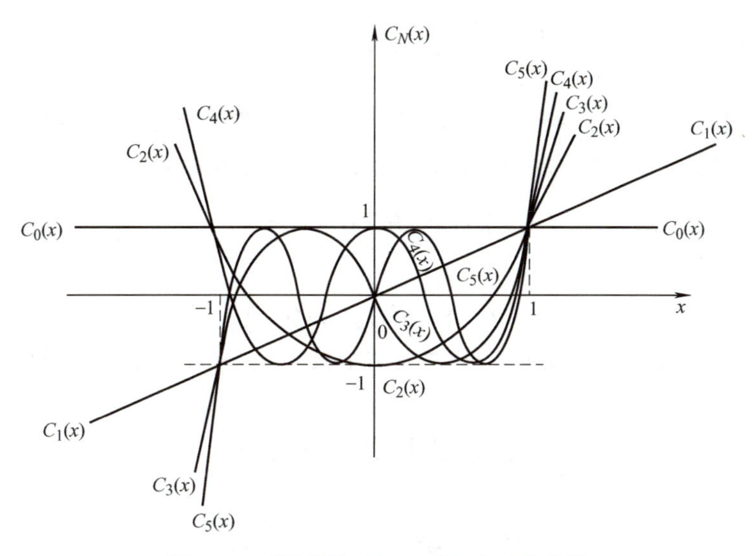

图 6-8　不同阶数下切比雪夫多项式曲线

4）当 $\Omega>\Omega_c$ 时，曲线单调下降，N 越大，曲线衰减越快。

幅度平方函数的表达式[式(6-17)] 中包含了切比雪夫滤波器的三个参数：ε、Ω_c 和 N。Ω_c 是通带截止频率，一般是预先给定的。ε 是与通带波纹 α_p 有关的一个参数，且

$$\alpha_p=20\lg\frac{|H_a(j\Omega)|_{max}}{|H_a(j\Omega)|_{min}}$$

其中，$|H_a(j\Omega)|_{max}=1$；$|H_a(j\Omega)|_{min}=1/\sqrt{1+\varepsilon^2}$。代入后得到

$$\alpha_p=10\lg(1+\varepsilon^2)$$

求解出

$$\varepsilon^2=10^{0.1\alpha_p}-1 \tag{6-18}$$

因此只要知道通带波纹 α_p，就能够计算得到 ε。切比雪夫Ⅰ型滤波器在通带区间是等波纹振荡的特性，Ω_c 是滤波器的通带截止频率，所以滤波器在 Ω_c 下的通带波纹不一定是 3dB，也可以是其他值。

滤波器阶数 N 则由阻带最小衰减来确定。滤波器的阻带截止频率是 Ω_s，在 Ω_s 处满足

$$|H_a(j\Omega_s)|^2=\frac{1}{1+\varepsilon^2C_N^2\left(\dfrac{\Omega_s}{\Omega_c}\right)}$$

同理

$$|H_a(j\Omega_p)|^2=\frac{1}{1+\varepsilon^2C_N^2\left(\dfrac{\Omega_p}{\Omega_c}\right)}$$

而

$$\alpha_p=10\lg\frac{1}{|H_a(j\Omega_p)|^2},\ \alpha_s=10\lg\frac{1}{|H_a(j\Omega_s)|^2}$$

可以解出

$$N\geqslant\frac{\operatorname{arch}\sqrt{(10^{0.1\alpha_s}-1)/(10^{0.1\alpha_p}-1)}}{\operatorname{arch}(\Omega_s/\Omega_p)} \tag{6-19}$$

令 $k=\sqrt{\dfrac{10^{0.1\alpha_s}-1}{10^{0.1\alpha_p}-1}}$，$\lambda_{sp}=\dfrac{\Omega_s}{\Omega_p}$则有 $N\geqslant\dfrac{\text{arch}k}{\text{arch}\lambda_{sp}}$。

以上 Ω_c、ε 和 N 确定后，可以求出滤波器的极点，并确定 $H_a(s)$。极点的求解过程请参考有关资料，下面仅介绍一些有用的结果。由切比雪夫滤波器的幅频响应可得

$$H_a(j\Omega)H_a(-j\Omega)=|H_a(j\Omega)|^2=\frac{1}{1+\varepsilon^2C_N^2(\frac{\Omega}{\Omega_c})}$$

令 $\Omega=s/j$，得 $H_a(s)H_a(-s)=1/[1+\varepsilon^2C_N^2(s/j\Omega_c)]$。

设上式确定的函数 $H_a(s)H_a(-s)$ 的 $2N$ 个极点 $s_k=\sigma_k+j\Omega_k$，计算可得所有极点的位置。

$$\begin{cases}\sigma_k=\pm\Omega_c\text{sh}\left(\dfrac{1}{N}\text{arsh}\,\dfrac{1}{\varepsilon}\right)\sin\left(\dfrac{2k-1}{2N}\pi\right)\\ \Omega_k=\Omega_c\text{ch}\left(\dfrac{1}{N}\text{arch}\,\dfrac{1}{\varepsilon}\right)\cos\left(\dfrac{2k-1}{2N}\pi\right)\end{cases}\tag{6-20}$$

令 $a=\text{sh}\left(\dfrac{1}{N}\text{arsh}\,\dfrac{1}{\varepsilon}\right)$，$b=\text{ch}\left(\dfrac{1}{N}\text{arch}\,\dfrac{1}{\varepsilon}\right)$，将以上两式分别除以 a、b，再平方相加，得 $\dfrac{\sigma_k^2}{\Omega_c^2a^2}+\dfrac{\Omega_k^2}{\Omega_c^2b^2}=1$。

这是 s 平面上的一个椭圆方程，长半轴为 $b\Omega_c$，在虚轴上；短半轴为 $a\Omega_c$，在实轴上。可推导出

$$a=\frac{1}{2}(\beta^{\frac{1}{N}}-\beta^{-\frac{1}{N}})$$

$$b=\frac{1}{2}(\beta^{\frac{1}{N}}+\beta^{-\frac{1}{N}})$$

$$\beta=\frac{1}{\varepsilon}+\sqrt{\frac{1}{\varepsilon^2}+1}$$

函数 $H_a(s)H_a(-s)$ 的 $2N$ 个极点分布在该椭圆的圆周上，呈对称分布，如图 6-9 所示。

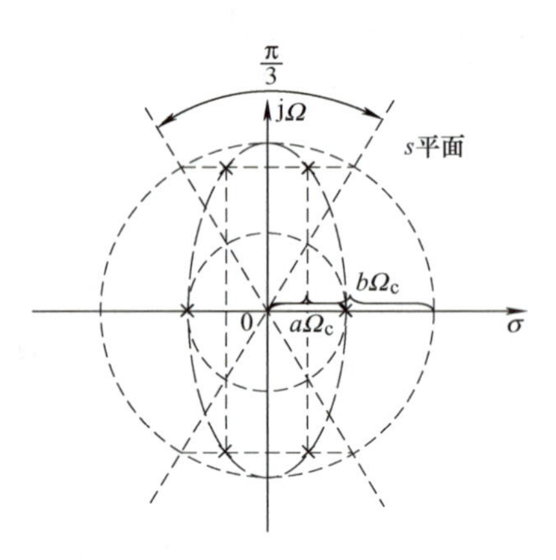

图 6-9　当 $N=3$ 时切比雪夫滤波器的极点分布

同样取 s 左半平面上的极点作为滤波器的系统函数 $H_a(s)$ 的极点，可以构造出 $H_a(s)$ 的表达式为

$$H_a(s)=\frac{1}{\sqrt{1+\varepsilon^2C_N^2(s/j\Omega_c)}}=\frac{K}{\prod\limits_{k=1}^{N}(s-s_k)}$$

式中　K——归一化因子，$K=\dfrac{\Omega_c^N}{\varepsilon\cdot2^{N-1}}$。

切比雪夫滤波器在已知阶次 N 的情况下，也可以通过查表得到归一化的原型。

通带波纹为 2dB 的情况下，归一化的切比雪夫低通滤波器系统函数分母多项式系数见表 6-3。

表 6-3　切比雪夫低通滤波器系统函数分母多项式系数（2dB 波纹）

阶数 N	$A(p)=p^N+a_{N-1}p^{N-1}+a_{N-2}p^{N-2}+\cdots+a_1p^1+a_0$						
	a_0	a_1	a_2	a_3	a_4	a_5	a_6
1	1.3075603						
2	0.6367681	0.8038164					
3	0.3268901	1.0221903	0.7378216				
4	0.2057651	0.5167982	1.2564819	0.716215			
5	0.0817225	0.4593491	0.693477	1.4995433	0.7064606		
6	0.0514433	0.2102706	0.7714618	0.8670149	1.7458587	0.7012257	
7	0.0204228	0.166092	0.3825056	1.144439	1.0392203	1.9935272	0.6978929

2. 设计过程

切比雪夫滤波器的设计过程归纳如下：

1）根据要求的滤波器指标确定波纹参数 ε 和阶数 N。

ε 由允许的通带波纹确定，则 $\varepsilon^2=10^{0.1\alpha_p}-1$。滤波器的阶数 N 由阻带允许的衰减确定，即 $N\geqslant\dfrac{\text{arch}\sqrt{(10^{0.1\alpha_s}-1)/(10^{0.1\alpha_p}-1)}}{\text{arch}(\Omega_s/\Omega_p)}=\dfrac{\text{arch}k}{\text{arch}\lambda_s}$。

2）查表 6-3 求得归一化系统函数 $H_a(p)$，令 s/Ω_c 代替归一化原型滤波器系统函数中的 p，即得到实际滤波器系统函数 $H_a(s)$。

例 6-2　设计一切比雪夫低通滤波器，使其满足以下指标：通带截止频率 $\Omega_p=20\text{rad/s}$，通带的最大衰减为 $\alpha_p=2\text{dB}$，阻带截止频率为 $\Omega_s=30\text{rad/s}$，阻带的最小衰减为 $\alpha_s=10\text{dB}$。

解：滤波器技术指标为 $\Omega_p=20\text{rad/s}$，$\alpha_p=2\text{dB}$，$\Omega_s=30\text{rad/s}$，$\alpha_s=10\text{dB}$。首先确定阶次 N，将技术指标代入式(6-18）及式(6-19)，得到

$$\varepsilon=(10^{0.1\alpha_p}-1)^{\frac{1}{2}}=0.76478$$

$$N\geqslant\frac{\text{arch}\sqrt{\dfrac{(10^{0.1\alpha_s}-1)}{(10^{0.1\alpha_p}-1)}}}{\text{arch}\left(\dfrac{\Omega_s}{\Omega_p}\right)}=3.5549$$

取 $N=4$。查表 6-3 可得归一化的系统函数为

$$H_a(p)=\frac{1}{p^4+0.7162p^3+1.2565p^2+0.5168p+0.2058}$$

去归一化，将 $p=s/\Omega_p$ 代入并整理得

$$H_a(s)=\frac{1.6\times10^5}{s^4+14.23s^3+5.026\times10^2s^2+4.134\times10^3s+3.2928\times10^4}$$

例 6-3　设计低通切比雪夫滤波器，要求通带截止频率 $f_p=3\text{kHz}$，通带最大衰减 $\alpha_p=0.1\text{dB}$，阻带截止频率 $f_s=12\text{kHz}$，阻带最小衰减 $\alpha_s=60\text{dB}$。

解：(1）滤波器的技术要求

$$\alpha_p=0.1\text{dB},\Omega_p=2\pi f_p,\alpha_s=60\text{dB},\Omega_s=2\pi f_s,\lambda_s=\frac{f_s}{f_p}=4$$

(2) 求阶数 N 和 ε

$$N=\frac{\operatorname{arch}(k)}{\operatorname{arch}(\lambda_s)}$$

$$k=\sqrt{\frac{(10^{0.1\alpha_s}-1)}{(10^{0.1\alpha_p}-1)}}=6553$$

$$N=\frac{\operatorname{arch}(6553)}{\operatorname{arch}(4)}=\frac{9.47}{2.06}=4.6\text{，取 }N=5$$

$$\varepsilon=\sqrt{10^{0.1\alpha_p}-1}=\sqrt{10^{0.01}-1}=0.1526$$

(3) 计算系统函数 $H_a(p)$

$$H_a(p)=\frac{1}{0.1526\cdot 2^{(5-1)}\prod_{i=1}^{5}(p-p_i)}$$

根据式(6-20) 求出 $N=5$ 时的极点，得到

$$H_a(p)=\frac{1}{2.442(p+0.5389)(p^2+0.3331p+1.1949)(p^2+0.8720p+0.6359)}$$

(4) 将 $H_a(p)$ 去归一化

$$H_a(s)=H_a(p)\big|_{p=s/\Omega_p}=\frac{\frac{\Omega_p^2}{2.442}}{(s+1.0158\times10^4)(s^2+6.2788\times10^3s+4.2459\times10^8)}\cdot\frac{1}{s^2+1.6437\times10^4s+2.2595\times10^8}$$

6.3 冲激响应不变法

利用模拟滤波器成熟的理论及其设计方法来设计 IIR 数字低通滤波器是常用的方法。设计过程是：按照数字滤波器技术指标要求设计一个过渡模拟低通滤波器 $H_a(s)$，再按照一定的转换关系将 $H_a(s)$ 转换成数字低通滤波器的系统函数 $H(z)$。由此可见，设计的关键问题就是找到这种映射关系，将 s 平面上的 $H_a(s)$ 转换成 z 平面上的 $H(z)$。为了保证映射后的 $H(z)$ 稳定且满足技术指标要求，要满足以下两点要求：

1) 模拟频率映射为数字频率时，必须保证两者的频率特性保持一致。数字滤波器的频率响应应能模仿模拟滤波器的频率响应，即 s 平面上的虚轴映射到 z 平面上的单位圆。

2) 因果稳定的映射，要求因果稳定的模拟滤波器系统函数 $H_a(s)$ 转换成数字滤波器系统函数 $H(z)$ 后，仍然是因果稳定的。我们知道，模拟滤波器因果稳定的条件是其系统函数 $H_a(s)$ 的极点全部位于 s 左半平面；数字滤波器因果稳定的条件是 $H(z)$ 的极点全部在单位圆内，因此要保证 s 左半平面映射到 z 平面的单位圆内。

将系统函数 $H_a(s)$ 从 s 平面转换到 z 平面的方法有多种，但工程上常用的是冲激响应不变法和双线性变换法。本节先研究冲激响应不变法。

6.3.1 冲激响应不变法的变换原理

冲激响应不变法是从滤波器的冲激响应出发，使数字滤波器的单位抽样响应序列 $h(n)$

正好等于模拟滤波器的冲激响应 $h_a(t)$ 的抽样值，即满足 $h(n)=h_a(nT)$，T 为抽样周期。如以$H_a(s)$ 及 $H(z)$ 分别表示 $h_a(t)$ 的拉普拉斯变换及 $h(n)$ 的 z 变换，即 $H_a(s)=L[h_a(t)]$，$H(z)=Z[h(n)]$，数字滤波器的系统函数便是 $h(n)$ 的 z 变换 $H(z)$。

前面的章节已经分析，s 平面与 z 平面的映射关系为

$$\hat{H}_a(s)=H(z)\big|_{z=e^{sT}}$$

当采用冲激响应不变法将模拟滤波器变换为数字滤波器时，它所完成的 s 平面到 z 平面上的变换，正是拉普拉斯变换到 z 变换的标准变换关系，即首先对 $H_a(s)$ 进行周期延拓，然后再经过 $z=e^{sT}$的映射关系映射到 z 平面上（见图 6-10）。

$$z=e^{sT}=e^{\sigma T}e^{j\Omega T}=re^{j\Omega T}(s=\sigma+j\Omega)$$

如图 6-10 所示，s 平面上每一条宽度为 $2\pi/T$ 的横带都将重叠地映射到整个 z 平面上，而每一横带的左半边映射到 z 平面单位圆以内，右半平面映射到 z 平面单位圆以外，而 s 平面虚轴（$j\Omega$ 轴）上每一段长为 $2\pi/T$ 的线段都映射到 z 平面的单位圆上。由于 s 平面上每一横带都要重叠地映射到 z 平面上，这正好反映了 $H(z)$ 和 $H_a(s)$ 的周期延拓函数存在映射关系 $z=e^{sT}$，因此冲激响应不变法中 s 平面和 z 平面之间是多值映射。

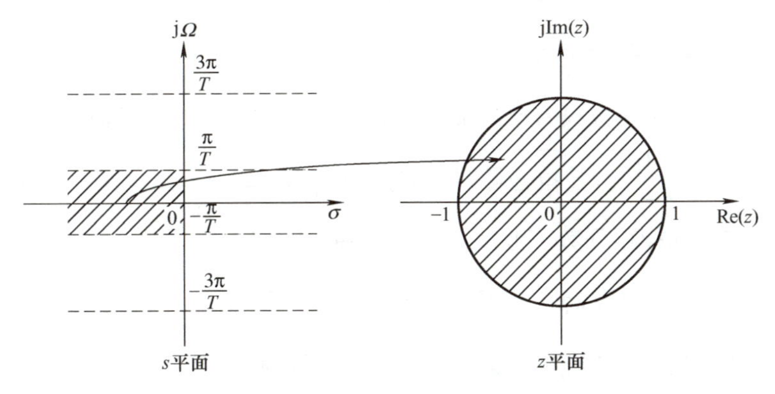

图 6-10　s 平面到 z 平面的映射关系

6.3.2　混叠失真

由抽样定理可知，数字滤波器的频率响应是模拟滤波器频率响应的周期延拓，即

$$H(e^{j\omega})=\frac{1}{T}\sum_{m=-\infty}^{\infty}H_a\left(j\frac{\omega-2\pi m}{T}\right)=\frac{1}{T}\sum_{m=-\infty}^{\infty}H_a\left(j\Omega-j\frac{2\pi m}{T}\right)$$

如果模拟滤波器的频率响应带限于折叠频率 $\Omega_s/2$ 以内，即

$$H_a(j\Omega)=0\quad,\quad|\Omega|\geqslant\frac{\Omega_s}{2}$$

这时数字滤波器的频率响应在一个周期内才能不失真地重现模拟滤波器的频率响应，即

$$H(e^{j\omega})=\frac{1}{T}H_a(j\frac{\omega}{T})\quad,\quad|\omega|<\pi$$

但任何一个实际的模拟滤波器，其频率响应不可能是严格带限的，因此不可避免地存在频谱的交叠，即产生频率响应的混叠失真，如图 6-11 所示。

频谱混叠现象会使设计出的数字滤波器在 $\omega=\pm\pi$ 附近的频率响应特性产生失真。为

此，希望所设计的模拟滤波器应具备高频截止的特性，例如低通或者带通滤波器。如果不能满足高频截止的条件，例如高通滤波器、带阻滤波器，需要在这类滤波器之前加前置低通滤波器，滤除高于折叠频率 π/T 以上的频率成分，避免产生频谱混叠现象。

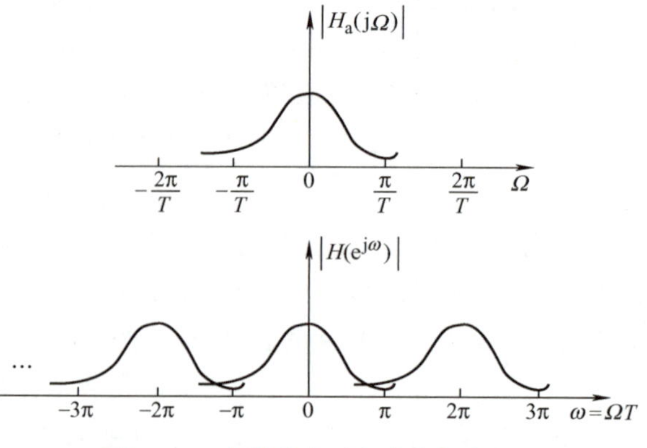

图 6-11　冲激响应不变法的频率混叠

综上所述，冲激响应不变法的优点是频率变换关系是线性的，在没有频谱混叠的情况下，用这种方法设计的数字滤波器会很好地重现原模拟滤波器的频响特性。另外，数字滤波器的单位抽样响应完全模仿模拟滤波器的单位抽样响应波形，时域特性逼近好。但是，有限阶的模拟滤波器不可能是理想带限的，所以，冲激响应不变法的最大缺点是会产生不同程度的频率混叠失真，只适合用于低通、带通滤波器的设计，不适合用于高通、带阻滤波器的设计。

6.3.3　模拟滤波器到数字滤波器的转换

设模拟滤波器的系统函数只有单阶极点，且分母的阶数高于分子阶数，则可表达为部分分式形式 $H_a(s)=\sum\limits_{i=1}^{N}\frac{A_i}{s-s_i}$，其拉普拉斯反变换为 $h_a(t)=\sum\limits_{i=1}^{N}A_i e^{s_i t}u(t)$，$u(t)$ 是单位阶跃函数，对 $h_a(t)$ 进行抽样得到数字滤波器的单位抽样响应为

$$h(n)=h_a(nT)=\sum_{i=1}^{N}A_i e^{s_i nT}u(n)=\sum_{i=1}^{N}A_i\,(e^{s_i T})^n u(n)$$

再对 $h(n)$ 取 z 变换，得到数字滤波器的系统函数为

$$H(z)=\sum_{n=0}^{\infty}\sum_{i=1}^{N}A_i e^{s_i nT}z^{-n}=\sum_{i=1}^{N}A_i\sum_{n=0}^{\infty}(e^{s_i T}z^{-1})^n$$

所以

$$H(z)=\sum_{i=1}^{N}\frac{A_i}{1-e^{s_i T}z^{-1}} \tag{6-21}$$

由此归纳出采用冲激响应不变法得到数字滤波器的一般步骤如下：

1）将模拟滤波器系统函数 $H_a(s)$ 进行部分分式展开，得到 $H_a(s)=\sum\limits_{i=1}^{N}\frac{A_i}{s-s_i}$。

2）将展开分式中的 $s-s_i$ 用 $1-e^{s_i T}z^{-1}$ 代替后，得到数字滤波器的系统函数，即式(6-21)。

由于数字滤波器频率响应 $H(e^{j\omega})$ 等于模拟滤波器频率响应 $H_a(j\Omega)$ 的周期延拓，等式之间有一个 $\frac{1}{T}$ 的加权因子，也就是说，随着抽样频率 $f_s=\frac{1}{T}$ 的不同，变换后 $H(e^{j\omega})$ 的增益也在改变，为了消除这一影响，实际设计中多采用以下的变换关系，即 $h(n)=Th_a(nT)$，则可得修正后的数字滤波器的系统函数为

$$H(z)=\sum_{i=1}^{N}\frac{TA_i}{1-e^{s_iT}z^{-1}}$$

例 6-4　已知模拟滤波器的系统函数 $H_a(s)$ 为

$$H_a(s)=\frac{0.5012}{s^2+0.6449s+0.7079}$$

用冲激响应不变法将 $H_a(s)$ 转换成数字滤波器的系统函数 $H(z)$。

解： 首先将 $H_a(s)$ 写成部分分式

$$H_a(s)=\frac{-j0.3224}{s+0.3224+j0.7772}+\frac{j0.3224}{s+0.3224-j0.7772}$$

极点为

$$s_1=-(0.3224+j0.7772),\ s_2=-(0.3224-j0.7772)$$

那么数字滤波器的系统函数 $H(z)$ 的极点为 $z_1=e^{s_1T}$，$z_2=e^{s_2T}$。

设 $T=1s$ 时用 $H_1(z)$ 表示，$T=0.1s$ 时用 $H_2(z)$ 表示，按照 $H_a(s)$ 式，整理得到

$$H_1(z)=\frac{0.3276z^{-1}}{1-1.0328z^{-1}+0.247z^{-2}}$$

$$H_2(z)=\frac{0.0485z^{-1}}{1-1.9307z^{-1}+0.9375z^{-2}}$$

6.4　双线性变换法

6.4.1　双线性变换法的基本概念

冲激响应不变法的主要缺点是会产生频谱混叠现象，使数字滤波器的频响偏离模拟滤波器的频响特性。产生的原因是 s 平面和 z 平面的多值映射特征。为了克服这一缺点，可以采用双线性变换法，首先将 s 平面的整个模拟频率轴压缩到 $\pm\pi/T$ 之间，再用标准变换 $z=e^{sT}$ 转换到 z 平面上。这样就使 s 平面与 z 平面是一一对应的关系，消除了变换的多值性，也就消除了频率混叠现象。

图 6-12 表示了采用双线性变换法的映射关系，映射包含了两步。

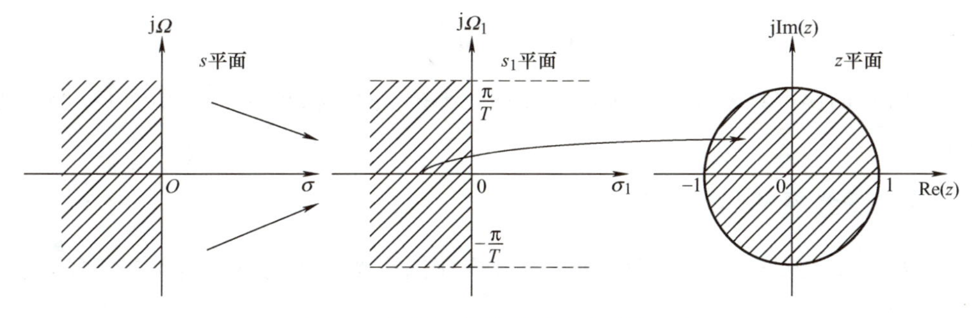

图 6-12　采用双线性变换法的映射关系

1）为了将 s 平面的 $j\Omega$ 轴压缩到 s_1 平面 $j\Omega_1$ 轴上的 $-\pi/T$ 到 π/T 一段上，可通过以下的正切变换实现：

$$\Omega = C\tan\left(\frac{\Omega_1 T}{2}\right) \tag{6-22}$$

这里 C 是待定常数，经过变换后，当 Ω 由 $-\infty$ 经过 0 变化到 ∞ 时，Ω_1 由 $-\pi/T$ 经过 0 变化到 π/T，即 s 平面的整个 $\mathrm{j}\Omega$ 轴被映射到 s_1 平面的 $2\pi/T$ 一段，式(6-22) 又可以写成

$$\mathrm{j}\Omega = C\frac{\mathrm{e}^{\mathrm{j}\frac{\Omega_1 T}{2}} - \mathrm{e}^{-\mathrm{j}\frac{\Omega_1 T}{2}}}{\mathrm{e}^{\mathrm{j}\frac{\Omega_1 T}{2}} + \mathrm{e}^{-\mathrm{j}\frac{\Omega_1 T}{2}}}$$

将这一关系解析扩展至整个 s 平面，$\mathrm{j}\Omega = s$，$\mathrm{j}\Omega_1 = s_1$，则得到 s 平面到 s_1 平面的映射关系：$s = C\mathrm{th}\left(\frac{s_1 T}{2}\right) = C\frac{1-\mathrm{e}^{-s_1 T}}{1+\mathrm{e}^{-s_1 T}}$，其中 th(・) 表示双曲正切函数。

2）将 s_1 平面通过标准变换关系映射到 z 平面，即令 $z = \mathrm{e}^{s_1 T}$，将它代入上式，消去中间变量 s_1，从而得到 s 平面与 z 平面的单值映射关系为

$$s = C\frac{1-z^{-1}}{1+z^{-1}} \text{或} z = \frac{C+s}{C-s} \tag{6-23}$$

将模拟系统 $H_a(s)$ 中的 s 用 $C\frac{1-z^{-1}}{1+z^{-1}}$ 代换，即得到数字系统的 $H(z)$。

$$H(z) = H_a(s)\Big|_{s = C\frac{1-z^{-1}}{1+z^{-1}}} \tag{6-24}$$

6.4.2 变换常数的选择

式(6-22) 中常数 C 的选择可以使模拟滤波器的频响特性和数字滤波器的频响特性在不同的频率范围相对应。常用的选择方法有两种。

第一种是使模拟滤波器和数字滤波器的频响特性在低频部分有较确切的对应关系，即当 Ω_1 较小时，有 $\Omega_1 = C\tan(\Omega_1 T/2) \approx C(\Omega_1 T/2)$，由此确定 $C = 2/T$，相应的模/数转换关系为

$$H(z) = H_a(s)\Big|_{s = \frac{2}{T}\frac{1-z^{-1}}{1+z^{-1}}}$$

第二种是使数字滤波器的某一特定频率与模拟原型滤波器的特定频率 Ω_c 严格对应，如果要求两者的截止频率严格对应，即

$$\Omega_c = C\tan\frac{\Omega_c T}{2} = C\tan\frac{\omega_c}{2}$$

由此得到

$$C = \Omega_c / \tan\frac{\omega_c}{2}$$

由于在特定的模拟频率和特定的数字频率处频率响应严格相等，因而可以较准确地控制截止频率位置。

6.4.3 模拟滤波器的数字化设计

下面分析双线性变换法的转换性能。先分析模拟频率 Ω 和数字频率 ω 之间的关系。设 $s = \mathrm{j}\Omega$，$z = \mathrm{e}^{\mathrm{j}\omega}$，则

$$\mathrm{j}\Omega = \frac{2}{T}\frac{1-\mathrm{e}^{-\mathrm{j}\omega}}{1+\mathrm{e}^{-\mathrm{j}\omega}},\ \Omega = \frac{2}{T}\tan\left(\frac{1}{2}\omega\right)$$

上式说明，s 平面上的 Ω 与 z 平面的 ω 成非线性正切关系，ω 与 Ω 之间的非线性关系是

双线性变换法的缺点，使数字滤波器频响曲线不能保真地模仿模拟滤波器频响的曲线形状。

这种非线性影响的实质问题是：如果 Ω 的刻度是均匀的，则 ω 的刻度不是均匀的，而是随 ω 增加越来越密。因此，如果模拟滤波器的频响具有分段常数特性，则主要是数字滤波器频响特性曲线的转折点频率值与模拟滤波器特性曲线的转折点频率值呈非线性关系，但是数字滤波器具有和模拟滤波器相同的滤波特性。当然，对于不是分段常数的频响特性同样存在非线性失真。因此，双线性变换法适合具有分段常数特性的滤波器的设计，如低通、高通、带通、带阻滤波器的设计。

为了保证各边界频率点为预先指定的频率，在确定模拟低通滤波器系统函数之前，必须按下式进行所谓的频率预畸变：

$$\Omega_p = \frac{2}{T}\tan\frac{1}{2}\omega_p \tag{6-25}$$

$$\Omega_s = \frac{2}{T}\tan\frac{1}{2}\omega_s \tag{6-26}$$

总结计算 $H(z)$ 步骤如下（设给定数字低通滤波器的通带截止频率 ω_p、阻带截止频率 ω_s、通带波纹 δ_1 和阻带波纹 δ_2）。

1）对通带和阻带截止频率 ω_p 和 ω_s 进行预畸变，求出模拟低通滤波器的通带和阻带截止频率 Ω_p 和 Ω_s。预畸变函数式为 $\Omega = \frac{2}{T}\tan\frac{\omega}{2}$。

2）求满足指标 Ω_p、Ω_s、δ_1 和 δ_2 要求的模拟低通滤波器的系统函数 $H_a(s)$。

3）利用双线性变换公式 $s = C\frac{1-z^{-1}}{1+z^{-1}}$将 $H_a(s)$ 映射成 $H(z)$，得到

$$H(z) = H_a(s)\Big|_{s=\frac{2}{T}\frac{1-z^{-1}}{1+z^{-1}}} = H_a\left(\frac{2}{T}\frac{1-z^{-1}}{1+z^{-1}}\right)$$

例 6-5　设计低通数字滤波器，要求在通带内频率低于 0.2πrad，容许幅度误差在 1dB 以内；在频率 0.3π ~ π 之间的阻带衰减大于 15dB；抽样间隔 $T=1$s。指定模拟滤波器采用巴特沃斯低通滤波器。试分别用冲激响应不变法和双线性变换法设计滤波器。

解：（1）用冲激响应不变法设计数字低通滤波器。

数字低通的技术指标为 $\omega_p = 0.2\pi$rad，$\alpha_p = 1$dB；$\omega_s = 0.3\pi$rad，$\alpha_s = 15$dB。

模拟低通的技术指标为 $T=1$s，$\Omega_p = 0.2\pi$rad/s，$\alpha_p = 1$dB；$\Omega_s = 0.3\pi$rad/s，$\alpha_s = 15$dB。

设计巴特沃斯低通滤波器。先计算阶数 N 及 3dB 截止频率 Ω_c。

$$N \geqslant \frac{\lg k_{sp}}{\lg \lambda_{sp}},\ \lambda_{sp} = \frac{\Omega_s}{\Omega_p} = \frac{0.3\pi}{0.2\pi} = 1.5$$

$$k_{sp} = \sqrt{\frac{10^{0.1\alpha_s}-1}{10^{0.1\alpha_p}-1}} = 10.87,\ N \geqslant \frac{\lg 10.87}{\lg 1.5} = 5.884$$

取 $N=6$。为求 3dB 截止频率 Ω_c，将 Ω_p 和 α_p 代入式(6-16)，得到 $\Omega_c = 0.7032$rad/s，显然此值满足通带技术要求，同时给阻带衰减留一定余量，这对防止频率混叠有一定好处。

根据阶数 $N=6$，查表 6-1，得到归一化传输函数为

$$H_a(p) = \frac{1}{1+3.8637p+7.4641p^2+9.1416p^3+7.4641p^4+3.8637p^5+p^6}$$

为去归一化，将 $p=\frac{s}{\Omega_c}$ 代入 $H_a(p)$ 中，得到实际的传输函数 $H_a(s)$ 为

$$H_a(s)=\frac{\Omega_c^6}{s^6+3.8637\Omega_c s^5+7.4641\Omega_c^2 s^4+9.1416\Omega_c^3 s^3+7.4641\Omega_c^4 s^2+3.8637\Omega_c^5 s+\Omega_c^6}$$

$$=\frac{0.1209}{s^6+2.716s^5+3.691s^4+3.179s^3+1.825s^2+0.121s+0.1209}$$

用冲激响应不变法将 $H_a(s)$ 转换成 $H(z)$。首先将 $H_a(s)$ 进行部分分式展开，并进行代换，从而得到

$$H(z)=\frac{0.2871-0.4466z^{-1}}{1-0.1297z^{-1}+0.6494z^{-2}}+\frac{-2.1428+1.1454z^{-1}}{1-1.0691z^{-1}+0.3699z^{-2}}+\frac{1.8558-0.6304z^{-1}}{1-0.9972z^{-1}+0.2570z^{-2}}$$

由冲激响应不变法设计的数字低通滤波器的幅频响应如图 6-13 所示。

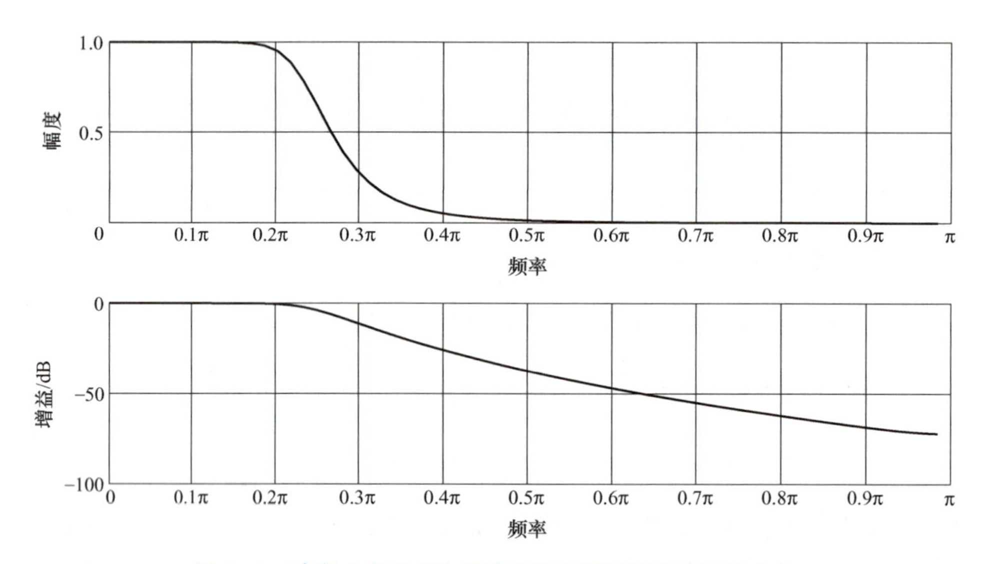

图 6-13　冲激响应不变法设计的数字低通滤波器幅频响应

(2) 用双线性变换法设计数字低通滤波器。

数字低通技术指标为：$\omega_p=0.2\pi\text{rad}$，$\alpha_p=1\text{dB}$；$\omega_s=0.3\pi\text{rad}$，$\alpha_s=15\text{dB}$。

模拟低通技术指标为

$$\Omega_p=\frac{2}{T}\tan\frac{1}{2}\omega_p，T=1\text{s}$$

$$\Omega_p=2\tan0.1\pi=0.65\text{rad/s}，\alpha_p=1\text{dB}$$

$$\Omega_s=2\tan0.15\pi=1.019\text{rad/s}，\alpha_s=15\text{dB}$$

设计巴特沃斯低通滤波器。阶数 N 计算如下：

$$N\geqslant\frac{\lg k_{sp}}{\lg\lambda_{sp}},\lambda_{sp}=\frac{\Omega_s}{\Omega_p}=\frac{1.019}{0.65}=1.568，k_{sp}=10.87，N\geqslant\frac{\lg10.87}{\lg1.568}=5.306$$

取 $N=6$，为求 Ω_c，将 Ω_s 和 α_s 代入式(6-16) 中，得到 $\Omega_c=0.7662\text{rad/s}$。这样阻带技术指标满足要求，通带指标已经超过。

根据 $N=6$，查表 6-1 得到的归一化传输函数 $H_a(p)$ 与冲激响应不变法得到的相同。为

去归一化，将 $p=\frac{s}{\Omega_c}$代入 $H_a(p)$，得实际的 $H_a(s)$ 为

$$H_a(s)=\frac{0.2024}{(s^2+0.396s+0.5871)(s^2+1.083s+0.5871)(s^2+1.480s+0.5871)}$$

用双线性变换法将 $H_a(s)$ 转换成数字滤波器 $H(z)$ 为

$$H(z)=H_a(s)\Big|_{s=2\frac{1-z^{-1}}{1+z^{-1}}}=\frac{0.0007378\ (1+z^{-1})^6}{(1-1.268z^{-1}+0.7051z^{-2})(1-1.010z^{-1}+0.358z^{-2})}\cdot\frac{1}{1-0.9044z^{-1}+0.2155z^{-2}}$$

用双线性变换法设计的数字低通滤波器幅频响应如图 6-14 所示。

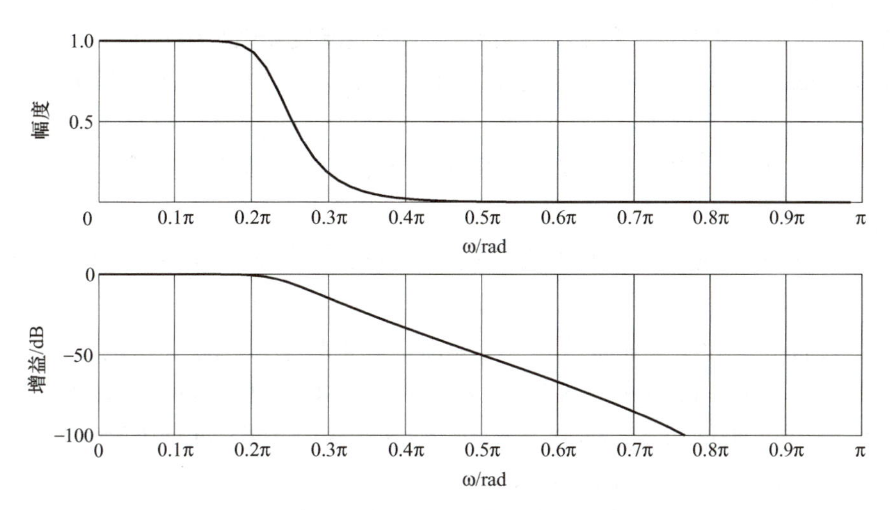

图 6-14　用双线性变换法设计的数字低通滤波器幅频响应

6.5　数字高通、带通及带阻滤波器的设计

数字高通、带通和带阻滤波器的设计是在模拟低通滤波器的基础上进行的，首先通过频率变换得到一个所需类型的模拟滤波器，然后通过双线性变换法将其换算成数字滤波器。

6.5.1　高通滤波器

λ_p 和 λ_s 分别表示低通的归一化通带截止频率和归一化阻带截止频率，η_p 和 η_s 分别是高通的归一化通带截止频率和归一化阻带截止频率。

设低通滤波器 $G(j\lambda)$ 和高通滤波器 $H(j\eta)$ 的幅频特性如图 6-15 所示。

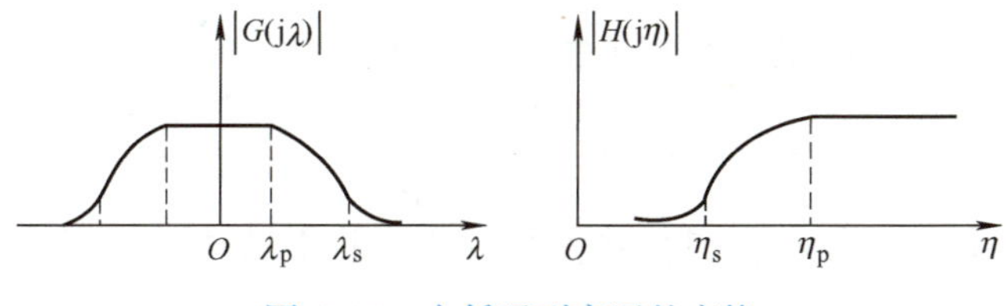

图 6-15　由低通到高通的变换

当经过阻带区间到通带区间，低通的 λ 从∞经过 λ_s 和 λ_p 到0，高通的 η 则从0经过 η_s 和 η_p 到∞，频率的变化趋势正好相反，由此得到 λ 和 η 之间关系为 $\lambda=1/\eta$，即是低通到高通的频率变换公式。

数字高通滤波器的设计步骤如下：

1）确定数字高通滤波器的技术指标 ω_p、ω_s。

2）将数字高通滤波器的技术指标转换成高通模拟滤波器的技术指标 Ω_p、Ω_s，转换公式为 $\Omega=(2/T)\tan(\omega/2)$。

3）归一化模拟高通滤波器的技术指标后，得到 η_p 和 η_s。

4）利用频率变换 $\lambda=1/\eta$ 将模拟高通滤波器技术指标转换成归一化模拟低通滤波器 $G(p)$ 的技术指标 λ_p 和 λ_s。

5）设计模拟低通滤波器，得到归一化的模拟低通滤波器系统函数 $G(p)$。

6）将模拟低通滤波器 $G(p)$ 通过频率变换转换成模拟高通滤波器 $H(\hat{s})$，$H(\hat{s})=G(p)\big|_{p=\frac{1}{\hat{s}}}$。

7）去归一化 $H(s)=H(\hat{s})\big|_{\hat{s}=\frac{s}{\Omega_c}}$，也可以把频率变换和去归一化合并，进行一次代入 $H(s)=G(p)\big|_{p=\frac{\Omega_c}{s}}$。

8）采用双线性变换法，将所需类型的模拟滤波器转换成数字高通滤波器 $H(z)=H(s)\big|_{s=\frac{2}{T}\frac{1-z^{-1}}{1+z^{-1}}}$。

例 6-6　设计一个数字高通滤波器，要求通带截止频率 $\omega_p=0.8\pi\text{rad}$，通带衰减不大于3dB，阻带截止频率 $\omega_s=0.5\pi\text{rad}$，阻带衰减不小于18dB，采用巴特沃斯滤波器。

解：(1) 数字高通的技术指标为：$\omega_p=0.8\pi\text{rad}$，$\alpha_p=3\text{dB}$；$\omega_s=0.5\pi\text{rad}$，$\alpha_s=18\text{dB}$。

(2) 模拟高通的技术指标计算如下：

令 $T=2$，则有

$$\Omega_p=\tan\left(\frac{1}{2}\omega_p\right)=3.0777\text{rad/s},\ \alpha_p=3\text{dB}$$

$$\Omega_s=\tan\left(\frac{1}{2}\omega_s\right)=1\text{rad/s},\ \alpha_s=18\text{dB}$$

(3) 设计归一化模拟低通滤波器 $G(p)$，模拟低通滤波器的阶数 N 计算如下：

$$\eta_p=\frac{\Omega_p}{\Omega_c}=1,\eta_s=\frac{\Omega_s}{\Omega_c}=\frac{1}{3.0777}=0.3249$$

$$\lambda_p=1,\lambda_s=\frac{1}{\eta_s}=3.0777,\lambda_{sp}=\frac{\lambda_s}{\lambda_p}=3.077$$

$$N\geqslant\frac{\lg[(10^{0.1\alpha_s}-1)/(10^{0.1\alpha_p}-1)]}{2\lg\lambda_{sp}}=1.84$$

取 $N=2$。

(4) 查表得到归一化模拟低通系统函数 $G(p)$ 为

$$G(p)=\frac{1}{p^2+\sqrt{2}p+1}$$

(5) 将模拟低通转换成模拟高通，并去归一化。将上式中 $G(p)$ 的变量换成 Ω_c/s，得到模拟高通 $H_a(s)$ 为

$$H_a(s)=G(\frac{\Omega_c}{s})=\frac{s^2}{s^2+\sqrt{2}\Omega_c s+\Omega_c^{\ 2}}=\frac{s^2}{s^2+\sqrt{2}\times 3.0777s+3.0777^2}$$

（6）用双线性变换法将模拟高通 $H(s)$ 转换成数字高通 $H(z)$，

$$H(z)=H_a(s)\Big|_{s=\frac{1-z^{-1}}{1+z^{-1}}}=\frac{1-2z^{-1}+z^{-2}}{14.824+16.944z^{-1}+6.12z^{-2}}$$

6.5.2　带通滤波器

低通到带通的频率变换：Ω_1、Ω_3 分别是模拟带通滤波器通带的下限和上限频率，Ω_{sl}是下阻带的上限频率，Ω_{sh}是上阻带的下限频率，令 $B=\Omega_3-\Omega_1$ 为通带带宽，用 B 作为归一化参考频率，有 $\eta_{sl}=\Omega_{sl}/B$，$\eta_{sh}=\Omega_{sh}/B$，$\eta_3=\Omega_3/B$，$\eta_1=\Omega_1/B$。令 $\Omega_2=\sqrt{\Omega_3\Omega_1}$ 为通带的中心频率，归一化 $\eta_2^2=\eta_1\eta_3$，归一化的低通滤波器与带通滤波器的幅频响应如图 6-16 所示。

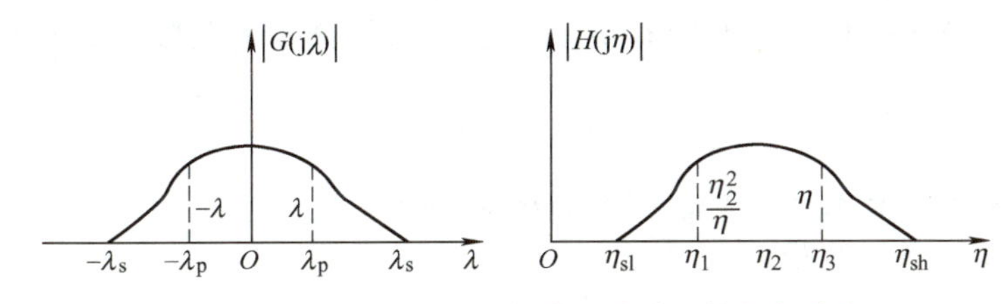

图 6-16　归一化的低通与带通滤波器的幅频响应

对照低通滤波器和带通滤波器的频率响应，两者在频率上的对应关系应该满足：

1）$\lambda=\infty$ 变换到 $\eta=\infty$；

2）$\lambda=-\infty$ 变换到 $\eta=0$；

3）$\lambda=0$ 变换到 $\eta=\eta_2$；

4）$\lambda=\lambda_p$ 变换到 $\eta=\eta_3$，$\lambda=-\lambda_p$ 变换到 $\eta=\eta_1$。

满足以上的变换关系应该是二次函数，通过推导可以找到 η 和 λ 的转换关系。

$$\frac{\eta-\frac{\eta_2^2}{\eta}}{\eta_3-\eta_1}=\frac{2\lambda}{2\lambda_p},\ \eta_3-\eta_1=\frac{\Omega_3-\Omega_1}{B}=1,\ \lambda_p=1 \tag{6-27}$$

得到 $\lambda=(\eta^2-\eta_2^2)/\eta$。

由此可以得到低通滤波器的技术指标 λ_s、λ_p，即可设计低通滤波器的转移函数 $G(p)$。

将式(6-27) 的频率变换扩展到整个复平面上，即令 $p=j\lambda=j(\eta^2-\eta_2^2)/\eta$，将 $\hat{s}=j\eta$ 代入得 $p=(\hat{s}^2+\eta_2^2)/\hat{s}$，然后再去归一化，也将其中 $\hat{s}=s/B$ 代入后得

$$p=\frac{s^2+\Omega_3\Omega_1}{s(\Omega_3-\Omega_1)} \tag{6-28}$$

将式(6-28) 代入 $G(p)$ 可得模拟带通滤波器的系统函数为

$$H(s)=G(p)\Big|_{p=\frac{s^2+\Omega_3\Omega_1}{s(\Omega_3-\Omega_1)}}$$

数字带通滤波器的系统函数为

$$H(z)=H(s)\Big|_{s=\frac{2}{T}\frac{1-z^{-1}}{1+z^{-1}}}$$

例 6-7　设计一个数字带通滤波器，要求通带范围为 0.25π～0.45πrad，通带内最大衰

减为 3dB，0.15πrad 以下和 0.55πrad 以上为阻带区间，阻带内最小衰减为 20dB，采用巴特沃斯滤波器。

解：（1）数字带通滤波器的技术指标为

通带上限截止频率 $\omega_3=0.45\pi\text{rad}$，通带下限截止频率 $\omega_1=0.25\pi\text{rad}$

上阻带下限频率 $\omega_{sh}=0.55\pi\text{rad}$，下阻带上限频率 $\omega_{sl}=0.15\pi\text{rad}$

（2）转化为模拟带通的技术指标。令 $T=2$，则有

$$\Omega_3=\tan\frac{1}{2}\omega_3=0.8541\text{rad/s},\ \Omega_1=\tan\frac{1}{2}\omega_1=0.4142\text{rad/s}$$

$$\Omega_{sh}=\tan\frac{1}{2}\omega_{sh}=1.1708\text{rad/s},\ \Omega_{sl}=\tan\frac{1}{2}\omega_{sl}=0.2401\text{rad/s}$$

$$\Omega_2=\sqrt{\Omega_3\Omega_1}=0.5948\text{rad/s},\ B=\Omega_3-\Omega_1=0.4399\text{rad/s}$$

$$\eta_1=0.9416,\ \eta_3=1.9416,\ \eta_{sl}=0.5458,\ \eta_{sh}=2.6615,\ \eta_2^2=\eta_1\eta_3=1.8282$$

（3）设计归一化模拟低通滤波器 $G(p)$。模拟低通滤波器的阶数 N 计算如下：

归一化阻带截止频率 $\lambda_s=\dfrac{{\eta_{sh}}^2-{\eta_2}^2}{\eta_{sh}}=1.9746$

归一化通带截止频率 $\lambda_p=1$，$\alpha_p=3\text{dB}$，$\alpha_s=20\text{dB}$

（4）设计模拟低通滤波器。

$$\lambda_{sp}=\frac{\lambda_s}{\lambda_p}=1.9746$$

$$N\geqslant\frac{\lg[(10^{0.1\alpha_s}-1)/(10^{0.1\alpha_p}-1)]}{2\lg\lambda_{sp}}=3.3804$$

取 $N=4$。

（5）查表得到归一化模拟低通传输函数 $G(p)$ 为

$$G(p)=\frac{1}{p^4+2.6131p^3+3.4142p^2+2.6131p+1}$$

进行频率变换，并去归一化，得到模拟带通滤波器的系统函数为

$$H(s)=G(p)\Big|_{p=\frac{s^2+\Omega_2^2}{s(\Omega_3-\Omega_1)}}$$

$$=\frac{s^4B^4}{(s+\Omega_2^2)^4+2.6131(s+\Omega_2^2)^3sB+3.4142(s+\Omega_2^2)^2s^2B^2+2.6131(s+\Omega_2^2)s^3B^3+s^4B^4}$$

（6）用双线性变换法将模拟高通 $H(s)$ 转换成数字高通 $H(z)$：

$$H(z)=H_a(s)\Big|_{s=\frac{1-z^{-1}}{1+z^{-1}}}$$

6.5.3　带阻滤波器

Ω_1、Ω_3 分别是模拟带阻滤波器通带的截止频率，Ω_{sl}是阻带下限频率，Ω_{sh}是阻带上限频率，与带通模拟滤波器类似，令 $B=\Omega_1-\Omega_3$ 为阻带带宽，用 B 作为归一化参考频率，有

$$\eta_{sl}=\frac{\Omega_{sl}}{B},\ \eta_{sh}=\frac{\Omega_{sh}}{B},\ \eta_3=\frac{\Omega_3}{B},\ \eta_1=\frac{\Omega_1}{B}$$

再令 $\Omega_2=\sqrt{\Omega_1\Omega_3}$为阻带的中心频率，归一化 $\eta_2^2=\eta_1\eta_3$，归一化的低通与带阻滤波器的幅频响应如图 6-17 所示。

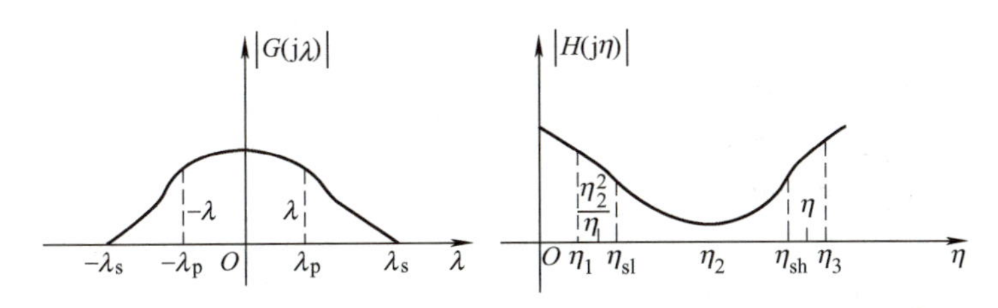

图 6-17　归一化的低通与带阻滤波器的幅频响应

通过推导得到 η 和 λ 的关系

$$\frac{\eta-\eta_2^2/\eta}{\eta_3-\eta_1}=\frac{2\lambda_p}{2\lambda},\ \eta_3-\eta_1=\frac{\Omega_3-\Omega_1}{B}=1,\ \lambda_p=1$$

所以有 $\lambda=\eta/(\eta^2-\eta_2^2)$。　(6-29)

扩展到一般复平面，并去归一化，可以得到由低通滤波器到带阻滤波器的转换函数为

$$p=\frac{s(\Omega_3-\Omega_1)}{s^2+\Omega_3\Omega_1} \tag{6-30}$$

将式(6-30) 归一化模拟低通滤波器，可得模拟带阻滤波器的系统函数为

$$H(s)=G(p)\big|_{p=\frac{s(\Omega_3-\Omega_1)}{s^2+\Omega_3\Omega_1}}$$

最后进行双线性变换，可以得到数字带阻滤波器的系统函数为

$$H(z)=H(s)\big|_{s=\frac{2}{T}\frac{1-z^{-1}}{1+z^{-1}}}$$

6.6　本章涉及的 MATLAB 程序

例 6-8　一个数字系统的抽样频率 $F_s=2000\text{Hz}$，试设计一个为此系统使用的带通数字滤波器 $H_{dbp}(z)$，希望采用巴特沃斯滤波器。要求：(1) 通带范围为 300 ~400Hz，在通带边频处的衰减不大于 3dB；(2) 在 200Hz 以下和 500Hz 以上衰减不小于 18dB。

解：程序如下：

```
clear all;
fp =[300 400];fs =[200 500];
rp =3;rs =18;
Fs =2000;
wp =fp* 2* pi/Fs;
ws =fs* 2* pi/Fs;
% Firstly to finish frequency prewarping;
wap =2* Fs* tan(wp./2)
was =2* Fs* tan(ws./2);
[n,wn] =buttord(wap,was,rp,rs,'s');
% Note:'s'!
[z,p,k] =buttap(n);
[bp,ap] =zp2tf(z,p,k)
```

```
bw = wap(2) - wap(1)
w0 = sqrt(wap(1)* wap(2))
[bs,as] = lp2bp(bp,ap,w0,bw)
[h1,w1] = freqs(bp,ap);
figure(1)
plot(w1,abs(h1));grid;
ylabel('lowpass G(p)')
w2 = [0:Fs/2 -1]* 2* pi;
h2 = freqs(bs,as,w2);
% Note:z = (2/Ts)(z -1)/(z +1);
[bz1,az1] = bilinear(bs,as,Fs)
[h3,w3] = freqz(bz1,az1,1000,Fs);
figure(2)
plot(w2/2/pi,20* log10(abs(h2)),w3,20* log10(abs(h3)));grid;
ylabel('Bandpass AF and DF')
xlabel('Hz')
```

运行结果如下（其原型和幅频响应如图 6-18 所示）。

```
wap =
  1.0e +003 *
    2.0381    2.9062
bp =
    0    0    1
ap =
    1.0000    1.4142    1.0000
bw =
  868.0683
w0 =
  2.4337e +003
bs =
  1.0e +005 *
    7.5354   -0.0000    0.0000
as =
  1.0e +013 *
    0.0000    0.0000    0.0000    0.0007    3.5083
bz1 =
    0.0201    0.0000   -0.0402    0.0000    0.0201
az1 =
    1.0000   -1.6368    2.2376   -1.3071    0.6414
```

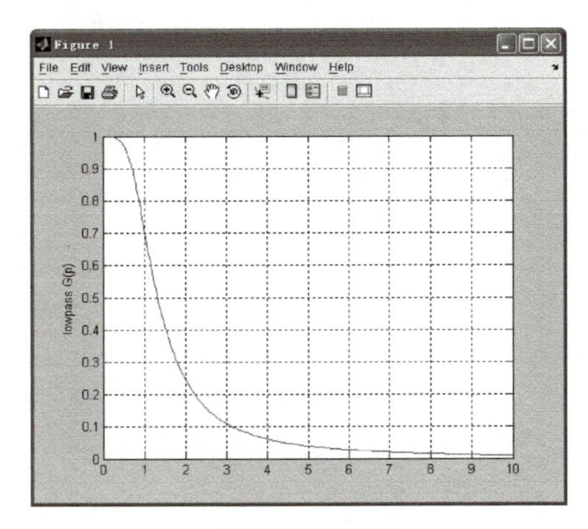

a) 模拟低通原型图

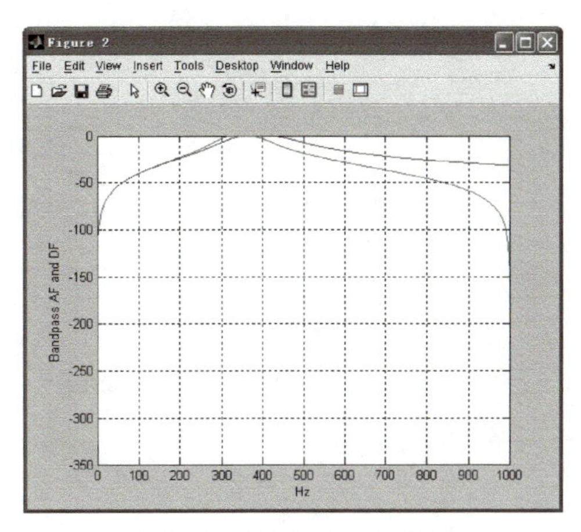

b) 模拟和数字带通滤波器的幅频响应

图 6-18　巴特沃斯滤波器

例 6-9　试用 MATLAB 设计一低通数字滤波器，给定技术指标是 $f_p=100\text{Hz}$，$f_s=300\text{Hz}$，$\alpha_p=3\text{dB}$，$\alpha_s=20\text{dB}$，抽样频率 $F_s=1000\text{Hz}$。

解： 程序如下：

```
clear all;
fp =100;fs =300;Fs =1000;
rp =3;rs =20;
wp =2* pi* fp/Fs;
ws =2* pi* fs/Fs;
Fs = Fs/Fs;          % let Fs =1
% Firstly to finish frequency prewarping;
wap = tan(wp/2);was = tan(ws/2);
[n,wn] =buttord(wap,was,rp,rs,'s')
% Note:'s'!
[z,p,k] =buttap(n);
[bp,ap] =zp2tf(z,p,k)
[bs,as] =lp2lp(bp,ap,wap)
% Note:s = (2/Ts)(z -1)/(z +1);Ts =1,that is 2fs =1,fs =0.5;
[bz,az] =bilinear(bs,as,Fs/2)
[h,w] =freqz(bz,az,256,Fs* 1000);
plot(w,abs(h));grid on;
```

运行结果如下（幅频响应曲线如图 6-19 所示）。

```
n =
    2
wn =
```

```
    0.4363
bp =
    0    0    1
ap =
    1.0000    1.4142    1.0000
bs =
    0.1056
as =
    1.0000    0.4595    0.1056
bz =
    0.0675    0.1349    0.0675
az =
    1.0000   -1.1430    0.4128
```

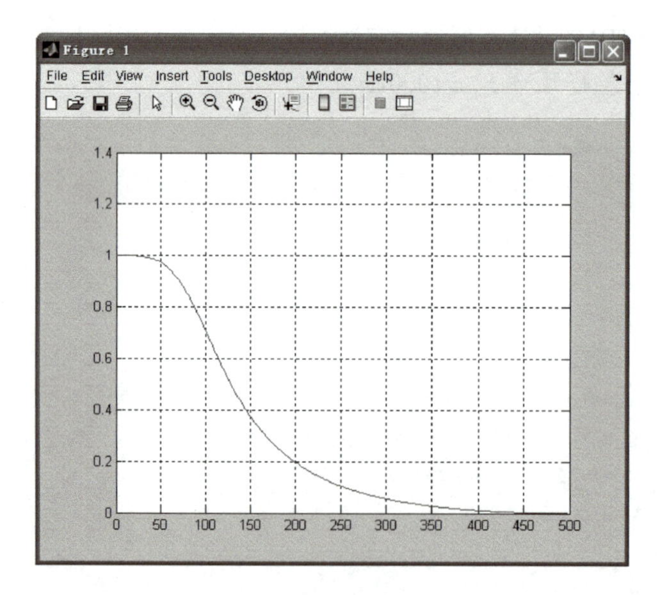

图 6-19 幅频响应曲线

例 6-10 设计数字低通滤波器，要求在通带内频率低于 0.2πrad 时，允许幅度误差在 1dB 以内，在频率 0.3π ~ πrad 之间的阻带衰减大于 15dB。用冲激响应不变法设计数字滤波器，$T=1\text{s}$，模拟滤波器采用切比雪夫 I 型滤波器原型。

解：程序如下：

```
Wp =0.2* pi;Wr =0.3* pi;Ap =1;Ar =15;T =1;
Omegap =Wp/T;Omegar =Wr/T;
[cs,ds] =afd_chb1(Omegap,Omegar,Ap,Ar)
[C,B,A] =sdir2cas(cs,ds);
```

```
[db,mag,pha,Omega] = freqs_m(cs,ds,pi);
subplot(234);plot(Omega/pi,mag);title('模拟滤波器幅度响应 |Ha(j\Omega)|');
[b,a] = imp_invr(cs,ds,T);
[h,n] = impz(b,a);
[C,B,A] = dir2par(b,a)
[db,mag,pha,grd,w] = freqz_m(b,a);
subplot(231);plot(w/pi,mag);title('数字滤波器幅度响应 |Ha(j\Omega)|');
subplot(232);plot(w/pi,db);title('数字滤波器幅度响应/dB');
subplot(233);plot(w/pi,pha/pi);title('数字滤波器相位响应');
subplot(235);plot(n,h);title('脉冲响应');
% 脉冲响应不变法子程序
function [b,a] = imp_invr(c,d,T)
[R,p,k] = residue(c,d);
p = exp(p* T);
[b,a] = residuez(R,p,k);
p = real(b).* T;
a = real(a);
% 数字滤波器响应子程序
function [db,mag,pha,grd,w] = freqz_m(b,a);
[H,w] = freqz(b,a,1000,'whole');
H = (H(1:501))';w = (w(1:501))';
mag = abs(H);
db = 20* log10((mag + eps)/max(mag));
pha = angle(H);
grd = grpdelay(b,a,w);
% 直接型转换成并联型子程序
function [C,B,A] = dir2par(b,a);
M = length(b);
N = length(a);
[r1,p1,C] = residuez(b,a);
p = cplxpair(p1,10000000* eps);
I = cplxcomp(p1,p);
r = r1(I);
K = floor(N/2);B = zeros(K,2);A = zeros(K,3);
if K* 2 == N;
    for i = 1:2:(N-2)
          Brow = r(i:1:(i+1),:);
          Arow = p(i:1:(i+1),:);
          [Brow,Arow] = residuez(Brow,Arow,[]);
          B(fix((i+1)/2),:) = real(Brow);
          A(fix((i+1)/2),:) = real(Arow);
```

```
    end
    [Brow,Arow] = residuez(r(N-1),p(N-1),[]);
    B(K,:) = [real(Brow)0];A(K,:) = [real(Arow)0];
else
    for i = 1:2:(N-1)
          Brow = r(i:1:(i+1),:);
          Arow = p(i:1:(i+1),:);
          [Brow,Arow] = residuez(Brow,Arow,[]);
          B(fix((i+1)/2),:) = real(Brow);
          A(fix((i+1)/2),:) = real(Arow);
    end
end
% 比较两个含同样标量元素但(可能)有不同下标的复数对及其相应留数向量子程序
function I = cplxcomp(p1,p2);
I = [];
for j = 1:length(p2)
      for i = 1:length(p1)
          if (abs(p1(i) - p2(j)) <0.0001)
              I = [I,i];
          end
      end
end
```

运行结果如下所示：

```
*** 切比雪夫 I 型模拟低通滤波器阶次 = 4
cs =
    0.0383
ds =
    1.0000    0.5987    0.5740    0.1842    0.0430
C =
    []
B =
   -0.0833   -0.0246
    0.0833    0.0239
A =
    1.0000   -1.4934    0.8392
    1.0000   -1.5658    0.6549
```

各响应曲线如图 6-20 所示。

例 6-11 设计低通数字滤波器，要求在通带内频带低于 0.2πrad 时，允许幅度误差在 1dB 以内，在频率 0.3π ~ πrad 之间的阻带衰减大于 15dB。用脉冲响应不变法设计数字滤波

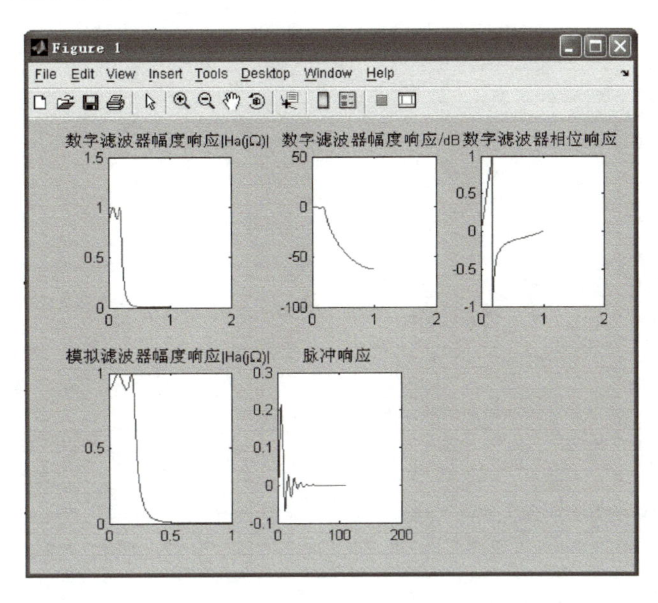

图 6-20　冲激响应不变法设计的切比雪夫 I 型数字滤波器

器，$T=1\text{s}$，模拟滤波器采用巴特沃斯滤波器原型。

解：程序如下：

```
Wp=0.2* pi;Wr=0.3* pi;Ap=1;Ar=15;T=1;
Omegap=(2/T)* tan(Wp/2);Omegar=(2/T)* tan(Wr/2);
[cs,ds]=afd_butt(Omegap,Omegar,Ap,Ar)
[C,B,A]=sdir2cas(cs,ds);
[db,mag,pha,Omega]=freqs_m(cs,ds,pi);
[b,a]=bilinear(cs,ds,T);                    % 双线性变换法设计
[h,n]=impz(b,a);
[C,B,A]=dir2cas(b,a)
[db,mag,pha,grd,w]=freqz_m(b,a);
subplot(231);plot(w/pi,mag);title('数字滤波器幅度响应 |Ha(j\Omega)|');
subplot(232);plot(w/pi,db);title('数字滤波器幅度响应/dB');
subplot(233);plot(w/pi,pha/pi);title('数字滤波器相位响应');
subplot(234);plot(Omega/pi,mag);title('模拟滤波器幅度响应 |Ha(j\Omega)|');
subplot(235);plot(n,h);title('脉冲响应');
delta_w=2* pi/1000;
Ap=-(min(db(1:1:Wp/delta_w+1)))
Ar=-round(max(db(Wr/delta_w+1:1:501)))
```

运行结果如下：

```
cs=
    0.1480
ds=
```

```
    1.0000    2.8100    3.9482    3.5168    2.0884    0.7862    0.1480
NM =
    0
C =
  5.7969e-004
B =
    1.0000    2.0214    1.0219
    1.0000    1.9781    0.9786
    1.0000    2.0005    1.0000
A =
    1.0000   -0.9459    0.2342
    1.0000   -1.0541    0.3753
    1.0000   -1.3143    0.7149
Ap =
    1.0000
Ar =
    18
```

各响应曲线如图 6-21 所示。

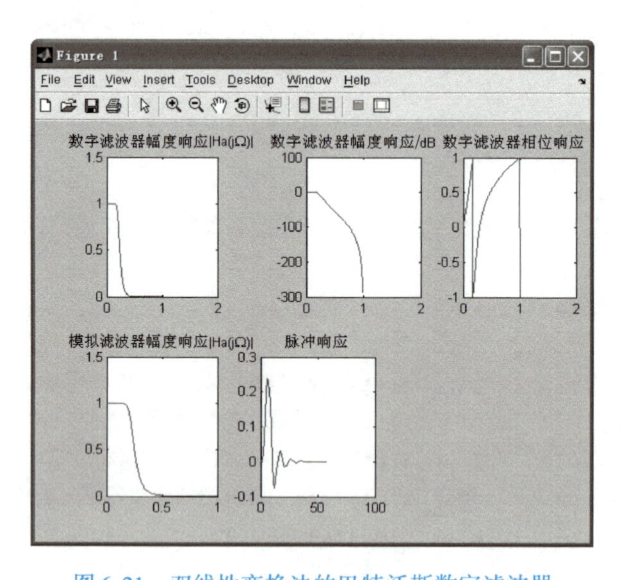

图 6-21　双线性变换法的巴特沃斯数字滤波器

例 6-12　设计一个巴特沃斯高通滤波器，要求通带截止频率为 0.6πrad，通带内衰减不大于 1dB，阻带起始频率为 0.4πrad，阻带内衰减不小于 15dB，$T=1$s。

解： 程序如下：

```
Wp = 0.6* pi;Wr = 0.4* pi;Ap = 1;Ar = 15;T = 1;
[N,Wn] = buttord(Wp/pi,Wr/pi,Ap,Ar)       % 计算巴特沃斯滤波器阶次和截止频率
```

```
[b,a] =butter(N,Wn,'high');                 % 频率变换法设计巴特沃斯高通滤波器
[C,B,A] =dir2cas(b,a)
[db,mag,pha,grd,w] =freqz_m(b,a);
subplot(211);plot(w/pi,mag);
title('数字巴特沃斯高通滤波器幅度响应 |Ha(j \Omega) |');
subplot(212);plot(w/pi,db);
title('数字巴特沃斯高通滤波器幅度响应/dB');
```

运行结果如下：

```
N =
    4
Wn =
    0.5344
NM =
    0
C =
    0.0751
B =
    1.0000   -2.0000    1.0000
    1.0000   -2.0000    1.0000
A =
    1.0000    0.1562    0.4488
    1.0000    0.1124    0.0425
```

响应曲线如图 6-22 所示。

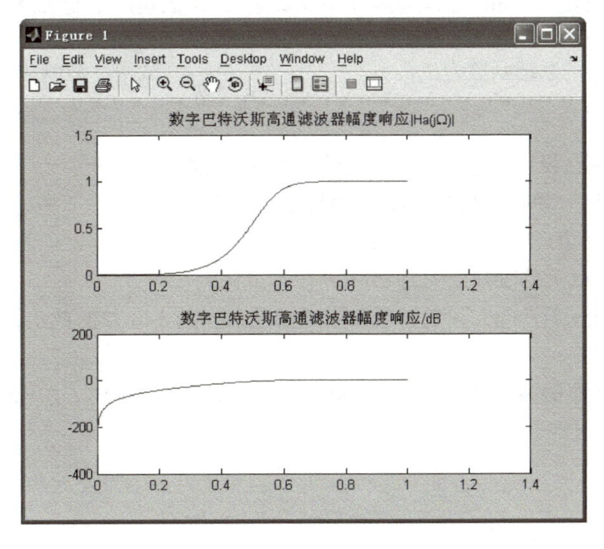

图 6-22　数字巴特沃斯高通滤波器

本章小结

本章主要介绍了 IIR 滤波器的定义及设计方法，内容包括：模拟低通滤波器原型设计，冲激响应不变法数字化变换方法，双线性变换法数字化变换方法，数字高通、带通、带阻滤波器的设计。

习　题

6-1　已知模拟滤波器由低通、高通、带通、带阻等类型，如何通过它们设计数字低通滤波器、高通滤波器、带通滤波器和带阻滤波器？请简要介绍其变换方法，可用框图表示。

6-2　用冲激响应不变法及双线性变换法将模拟系统函数$H_a(s)=\dfrac{3}{(s+1)(s+3)}$转变为数字系统函数$H(z)$，抽样周期$T=0.5\text{s}$。

6-3　用冲激响应不变法及双线性变换法将模拟系统函数$H_a(s)=\dfrac{1}{s^2+s+1}$转变为数字系统函数$H(z)$，抽样周期$T=2\text{s}$。

6-4　用冲激响应不变法及双线性变换法将模拟系统函数$H_a(s)=\dfrac{3s+2}{2s^2+3s+1}$转变为数字系统函数$H(z)$，抽样周期$T=0.1\text{s}$。

6-5　已知模拟二阶巴特沃斯低通滤波器归一化系统函数为

$$H_a(s)=\frac{1}{1+\sqrt{2}s+s^2}=\frac{1}{1+1.414s+s^2}$$

时，求用双线性变换法导出相应的低通数字滤波器，截止频率为 100Hz，系统抽样频率为 1000Hz。

6-6　设计低通数字滤波器，要求幅频响应单调下降。3dB 截止频率$\omega_p=\omega_c=\dfrac{\pi}{3}\text{rad}$，阻带截止频率$\omega_s=\dfrac{4\pi}{5}\text{rad}$，阻带最小衰减$\alpha_s=15\text{dB}$，抽样频率$f_s=30\text{kHz}$，用冲激响应不变法设计。

6-7　如果模拟滤波器的系统函数为$H_a(s)=\dfrac{s+a}{s^2+2as+a^2+b^2}$，试用冲激响应不变法求出相应的数字滤波器的系统函数。

6-8　试用双线性变换法设计一低通数字滤波器，并满足技术指标如下：

（1）通带和阻带都是频率的单调下降函数，而且没有起伏；

（2）频率在$0.5\pi\text{rad}$处的衰减为-3.01dB；

（3）频率在$-0.75\pi\text{rad}$处的衰减至少为15dB。

6-9　用双线性变换法设计一个二阶巴特沃斯带通滤波器，其 3dB 处的截止频率分别为$\omega_{c1}=0.4\pi\text{rad}$，$\omega_{c2}=0.6\pi\text{rad}$。

6-10　模拟低通滤波器的参数如下：$\alpha_p=3\text{dB}$，$\alpha_s=25\text{dB}$，$f_p=25\text{Hz}$，$f_s=50\text{Hz}$，用巴特沃斯近似求$H(s)$。

第7章　有限长冲激响应数字滤波器设计

导读

IIR 数字滤波器的优点是可以利用模拟滤波器的设计结果，而模拟滤波器的设计可以查阅大量图表，所以设计方法较为简单，但它的缺点是相位非线性。如果需要实现相位线性，则要采用全通网络进行相位校正。FIR 滤波器在保证幅度特性的同时，很容易实现严格的线性相位特性，同时又可以具有任意的幅度特性。另外，FIR 数字滤波器的单位抽样响应是有限长的，因而 FIR 滤波器一定是稳定的，只要经过一定的延时，任何非因果有限长序列都能变成因果的有限长序列，因而总能用因果系统实现。最后，FIR 滤波器由于单位抽样响应是有限长的，因而可以用 FFT 算法实现信号滤波，大大提高运算效率。现代图像、语音、数字通信对线性相位的要求是普遍的。所以，才使得具有线性相位的 FIR 数字滤波器得到大力发展和广泛应用。本章将针对 FIR 数字滤波器的线性相位、零极点、幅度特性展开讨论，并详细介绍 FIR 数字滤波器设计的两种方法：窗函数法和频率抽样法，并就 IIR 和 FIR 数字滤波器特性进行比较。

【本章教学目标与要求】

- 掌握线性相位 FIR 滤波器的特点。
- 掌握窗函数设计法；熟悉频率抽样设计法。
- 熟悉 IIR 与 FIR 数字滤波器特性。

7.1　线性相位 FIR 数字滤波器

7.1.1　FIR 滤波器

对于一个 LTI 系统来说，其系统函数为

$$H(z)=\frac{\sum_{i=0}^{M} b_i z^{-i}}{1-\sum_{i=1}^{N} a_i z^{-i}}$$

若 a_i 等于零，则系统为 FIR 数字滤波器；若 a_i 至少有一个非零值，则系统为 IIR 数字滤波器。M 阶（长度 $N=M+1$）FIR 数字滤波器的系统函数为

$$H(z)=\sum_{i=0}^{M} b_i z^{-i}=\sum_{i=0}^{M} h(i)\, z^{-i}$$

$$h(i)=\begin{cases} b_i, i=0,1,2,\cdots,M \\ 0,\text{其他} \end{cases}$$

FIR 数字滤波器设计，就是由给定的系统频率特性，确定阶数 M 及系数 b_i 或 $h(i)$。

线性相位系统定义为

$$H(e^{j\omega}) = |H(e^{j\omega})| e^{j\theta(\omega)}$$

线性相位 FIR 滤波器指 $\theta(\omega)$ 是 ω 的线性函数，即

$$\theta(\omega) = -\tau\omega \tag{7-1}$$

式中 τ——常数，满足式(7-1) 的属于第一类线性相位。

$$\theta(\omega) = \theta_0 - \tau\omega \tag{7-2}$$

式中 θ_0——起始相位，满足式(7-2) 的属于第二类线性相位。

以上两种情况都满足群时延为常数，即

$$-\frac{d\theta(\omega)}{d\omega} = \tau \tag{7-3}$$

关于群时延有以下说明：

只有相位与频率呈线性关系，即满足群时延是一个常数，方能保证各谐波有相同的延迟时间，在延迟后各次谐波叠加方能不失真。群延迟不是常数时的输入输出信号关系如图 7-1 所示，$\sin t$、$\sin 2t$ 为输入信号 $\sin t + \sin 2t$ 谐波，当谐波信号有延时情况，变成 $\sin(t-2)$、$\sin(2t-3)$，此时的输出信号 $\sin(t-2)+\sin(2t-3)$ 与输入信号 $\sin(t)+\sin(2t)$ 波形并不一致，原因是各谐波延时时间不成比例关系，若 $\sin(2t-3)$ 改成 $\sin(2t-4)$ 则输入输出波形形状不会改变。

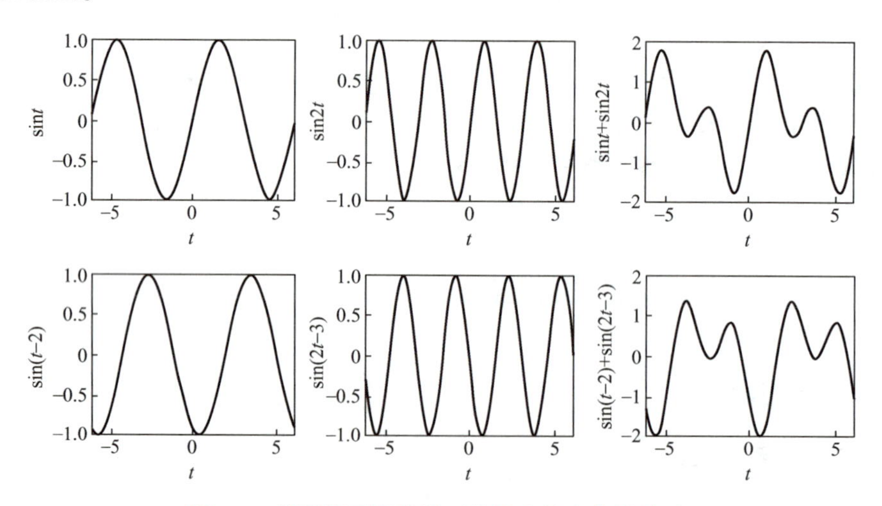

图 7-1 群延迟不是常数时的输入输出信号关系

7.1.2 线性相位 FIR 滤波器特性

如果 FIR 数字滤波器的单位抽样响应 $h(n)$ 是实序列，且满足偶对称或奇对称的条件，即

$$h(n) = \pm h(N-1-n) \tag{7-4}$$

则滤波器就具有严格的线性相位特点。

1. 单位抽样响应 $h(n)$ 为偶对称

当 $h(n)$ 为偶对称 $h(n)=h(N-1-n)$ 时，其系统函数为

$$H(z) = \sum_{n=0}^{N-1} h(n) z^{-n} = \sum_{n=0}^{N-1} h(N-1-n) z^{-n} \tag{7-5}$$

将 $m=N-1-n$ 代入式(7-5)，为

$$H(z)=\sum_{m=0}^{N-1}h(m)z^{-(N-1-m)}=z^{-(N-1)}\sum_{m=0}^{N-1}h(m)z^{m}$$

即

$$H(z)=z^{-(N-1)}H(z^{-1})$$

$$H(z)=\frac{1}{2}[H(z)+z^{-(N-1)}H(z^{-1})]=\frac{1}{2}\sum_{n=0}^{N-1}h(n)[z^{-n}+z^{-(N-1)}z^{n}]$$

$$=z^{-\left(\frac{N-1}{2}\right)}\sum_{n=0}^{N-1}h(n)\left[\frac{z^{-\left(n-\frac{N-1}{2}\right)}+z^{\left(n-\frac{N-1}{2}\right)}}{2}\right]$$

滤波器的频率响应为

$$H(\mathrm{e}^{\mathrm{j}\omega})=H(z)\big|_{z=\mathrm{e}^{\mathrm{j}\omega}}=\mathrm{e}^{-\mathrm{j}\omega\left(\frac{N-1}{2}\right)}\sum_{n=0}^{N-1}h(n)\cos\left[\omega\left(\frac{N-1}{2}-n\right)\right]$$

将频率响应用相位函数 $\theta(\omega)$ 及幅度函数 $H(\omega)$ 表示，则

$$\begin{cases}H(\omega)=\displaystyle\sum_{n=0}^{N-1}h(n)\cos\left[\omega\left(\frac{N-1}{2}-n\right)\right]\\ \theta(\omega)=-\omega\left(\dfrac{N-1}{2}\right)\end{cases}\tag{7-6}$$

满足式(7-6)中的相位函数 $\theta(\omega)$，称为具有严格的线性相位。当 $h(n)$ 为偶对称时，线性相位特性如图 7-2 所示。

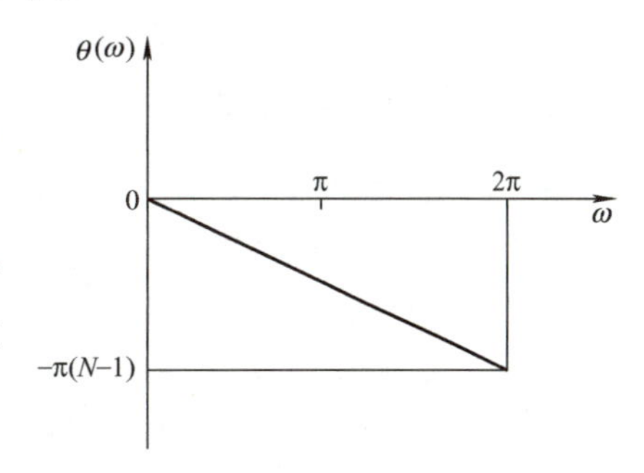

图 7-2　当 $h(n)$ 为偶对称时的线性相位特性

2. 单位抽样响应 $h(n)$ 为奇对称

当 $h(n)$ 为奇对称 $h(n)=-h(N-1-n)$ 时，其系统函数为

$$H(z)=\sum_{n=0}^{N-1}h(n)z^{-n}=-\sum_{n=0}^{N-1}h(N-1-n)z^{-n}$$

$$=-\sum_{m=0}^{N-1}h(m)z^{-(N-1-m)}=-z^{-(N-1)}\sum_{m=0}^{N-1}h(m)z^{m}$$

因此

$$H(z)=-z^{-(N-1)}H(z^{-1})$$

同样，$H(z)$ 可以改写为

$$H(z)=\frac{1}{2}[H(z)-z^{-(N-1)}H(z^{-1})]=\frac{1}{2}\sum_{n=0}^{N-1}h(n)[z^{-n}-z^{-(N-1)}z^{n}]$$

$$=z^{-\left(\frac{N-1}{2}\right)}\sum_{n=0}^{N-1}h(n)\left[\frac{z^{-\left(n-\frac{N-1}{2}\right)}-z^{\left(n-\frac{N-1}{2}\right)}}{2}\right]$$

滤波器的频率响应为

$$\begin{aligned}H(\mathrm{e}^{\mathrm{j}\omega})&=H(z)\big|_{z=\mathrm{e}^{\mathrm{j}\omega}}=\mathrm{j}\mathrm{e}^{-\mathrm{j}\omega\left(\frac{N-1}{2}\right)}\sum_{n=0}^{N-1}h(n)\sin\left[\omega\left(\frac{N-1}{2}-n\right)\right]\\&=\mathrm{e}^{-\mathrm{j}\left(\frac{N-1}{2}\right)\omega+\mathrm{j}\frac{\pi}{2}}\sum_{n=0}^{N-1}h(n)\sin\left[\omega\left(\frac{N-1}{2}-n\right)\right]\end{aligned}\tag{7-7}$$

将频率响应用相位函数 $\theta(\omega)$ 及幅度函数 $H(\omega)$ 表示，则

$$\begin{cases} H(\omega) = \sum_{n=0}^{N-1} h(n)\sin\left[\omega\left(\frac{N-1}{2}-n\right)\right] \\ \theta(\omega) = -\omega\left(\frac{N-1}{2}\right)+\frac{\pi}{2} \end{cases} \tag{7-8}$$

满足式(7-8)中的相位函数 $\theta(\omega)$，既是线性相位，又包括 $\pi/2$ 的相移，其线性相位特性如图 7-3 所示。

可以看出，当 $h(n)$ 为奇对称时，FIR 滤波器不仅有 $(N-1)/2$ 个抽样的延时，还产生一个 90°相移。这种使所有频率的相移皆为 90°的网络，称为 90°相移器，或称正交变换网络。它与理想低通滤波器、理想微分器一样，有着重要的理论和实际意义。

结论：当 FIR 滤波器的单位抽样响应 $h(n)$ 为实序列，而且具有偶对称性或者奇对称性，那么该 FIR 滤波器具有线性相位特性。

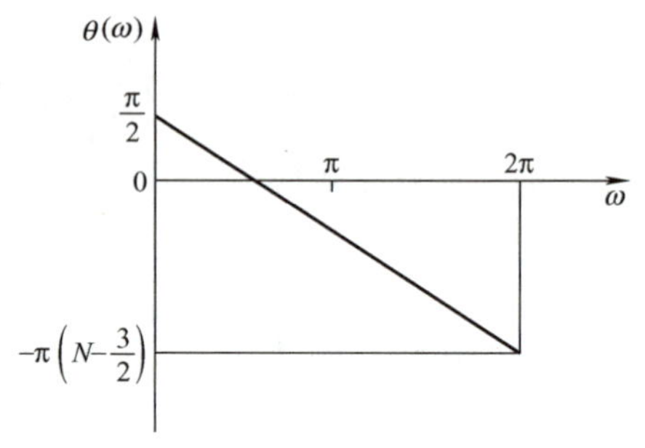

图 7-3　当 $h(n)$ 为奇对称时的线性相位特性

7.1.3　线性相位 FIR 数字滤波器的幅度特点

根据 $h(n)$ 对称情况及 N 的奇偶性，线性相位系统可分为 4 种类型，如图 7-4 所示。图 7-4a 为 Ⅰ 型线性相位系统，图 7-4b 为 Ⅱ 型线性相位系统，图 7-4c 为Ⅲ型线性相位系统，图 7-4d 为Ⅳ型线性相位系统。

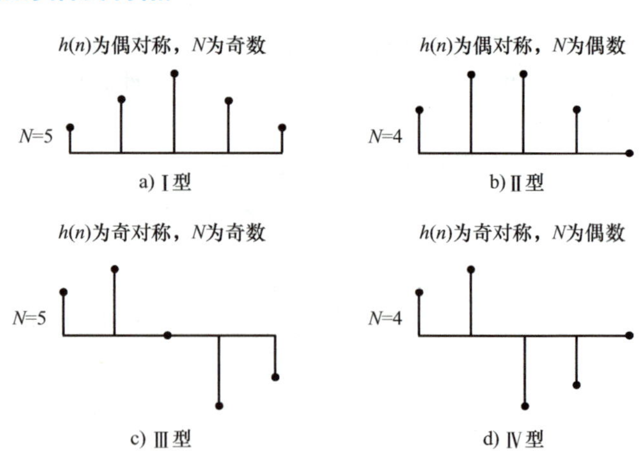

图 7-4　线性相位系统的类型

1. Ⅰ 型线性相位系统

此类型 $h(n)$ 为偶对称，N 为奇数，则

$$H(\omega) = \sum_{n=0}^{N-1} h(n)\cos\left[\left(n-\frac{N-1}{2}\right)\omega\right]$$

由于 N 为奇数，中间项为 $n=\frac{N-1}{2}$，$\cos\left[\left(n-\frac{N-1}{2}\right)\omega\right]=1$，其余项为偶对称。

所以

$$H(\omega) = h\left(\frac{N-1}{2}\right) + \sum_{n=0}^{\frac{N-3}{2}} 2h(n)\cos\left[\left(n-\frac{N-1}{2}\right)\omega\right]$$

令 $m=\frac{N-1}{2}-n$，则

$$H(\omega) = h\left(\frac{N-1}{2}\right) + \sum_{m=0}^{\frac{N-3}{2}} 2h\left(\frac{N-1}{2}-m\right)\cos m\omega$$

令 $a(0)=h\left(\frac{N-1}{2}\right)$，$a(n)=2h\left(\frac{N-1}{2}-n\right)$，$n=1，2，\cdots，\frac{N-1}{2}$，则

$$H(\omega)=\sum_{n=0}^{\frac{N-1}{2}} a(n)\cos\omega n \tag{7-9}$$

幅度响应 $H(\omega)$ 具有以下特点：

1）幅度函数 $H(\omega)$ 对 $\omega=0$，π，2π 点偶对称。

2）该型滤波器既可以用作低通滤波器（幅度特性在 $\omega=0$ 处不为零），也可以用作高通滤波器（幅度特性在 $\omega=\pi$ 处不为零），还可以用作带通和带阻滤波器，所以应用最为广泛。

$H(\omega)$ 可实现任意形式滤波器，如图 7-5 所示。

2. Ⅱ型线性相位系统

此类型 $h(n)$ 为偶对称，N 为偶数，则

$$H(\omega)=\sum_{n=1}^{\frac{N}{2}} b(n)\cos\left[\left(n-\frac{1}{2}\right)\omega\right] \tag{7-10}$$

其中

$$b(n)=2h\left(\frac{N}{2}-n\right),\ n=1,2,\cdots,\frac{N}{2}$$

幅度响应 $H(\omega)$ 具有以下特点：

1）当 $\omega=\pi$ 时，$H(\pi)=0$。

2）$H(\omega)$ 对 $\omega=\pi$ 呈奇对称，对 $\omega=0$，2π 呈偶对称。

因此，$h(n)$ 为偶对称，N 为偶数的 FIR 滤波器不能用于高通滤波器或者带阻滤波器，$H(\omega)$ 如图 7-6 所示。

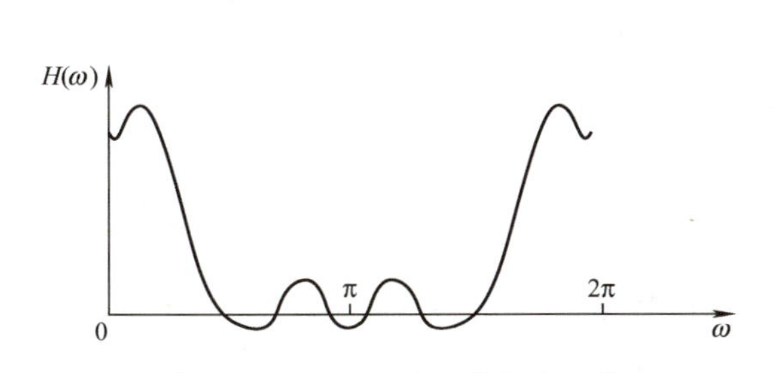

图 7-5　Ⅰ型 FIR 滤波器幅度函数

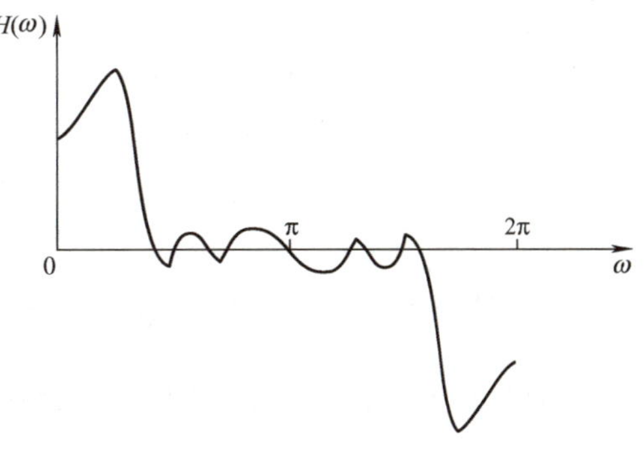

图 7-6　Ⅱ型 FIR 滤波器幅度函数

3. Ⅲ型线性相位系统

此类型 $h(n)$ 为奇对称，N 为奇数，则

$$H(\omega)=\sum_{n=1}^{\frac{N-1}{2}} c(n)\sin(n\omega) \tag{7-11}$$

其中

$$c(n)=2h\left(\frac{N-1}{2}-n\right),\ n=1,2,\cdots,\frac{N-1}{2}$$

幅度响应 $H(\omega)$ 具有以下特点：

1）当 $\omega=0$，π，2π 时，$H(\omega)=0$。

2）$H(\omega)$ 对 $\omega=0$，π，2π 呈奇对称。

因此，$h(n)$ 为奇对称，N 为奇数的 FIR 滤波器只能实现带通滤波器，$H(\omega)$ 如图 7-7 所示。

4. Ⅳ型线性相位系统

此类型 $h(n)$ 为奇对称，N 为偶数，则

$$H(\omega)=\sum_{n=1}^{\frac{N}{2}} d(n)\sin\left[\left(n-\frac{1}{2}\right)\omega\right] \tag{7-12}$$

其中

$$d(n)=2h\left(\frac{N}{2}-n\right),\ n=1,2,\cdots,\frac{N}{2}$$

幅度响应 $H(\omega)$ 具有以下特点：

1）当 $\omega=0$，2π 时，$H(\omega)=0$。

2）$H(\omega)$ 对 $\omega=\pi$ 呈偶对称，对 $\omega=0$，2π 呈奇对称。

因此，$h(n)$ 为奇对称，N 为偶数的 FIR 滤波器不能实现低通、带阻滤波器，$H(\omega)$ 如图 7-8 所示。

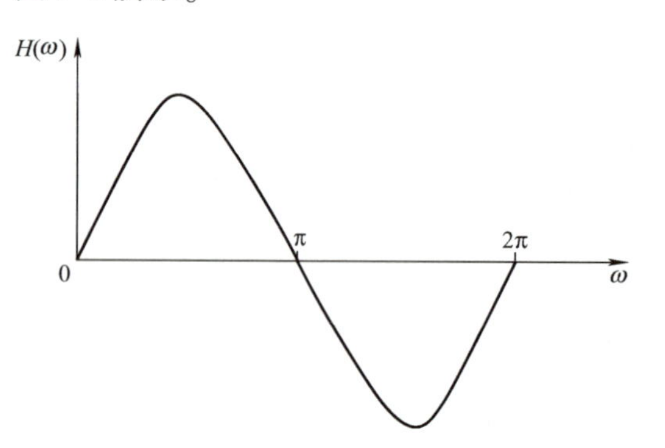

图 7-7 Ⅲ型 FIR 滤波器幅度函数

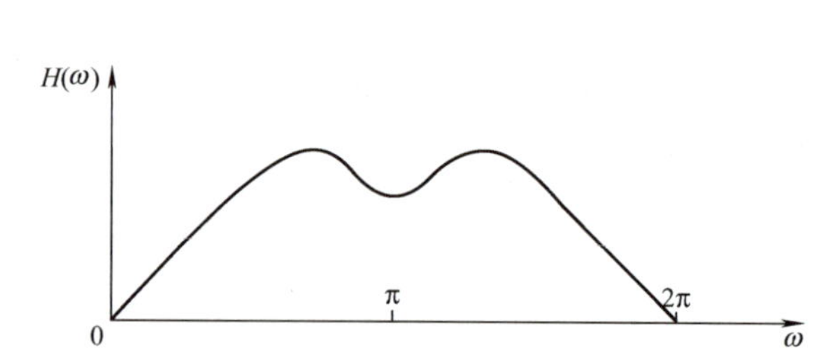

图 7-8 Ⅳ型 FIR 滤波器幅度函数

7.1.4 线性相位 FIR 数字滤波器零点分布特点

由以上分析可知，线性相位 FIR 滤波器的系统函数满足

$$H(z)=\pm z^{-(N-1)}H(z^{-1}) \tag{7-13}$$

若 $z=z_i$ 是 $H(z)$ 的零点，即 $H(z_i)=0$，则它的倒数 $z=1/z_i=z_i^{-1}$ 也一定是 $H(z)$ 的零点。因为 $H(z_i^{-1})=\pm z_i^{(N-1)}H(z_i)=0$；而且当 $h(n)$ 是实数时，$H(z)$ 的零点必成共轭对出现，所以 $z=z_i^*$ 及 $z=(z_i^*)^{-1}$ 也一定是 $H(z)$ 的零点。因此，线性相位 FIR 滤波器的零点必是互为倒数的共轭对。这种互为倒数的共轭对有 4 种可能性：

1）z_i 既不在实轴上，也不在单位圆上，则零点是互为倒数的两组共轭对，如图 7-9a 所示。

2）z_i 不在实轴上，但是在单位圆上，则共轭对的倒数是它们本身，故此时零点是一组共轭对，如图 7-9b 所示。

3）z_i 在实轴上但不在单位圆上，只有倒数部分，无复共轭部分。故零点对如图 7-9c 所示。

4）z_i 既在实轴上又在单位圆上，此时只有一个零点，有两种可能：位于 $z=1$，或位于 $z=-1$，如图 7-9d 所示。

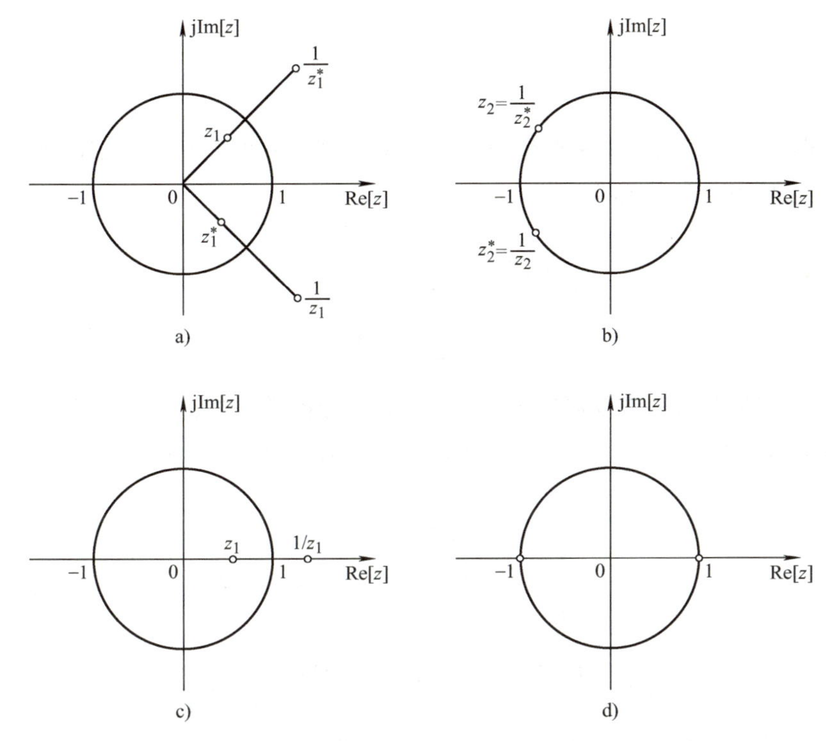

图 7-9　线性相位 FIR 数字滤波器的零点分布

例 7-1　一个 FIR 线性相位滤波器的单位抽样响应是实数的，且 $n<0$ 和 $n>6$ 时 $h(n)=0$。如果 $h(0)=1$ 且系统函数在 $z=0.5\mathrm{e}^{\mathrm{j}\pi/3}$ 和 $z=3$ 各有一个零点，求 $H(z)$ 的表达式。

解： 因为 $n<0$ 和 $n>6$ 时 $h(n)=0$，且 $h(n)$ 是实数，所以当 $H(z)$ 在 $z=0.5\mathrm{e}^{\mathrm{j}\pi/3}$ 有一个复零点时，则在它的共轭位置 $z=0.5\mathrm{e}^{-\mathrm{j}\pi/3}$ 处一定有另一个零点。这个零点共轭对产生如下二阶因子：

$$H_1(z)=(1-0.5\mathrm{e}^{\mathrm{j}\pi/3}z^{-1})(1-0.5\mathrm{e}^{-\mathrm{j}\pi/3}z^{-1})=1-0.5z^{-1}+0.25z^{-2}$$

线性相位的约束条件需要在这两个零点的倒数位置上有零点，所以 $H(z)$ 同样必须包含如下有关因子：

$$\begin{aligned}H_2(z)&=[1-(0.5\mathrm{e}^{\mathrm{j}\pi/3})^{-1}z^{-1}][1-(0.5\mathrm{e}^{-\mathrm{j}\pi/3})^{-1}z^{-1}]\\&=1-2z^{-1}+4z^{-2}\end{aligned}$$

系统函数还包含一个 $z=3$ 的零点，同样线性相位的约束条件需要在 $z=1/3$ 也有一个零点。于是，$H(z)$ 还具有如下因子：

$$H_3(z)=(1-3z^{-1})\left(1-\frac{1}{3}z^{-1}\right)$$

由此

$$H(z)=A(1-0.4z^{-1}+0.16z^{-2})(1-2z^{-1}+4z^{-2})(1-3z^{-1})\left(1-\frac{1}{3}z^{-1}\right)$$

最后，多项式中零阶项的系数为 A，为使 $h(0)=1$，必定有 $A=1$。

7.2 窗函数法设计 FIR 滤波器

7.2.1 设计思路

FIR 滤波器的设计问题，就是要使所设计的 FIR 滤波器的频率响应 $H(e^{j\omega})$ 逼近所要求的理想滤波器的频率响应 $H_d(e^{j\omega})$。

$$\begin{cases} H_d(e^{j\omega}) = \sum_{n=-\infty}^{\infty} h_d(n) e^{-j\omega n} \\ h_d(n) = \frac{1}{2\pi}\int_{-\pi}^{\pi} H_d(e^{j\omega}) e^{j\omega n} d\omega \end{cases} \tag{7-14}$$

一般来说，理想的选频滤波器的 H_d（$e^{j\omega}$）具有分段常数性，且在通带或阻带边界处有不连续点，如图 7-10a 所示。例如，要求设计一个 FIR 低通数字滤波器，假设理想低通滤波器的频率响应为

$$H_d(e^{j\omega}) = \begin{cases} e^{-j\omega\alpha} & , |\omega| \leqslant \omega_c \\ 0 & , \omega_c < |\omega| \leqslant \pi \end{cases} \tag{7-15}$$

相应的单位抽样响应 $h_d(n)$ 为

$$h_d(n) = \frac{1}{2\pi}\int_{-\omega_c}^{\omega_c} e^{-j\omega\alpha} e^{j\omega n} d\omega = \frac{\sin[\omega_c(n-\alpha)]}{\pi(n-\alpha)} \tag{7-16}$$

$h_d(n)$ 是一个偶对称于中心点 α 的无限长非因果序列，如图 7-10b 所示。为了构造一个长度为 N 的线性相位滤波器，需要将 $h_d(n)$ 截取一段，并保证截取的一段关于 $(N-1)/2$ 对称，所以必须取 $\alpha=(N-1)/2$。设截取的一段用 $h(n)$ 表示：

$$h(n) = \begin{cases} h_d(n) & , \quad 0 \leqslant n \leqslant N-1 \\ 0 & , \quad 其他 \end{cases} \tag{7-17}$$

通常，可以把 $h(n)$ 表示为 $h_d(n)$ 与一个有限长的窗口函数（简称窗函数）序列 $w(n)$ 的乘积，即

$$h(n) = h_d(n) w(n) \tag{7-18}$$

式(7-18) 中，如果采用式(7-17) 中的简单截取方式，则窗函数就是矩形函数，即

$$w(n) = R_N(n) = \begin{cases} 1 & , \quad 0 \leqslant n \leqslant N-1 \\ 0 & , \quad 其他 \end{cases} \tag{7-19}$$

矩形窗的波形如图 7-10c 所示。$h(n)$ 的波形如图 7-10e 所示。

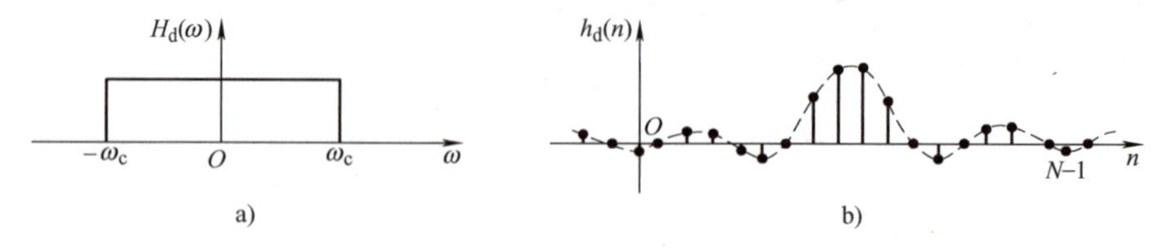

图 7-10 理想矩形频谱特性和 $h_d(n)$、矩形窗、频谱以及 $h(n)=h_d(n)w(n)$

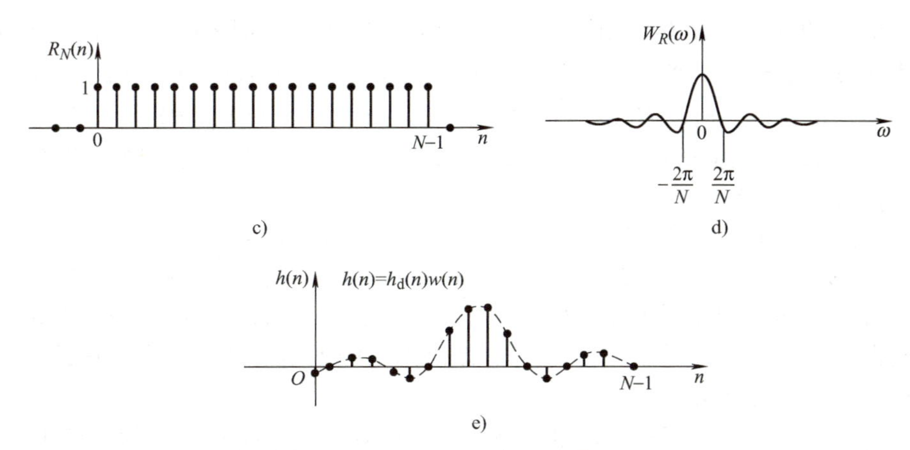

图 7-10　理想矩形频谱特性和 $h_d(n)$、矩形窗、频谱以及 $h(n)=h_d(n)w(n)$（续）

7.2.2　矩形窗截断的影响

现在来考察将理想低通滤波器的单位抽样响应经加窗处理后，其频率响应会产生什么变化，或者这种逼近的质量如何，为此需要考察所设计的滤波器 $h(n)$ 频谱特性。

设 $W_R(e^{j\omega})$ 为矩形窗 $R_N(n)$ 的频谱，根据复卷积定理，两序列乘积的频谱为

$$H(e^{j\omega})=\frac{1}{2\pi}\int_{-\pi}^{\pi}H_d(e^{j\theta})W_R[e^{j(\omega-\theta)}]d\theta \tag{7-20}$$

因此，逼近质量的好坏完全取决于窗函数的频谱特性。矩形窗函数 $R_N(n)$ 的频谱

$$W_R(e^{j\omega})=\sum_{n=-\infty}^{\infty}R_N(n)e^{-j\omega n}=\sum_{n=0}^{N-1}e^{-j\omega n}=\frac{\sin\frac{\omega N}{2}}{\sin\frac{\omega}{2}}e^{-j\omega\frac{N-1}{2}}=W_R(\omega)e^{-j\omega\alpha} \tag{7-21}$$

式中　$\alpha=(N-1)/2$，$W_R(\omega)=\sin\frac{\omega N}{2}/\sin\frac{\omega}{2}$是其幅度函数，它在 $\omega=\pm2\pi/N$ 之内有一主瓣，然后两侧呈衰减振荡展开，形成许多副瓣，如图 7-10d 所示。理想频率响应也可写成

$$H_d(e^{j\omega})=H_d(\omega)e^{-j\omega\alpha} \tag{7-22}$$

式中

$$H_d(\omega)=\begin{cases}1\ , & |\omega|\leqslant\omega_c\\ 0\ , & \omega_c<|\omega|\leqslant\pi\end{cases}$$

是其幅度函数，如图 7-10a 所示。将式(7-22) 和式(7-21) 的结果代入式(7-20)，则

$$H(e^{j\omega})=\frac{1}{2\pi}\int_{-\pi}^{\pi}H_d(\theta)e^{-j\theta\alpha}W_R(\omega-\theta)e^{-j(\omega-\theta)\alpha}d\theta=e^{-j\omega\alpha}\frac{1}{2\pi}\int_{-\pi}^{\pi}H_d(\theta)W_R(\omega-\theta)d\theta$$

因此，实际上 FIR 滤波器幅度函数 $H(\omega)$ 为

$$H(\omega)=\frac{1}{2\pi}\int_{-\pi}^{\pi}H_d(\theta)W_R(\omega-\theta)d\theta \tag{7-23}$$

可见，对实际滤波器频响 $H(\omega)$ 产生影响的部分是窗函数的幅度函数（简称窗谱）。式(7-23)的卷积过程可用图 7-11 说明。只要找出几个特殊频率点的 $H(\omega)$，即可看出 $H(\omega)$ 的一般情况。在下面的分析中，请读者特别注意这个卷积过程给 $H(\omega)$ 造成的起伏现象。

1）$\omega=0$ 时的响应值 $H(0)$：由式(7-23) 可知，$H(0)$ 就是图 7-11a 与图 7-11b 所示的两函数乘积的积分，也就是 $W_R(\theta)$ 在 $\theta=-\omega_c$ 到 $\theta=+\omega_c$ 一段的面积。由于一般情况下都满足 $\omega_c \gg 2\pi/N$ 的条件，所以 $H(0)$ 可近似为 θ 从 $-\pi$ 到 $+\pi$ 的 $W_R(\theta)$ 的全部面积。

2）$\omega=\omega_c$ 时的响应值 $H(\omega_c)$：此时 $H_d(\theta)$ 与 $W_R(\omega-\theta)$ 的一半重叠如图 7-11c 所示。因此，$H(\omega_c)/H(0)=0.5$。

3）$\omega=\omega_c-2\pi/N$ 时的响应值 $H(\omega_c-2\pi/N)$：这时 $W_R(\omega-\theta)$ 的全部主瓣都在 $H_d(\theta)$ 的通带内，如图 7-11d 所示，因此，$H(\omega_c-2\pi/N)$ 为最大值，频率响应出现正肩峰。

4）$\omega=\omega_c+2\pi/N$ 时的响应值 $H(\omega_c+2\pi/N)$：这时 $W_R(\omega-\theta)$ 的全部主瓣刚好在 $H_d(\theta)$ 的通带外，如图 7-11e 所示，而积分有效范围内的副瓣负的面积大于正的面积，因此 $H(\omega_c+2\pi/N)$ 出现负肩峰。

5）$\omega>\omega_c+2\pi/N$ 时，随着 ω 的继续增大，卷积值随着 $W_R(\omega-\theta)$ 的旁瓣在 $H_d(\theta)$ 的通带内面积的变化而变化，$H(\omega)$ 将围绕着零值波动。

6）当 ω 由 $\omega_c-2\pi/N$ 向通带内减小时，$W_R(\omega-\theta)$ 的右旁瓣进入 $H_d(\theta)$ 的通带，使得 $H(\omega)$ 围绕 $H(0)$ 值波动。$H(\omega)$ 如图 7-11f 所示。

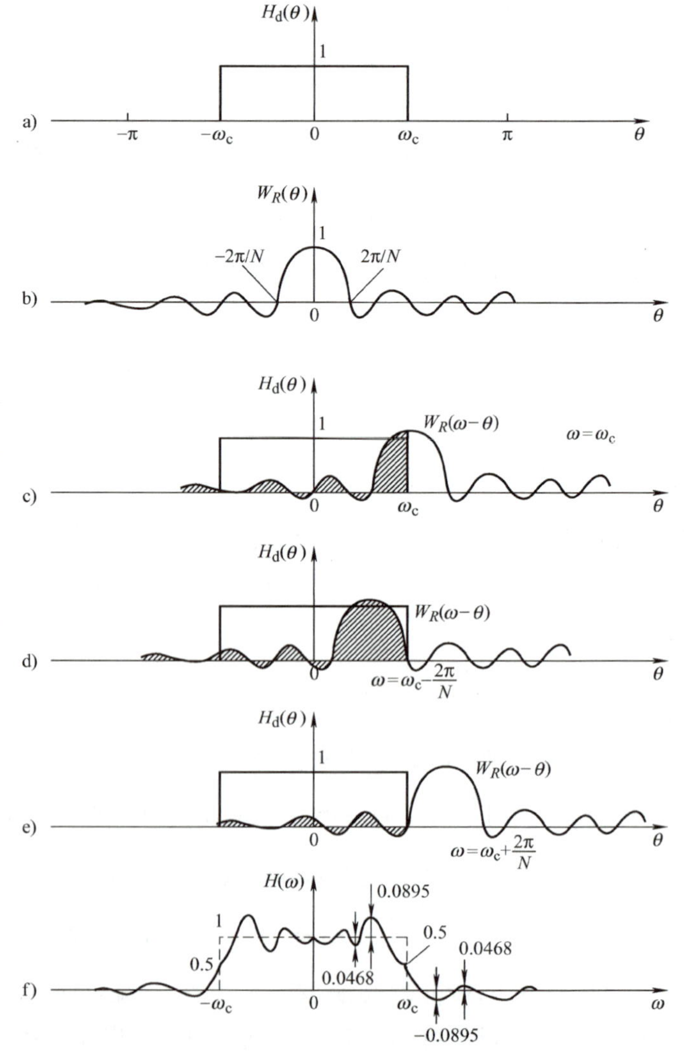

图 7-11　矩形窗的卷积过程

综上所述，可得到加窗处理对理想特性产生以下 3 点影响。

1）使理想频率特性不连续突变边沿变成了一个过渡带，过渡带的宽度约等于 $W_R(\theta)$ 的主瓣宽度，在矩形窗的情况下，$W_R(\theta)$ 的主瓣宽度 $\Delta\omega=4\pi/N$。

2）使平坦的通带和阻带特性变成有波动的不平坦特性，在截止频率 ω_c 的两旁 $\omega=\omega_c\pm 2\pi/N$ 的地方（即过渡带两旁），$H(\omega)$ 出现最大值和最小值，形成肩峰值。肩峰值的两侧形成长长的余振，它们取决于窗函数频谱的副瓣，副瓣越多，余振也越多。

3）增加截取长度 N，并不能改变上述波动，这是因为窗函数主瓣附近的频谱结构为

$$W_R(\omega)=\frac{\sin\frac{\omega N}{2}}{\sin\frac{\omega}{2}}\approx\frac{\sin\frac{\omega N}{2}}{\frac{\omega}{2}}=N\frac{\sin x}{x}$$

式中　$x=\frac{\omega N}{2}$。

所以，改变长度 N，只能改变窗谱 $W_R(\omega)$ 的绝对大小，而不能改变主瓣与副瓣的相对比例（但 N 太小时则会影响副瓣相对值），这个相对比例是由 $\sin x/x$ 决定的，或者说只取决于窗函数的形状。因此增加截取长度 N 只能相应地减小过渡带宽度，而不能改变肩峰值。例如，在矩形窗的情况下，最大肩峰值为 8.9%，当 N 增大时，只能使起伏振荡变密，而最大肩峰值却总是 8.9%，这种现象称为吉布斯（Gibbs）效应。肩峰值大小对滤波器的性能影响很大。

7.2.3　常用窗函数

矩形窗截断造成的肩峰值为 8.9%，则阻带最小衰减为 $20\lg(8.9\%)\approx-21\text{dB}$，这个阻带衰减量在工程上常常是不够的。为了加大阻带衰减，只能改变窗函数的形状。可以想到，当窗谱逼近冲激函数时，也就是绝大部分能量集中于频谱中点时，$H(\omega)$ 就会逼近 $H_{\mathrm{d}}(\omega)$。这样相当于窗的宽度为无限长，等于不加窗截断，没有实际意义。

一般希望窗函数的频谱满足以下两项要求：①主瓣尽可能窄，以获得较陡的过渡带；②最大的副瓣相对于主瓣尽可能得小，即能量集中在主瓣，这样，就可以减少肩峰和余振，提高阻带的衰减。但是这两项要求不可能同时得到最佳满足，常用的窗函数是在这两者之间取适当的折中，往往需要增加主瓣宽度以换取副瓣的抑制。如果选用一个窗函数是为了得到较窄的过渡带，就应选用主瓣较窄的窗函数，这样在通带中将产生一些振荡，在阻带中会出现显著的波纹；如果主要是为了得到较小的阻带波纹，这时选用的窗函数的副瓣电平应当较小。所以，选择一个特性良好的窗函数有着重要的实际意义。常用的窗函数有以下几种。

1. 矩形窗

$$w(n)=R_N(n)=\begin{cases}1, & 0\leqslant n\leqslant N-1\\ 0, & \text{其他}\end{cases}\tag{7-24}$$

前面已经讨论过，其窗谱

$$W_R(\mathrm{e}^{\mathrm{j}\omega})=\frac{\sin\dfrac{\omega N}{2}}{\sin\dfrac{\omega}{2}}\mathrm{e}^{-\mathrm{j}\frac{N-1}{2}\omega}\tag{7-25}$$

2. 三角形窗

$$w(n)=\begin{cases}\dfrac{2n}{N-1}, & 0\leqslant n\leqslant\dfrac{N-1}{2}\\[2ex] 2-\dfrac{2n}{N-1}, & \dfrac{N-1}{2}<n\leqslant N-1\end{cases}\tag{7-26}$$

窗谱

$$W_R(\mathrm{e}^{\mathrm{j}\omega})=\frac{2}{N-1}\left(\frac{\sin\dfrac{N-1}{4}\omega}{\sin\dfrac{\omega}{2}}\right)^2\mathrm{e}^{-\mathrm{j}\frac{N-1}{2}\omega}\approx\frac{2}{N}\left(\frac{\sin\dfrac{N-1}{4}\omega}{\sin\dfrac{\omega}{2}}\right)^2\mathrm{e}^{-\mathrm{j}\frac{N-1}{2}\omega}\tag{7-27}$$

3. 汉宁（Hanning）窗（又称升余弦窗）

$$w(n)=\frac{1}{2}\left[1-\cos\left(\frac{2\pi n}{N-1}\right)\right]R_N(n)\tag{7-28}$$

窗谱

$$W(e^{j\omega}) = \left\{0.5W_R(\omega) + 0.25\left[W_R\left(\omega - \frac{2\pi}{N-1}\right) + W_R\left(\omega + \frac{2\pi}{N-1}\right)\right]\right\}e^{-j\frac{N-1}{2}\omega} \tag{7-29}$$

当 $N \gg 1$ 时，$N-1 \approx N$，所以

$$W(\omega) \approx 0.5W_R(\omega) + 0.25\left[W_R\left(\omega - \frac{2\pi}{N}\right) + W_R\left(\omega + \frac{2\pi}{N}\right)\right] \tag{7-30}$$

频谱特性如图 7-12 所示，从图中可以看到，由于这三部分频谱的相加，使副瓣大大抵消，从而使能量更有效地集中在主瓣内，它的代价是使主瓣加宽了一倍。

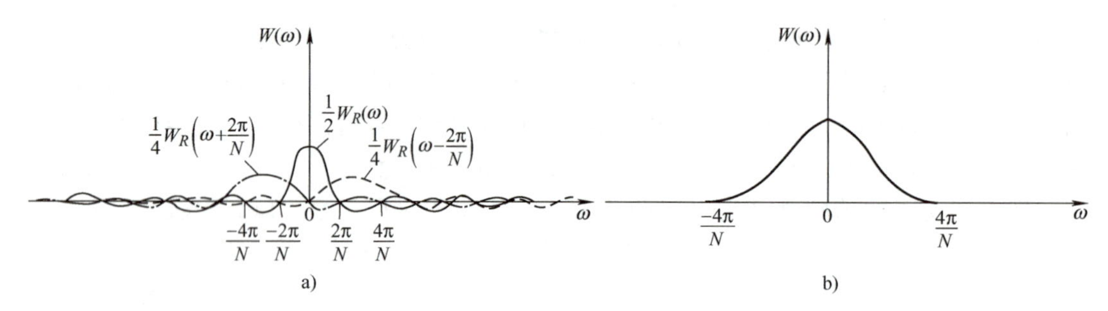

图 7-12　汉宁窗谱

4. 海明（Hamming）窗（又称改进的升余弦窗）

对升余弦窗再进行一点调整可以得到副瓣更小的效果，这就是改进的升余弦窗，窗函数为

$$w(n) = \left[0.54 - 0.46\cos\left(\frac{2\pi n}{N-1}\right)\right]R_N(n) \tag{7-31}$$

窗谱幅度

$$\begin{aligned} W(\omega) &= 0.54W_R(\omega) + 0.23\left[W_R\left(\omega - \frac{2\pi}{N-1}\right) + W_R\left(\omega + \frac{2\pi}{N-1}\right)\right] \\ &\approx 0.54W_R(\omega) + 0.23\left[W_R\left(\omega - \frac{2\pi}{N}\right) + W_R\left(\omega + \frac{2\pi}{N}\right)\right] \end{aligned} \tag{7-32}$$

这一结果使得 99.96% 的能量集中在主瓣内，在与升余弦窗相等的主瓣宽度下，获得了更好的副瓣抑制。

5. 布莱克曼（Blackman）窗（又称二阶升余弦窗）

如果要再进一步抑制副瓣，可以对升余弦窗再加一个二次谐波的余弦分量，这样得到的窗函数为

$$w(n) = \left[0.42 - 0.5\cos\left(\frac{2\pi n}{N-1}\right) + 0.08\cos\left(\frac{4\pi n}{N-1}\right)\right]R_N(n) \tag{7-33}$$

窗谱幅度

$$\begin{aligned} W(\omega) = {} & 0.42W_R(\omega) + 0.25\left[W_R\left(\omega - \frac{2\pi}{N-1}\right) + W_R\left(\omega + \frac{2\pi}{N-1}\right)\right] + \\ & 0.04\left[W_R\left(\omega - \frac{4\pi}{N-1}\right) + W_R\left(\omega + \frac{4\pi}{N-1}\right)\right] \end{aligned} \tag{7-34}$$

这样可以得到更低的副瓣，但是主瓣宽度却进一步加宽到矩形窗的 3 倍。

表 7-1 所示为几种窗函数基本参数的比较。

表 7-1　几种窗函数基本参数的比较

窗的类型	主瓣宽度	副瓣峰值/dB	过渡带宽度 $\Delta\omega$	最小阻带衰减/dB
矩形窗	$4\pi/N$	-13	$1.8\pi/N$	21
三角形窗	$8\pi/N$	-25	$6.1\pi/N$	25
汉宁窗	$8\pi/N$	-31	$6.2\pi/N$	44
海明窗	$8\pi/N$	-41	$6.6\pi/N$	53
布莱克曼窗	$12\pi/N$	-57	$11\pi/N$	74

6. 凯塞（Kaiser）窗

这是一种适应性较强的窗，其窗函数的表达式为

$$w(n)=\frac{I_0\left(\beta\sqrt{1-[1-2n/(N-1)]^2}\right)}{I_0(\beta)}, \quad 0\leqslant n\leqslant N-1 \tag{7-35}$$

式中　$I_0(\cdot)$——第一类变形零阶贝塞尔函数；

β——可自由选择的参数。

参数 β 选得越大，其频谱的副瓣越小，但主瓣宽度也相应增加。因而，改变 β 的值就可以在主瓣宽度与副瓣衰减之间进行选择。例如，$\beta=0$ 相当于矩形窗，$\beta=5.44$ 的曲线接近于海明窗，$\beta=8.5$ 的曲线接近于布莱克曼窗。β 的典型值在 $4<\beta<9$ 范围内。在不同 β 值下的性能见表 7-2。

表 7-2　凯塞窗参数对滤波器的性能的影响

β	过渡带宽度 $\Delta\omega$	通带波纹/dB	最小阻带衰减/dB
2.120	$3.00\pi/N$	±0.27	30
3.384	$4.46\pi/N$	±0.0868	40
4.538	$5.86\pi/N$	±0.0274	50
5.568	$7.24\pi/N$	±0.00868	60
6.764	$8.64\pi/N$	±0.00275	70
7.865	$10.0\pi/N$	±0.000868	80
8.960	$11.4\pi/N$	±0.000275	90

虽然凯塞窗看上去没有初等函数的解析表达式。但是，在设计凯塞窗时，对变形零阶贝塞尔函数可采用式(7-36) 所示的无穷级数来表达：

$$I_0(x)=\sum_{k=0}^{\infty}\left[\frac{1}{k!}\left(\frac{x}{2}\right)^k\right]^2=1+\sum_{k=1}^{\infty}\left[\frac{1}{k!}\left(\frac{x}{2}\right)^k\right]^2 \tag{7-36}$$

这个无穷级数可用有限项级数去近似，项数多少由要求的精度来确定，采用计算机程序很容易求解。

7.2.4　窗函数法设计 FIR 数字滤波器的基本步骤

综上所述，可得窗函数法设计 FIR 滤波器的步骤如下：

1）给定要求的频率响应函数 $H_d(e^{j\omega})$。

2）计算 $h_d(n)=\text{IDTFT}[H_d(e^{j\omega})]$。

3）根据过渡带宽度及阻带最小衰减的要求，由表 7-1 和表 7-2 选定窗函数，再由表中查出窗函数的过渡带宽度 $\Delta\omega$，根据给出的过渡带宽度要求估计滤波器长度 N。

4）根据所选择的窗函数，计算所设计的 FIR 数字滤波器的单位抽样响应

$$h(n)=w(n)h_d(n)\quad n=0,1,2,\cdots,N-1$$

5）求 $H(e^{j\omega})=\text{DTFT}[h(n)]$，检验是否满足设计要求，如不满足，重新设计。

设计计算中可能遇到以下主要问题：

1）当 $H_d(e^{j\omega})$ 很复杂或不能按式(7-14) 直接计算积分时，就很难得到或根本得不到 $h_d(n)$ 的表达式，这时可用求和代替积分，以便于在计算机上进行计算，即采用频域抽样方式来进行，设频域抽样点数为 M，则

$$h_M(n)=\frac{1}{M}\sum_{k=0}^{M-1}H_d(e^{j\frac{2\pi}{M}k})e^{j\frac{2\pi}{M}kn}\tag{7-37}$$

2）窗函数设计法的另一个困难是需要预先确定窗函数的形式和窗函数的长度 N，以满足预定的频率响应指标。当按照前面所述的设计步骤设计出的滤波器不能满足要求时，需要重新调整。这个问题可以利用计算机程序，采用试探法来确定。

窗函数设计的优点是大多数都有封闭公式可循，所以窗函数设计法简单、方便、实用；缺点是通带、阻带截止频率不易控制。

例 7-2 低通滤波器的期望指标为：通带截止频率为 $\omega_p=0.3\pi$，阻带起始频率为 $\omega_{st}=0.5\pi$，最小阻带衰减为 $\delta_s=40\text{dB}$。选择窗函数并估计滤波器的长度。

解： 由题意，截止频率 $\omega_c=(\omega_p+\omega_{st})/2=0.4\pi$

归一化的过渡带宽度 $\Delta\omega=\omega_{st}-\omega_p=0.2\pi$

根据表 7-1 可知，汉宁窗、海明窗和布莱克曼窗都可以得到期望的最小阻带衰减 δ_s。

汉宁窗：$\Delta\omega=6.2\pi/N$，所以

$$N=\frac{6.2\pi}{\Delta\omega}=\frac{6.2\pi}{0.2\pi}=31$$

海明窗：$\Delta\omega=6.6\pi/N$，所以

$$N=\frac{6.6\pi}{\Delta\omega}=\frac{6.6\pi}{0.2\pi}=33$$

布莱克曼窗：$\Delta\omega=11\pi/N$，所以

$$N=\frac{11\pi}{\Delta\omega}=\frac{11\pi}{0.2\pi}=55$$

可见，选择不同的窗函数时，所需的滤波器长度是不一样的，因此其实现的复杂度也是不一样的。

例 7-3 设计一个线性相位 FIR 低通滤波器，给定抽样频率为：$f_s=2\pi\times1.5\times10^4\text{rad/s}$，通带截止频率为 $\Omega_p=2\pi\times1.5\times10^3\text{rad/s}$，阻带起始频率为 $\Omega_{st}=2\pi\times3\times10^3\text{rad/s}$，阻带衰减不小于 50dB。

解：（1）根据题意，对应的模拟低通滤波器如图 7-13 所示。下面求各对应的数字指标。通带截止频率：$\omega_p=\frac{\Omega_p}{f_s}=2\pi\frac{f_p}{f_s}=0.2\pi$。阻带起始频率：$\omega_{st}=\frac{\Omega_{st}}{f_s}=2\pi\frac{f_{st}}{f_s}=0.4\pi$。归一化的

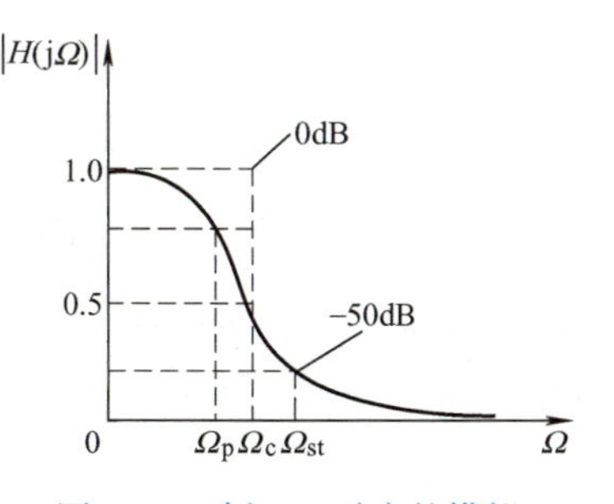

图 7-13　例 7-3 对应的模拟低通滤波器

过渡带宽度：$\Delta\omega=\omega_{st}-\omega_p=0.2\pi$。截止频率：$\omega_c=(\omega_p+\omega_{st})/2=0.3\pi$。阻带衰减：$\delta_{st}=50\text{dB}$。

（2）选择窗函数，估计滤波器长度。

根据表 7-1，海明窗的最小阻带衰减为 53dB，可选海明窗。

根据归一化的过渡带宽度估计滤波器长度 $N=\dfrac{6.6\pi}{\Delta\omega}=$

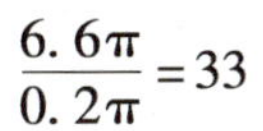

$\dfrac{6.6\pi}{0.2\pi}=33$

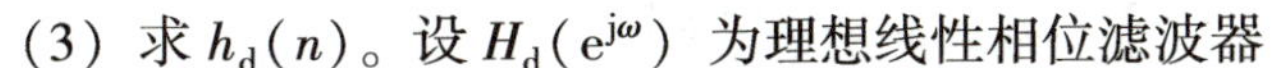

（3）求 $h_d(n)$。设 $H_d(\mathrm{e}^{\mathrm{j}\omega})$ 为理想线性相位滤波器

$$H_d(\mathrm{e}^{\mathrm{j}\omega})=\begin{cases}\mathrm{e}^{-\mathrm{j}\omega\alpha}, & |\omega|\leqslant\omega_c\\ 0, & \omega_c<|\omega|\leqslant\pi\end{cases}$$

由式(7-16)得

$$h_d(n)=\frac{1}{2\pi}\int_{-\omega_c}^{\omega_c}\mathrm{e}^{-\mathrm{j}\omega\alpha}\mathrm{e}^{\mathrm{j}\omega n}\mathrm{d}\omega=\frac{\sin[\omega_c(n-\alpha)]}{\pi(n-\alpha)}$$

式中　$\alpha=\dfrac{N-1}{2}=16$。

（4）求 $h(n)$。由海明窗的表达式得

$$w(n)=\left[0.54-0.46\cos\left(\frac{2\pi n}{N-1}\right)\right]R_N(n)$$

$$h(n)=h_d(n)w(n)=\frac{\sin[0.3\pi(n-16)]}{\pi(n-16)}\left[0.54-0.46\cos\left(\frac{n\pi}{16}\right)\right]R_{33}(n)$$

（5）由 $h(n)$ 求 $H(\mathrm{e}^{\mathrm{j}\omega})$，检验各项指标是否满足要求。若不满足，则改变 N 或选择其他窗函数，重新计算。

其他高通、带通、带阻滤波器的设计方法与低通滤波器设计方法和步骤一样，不同的只是 $h_d(n)$。如果给出的是数字指标，则没有例 7-3 中的第（1）步。

7.3　频率抽样设计法

本节介绍频率抽样设计法是在频域内，以有限个频率响应抽样，去近似所希望得到的理想频率响应 $H_d(\mathrm{e}^{\mathrm{j}\omega})$ 的设计方法。频率抽样设计法可以方便地设计某些特殊滤波器，如具有特殊频谱的波形形成器。

7.3.1　设计思路与原理

对于一个长度为 N 的序列 $h(n)$，若知道其频域的 N 个抽样值 $H(k)$，则 $h(n)$ 就可以由 $H(k)$ 唯一地确定。同时，也就可以获得其系统函数 $H(z)$ 或频率响应函数 $H(\mathrm{e}^{\mathrm{j}\omega})$。所以，就可以直接在频域对所希望得到的频率响应函数进行抽样得到 $H(k)$，从而进一步得到所设计的 FIR 的滤波器的系统函数 $H(z)$ 及频率响应 $H(\mathrm{e}^{\mathrm{j}\omega})$。下面就对这一思想做进一步说明。

设所希望得到的频率响应为 $H_d(\mathrm{e}^{\mathrm{j}\omega})$（一般为理想频率响应），在频域的 $\omega=0\sim2\pi$ 对其等间隔抽样 N 点（或对 $H_d(z)$ 在单位圆上进行等间隔抽样），得到 N 个抽样值为

$$H(k)=H_d(e^{j\omega})\big|_{\omega=\frac{2\pi}{N}k},k=0,1,\cdots,N-1$$

则

$$h(n)=\text{IDFT}[H(k)]=\frac{1}{N}\sum_{k=0}^{N-1}H(k)e^{j\frac{2\pi}{N}kn},n=0,1,\cdots,N-1$$

将这一 $h(n)$ 作为所设计的 FIR 滤波器的单位抽样响应。同时，系统函数 $H(z)$、频率响应函数 $H(e^{j\omega})$ 分别为

$$H(z)=\frac{1}{N}\sum_{k=0}^{N-1}H(k)\frac{1-z^{-N}}{1-W_N^{-k}z^{-1}} \tag{7-38}$$

$$H(e^{j\omega})=\sum_{k=0}^{N-1}H(k)\phi\left(\omega-\frac{2\pi}{N}k\right) \tag{7-39}$$

式中 $\phi(\omega)$ ——内插函数，$\phi(\omega)=\frac{1}{N}\frac{\sin(\omega N/2)}{\sin(\omega/2)}e^{-j\omega\left(\frac{N-1}{2}\right)}$。

以上两式就是直接由频域的 $H(k)$ 设计 FIR 滤波器的依据。将 $H(e^{j\omega})$ 作为所设计的 FIR 滤波器的频率响应。但正如窗函数设计法一样，$H(e^{j\omega})$ 是对所希望得到的 $H_d(e^{j\omega})$ 的一种逼近，也就是两者的特性曲线并不完全一致，存在逼近误差。关于逼近误差将在后面内容中做详细说明。这就是频率抽样设计法的基本思想。

7.3.2 线性相位的约束

如果要保证所设计的 FIR 数字滤波器具有线性相位，就必须对频域抽样值 $H(k)$ 提出相应的约束条件，而不能任意指定。

当线性相位 FIR 数字滤波器的单位抽样响应 $h(n)$ 为偶对称、长度 N 为奇数时，其频率响应为

$$H(e^{j\omega})=H(\omega)e^{-j\frac{N-1}{2}\omega} \tag{7-40}$$

其中，幅度函数

$$H(\omega)=\sum_{n=0}^{\frac{N-1}{2}}a(n)\cos n\omega$$

可知 $H(\omega)$ 是 ω 的偶函数，并且以 2π 为周期，即

$$H(\omega)=H(-\omega)=H(2\pi-\omega)$$

令

$$H(k)=H_k e^{j\theta_k} \tag{7-41}$$

又有

$$H(k)=H(e^{j\omega})\big|_{\omega=\frac{2\pi}{N}k}=H(\omega)e^{-j\frac{N-1}{2}\omega}\big|_{\omega=\frac{2\pi}{N}k}=H\left(\frac{2\pi}{N}k\right)e^{-j\frac{N-1}{2}\frac{2\pi}{N}k}=H_k e^{j\theta_k}$$

所以有

$$H_k=H\left(\frac{2\pi}{N}k\right) \tag{7-42}$$

$$\theta_k=-\frac{N-1}{2}\cdot\frac{2\pi}{N}k=-k\pi\left(1-\frac{1}{N}\right) \tag{7-43}$$

因为 $\omega=\frac{2\pi}{N}k$，所以当 $k=0$ 时，$\omega=0$；当 $k=N$ 时，$\omega=2\pi$。

又因为幅度函数是偶对称的，即

$$H\left(\frac{2\pi}{N}k\right)=H\left(2\pi-\frac{2\pi}{N}k\right)$$

所以

$$H_k=H_{N-k},\quad k=0,1,\cdots,N-1 \tag{7-44}$$

因此，得到如下线性相位 FIR 数字滤波器的 $H(k)$ 约束关系：

$$\begin{cases}\theta_k=-k\pi\left(1-\dfrac{1}{N}\right)=-k\pi\dfrac{N-1}{N}\\ H_k=H_{N-k}\end{cases}$$

同样可以分析得到其他三类线性相位滤波器对 $H(k)$ 的约束条件如下：

1）当 $h(n)$ 为偶对称，N 为偶数时

$$\begin{cases}H_k=-H_{N-k}\\ \theta_k=-\dfrac{N-1}{N}k\pi\end{cases}$$

2）当 $h(n)$ 为奇对称，N 为奇数时

$$\begin{cases}H_k=-H_{N-k}\\ \theta_k=\dfrac{\pi}{2}-\dfrac{N-1}{N}k\pi\end{cases}$$

3）当 $h(n)$ 为奇对称，N 为偶数时

$$\begin{cases}H_k=H_{N-k}\\ \theta_k=\dfrac{\pi}{2}-\dfrac{N-1}{N}k\pi\end{cases}$$

7.3.3　设计步骤

频率的抽样方式一般有两种：第一种频率抽样的方式是在 $\omega=0\sim2\pi$（或在 z 平面单位圆上）以 $\omega=\frac{2\pi}{N}k$（$0\leqslant k\leqslant N-1$）的形式对 $H_d(e^{j\omega})$［或 $H_d(z)$］抽样，也就是第一个频率抽样点在 $\omega=0$（或 $z=1$）处，接下来每隔 $\omega=\frac{2\pi}{N}$抽样一点，共抽样 N 点；第二种抽样方式是以 $\omega=\frac{2\pi}{N}\left(k+\frac{1}{2}\right)$的形式抽样，也即第一个抽样点不在 $\omega=0$（或 $z=1$）处。后一种抽样方式的优点是它使设计方法更加灵活。若给定的频带截止频率距后一种方式的频率抽样点比距前一种方式的抽样点近，则把后一种抽样方式的设计用于最优化处理。一旦得出了滤波器的实函数 $H(\omega)$，两种设计方式都可以获得滤波器系数。

本节以第一种抽样方式为基础，推导相关的设计公式。

根据式(7-43)

$$\theta_k=-\frac{N-1}{N}k\pi,\ k=0,1,\cdots,\frac{N-1}{2}$$

而

$$\theta_{N-k}=-\frac{N-1}{N}(N-k)\pi=-(N-1)\pi+\frac{N-1}{N}k\pi$$

当 N 为奇数时，$N-1$ 为偶数，由于 $e^{j\left[-(N-1)\pi+\frac{N-1}{N}k\pi\right]}=e^{j\frac{N-1}{N}k\pi}$，则可取

$$\theta_{N-k}=\frac{N-1}{N}k\pi,\ k=0,1,\cdots,\frac{N-1}{2}$$

这里的 θ_N 也应理解为 θ_0。

当 N 为偶数时，$N-1$ 为奇数，由于 $e^{j\left[-(N-1)\pi+\frac{N-1}{N}k\pi\right]}=e^{j\left(\pi+\frac{N-1}{N}k\pi\right)}$，则可取

$$\theta_{N-k}=\pi+\frac{N-1}{N}k\pi,\ k=0,1,\cdots,\frac{N-1}{2}$$

但此时 $H_k=-H_{N-k}$，则

$$H(N-k)=H_{N-k}e^{j\theta_{N-k}}=-H_k e^{j\left(\pi+\frac{N-1}{N}k\pi\right)}=H_k e^{j\frac{N-1}{N}k\pi}$$

所以此时可以将幅度抽样和相位抽样改写为

$$H_k=H_{N-k}$$

$$\theta_{N-k}=\frac{N-1}{N}k\pi$$

综合上述分析过程，可得到如下设计公式。

1）当 N 为奇数时

$$H_k=H_{N-k}$$

$$\theta_k=-\theta_{N-k}=-\frac{N-1}{N}k\pi,\ k=0,1,\cdots,\frac{N-1}{2} \tag{7-45}$$

2）当 N 为偶数时

$$H_k=H_{N-k}$$

$$H_{\frac{N}{2}}=0,\ k=0,1,\cdots,\frac{N-1}{2} \tag{7-46}$$

$$\theta_k=-\theta_{N-k}=-\frac{(N-1)}{N}k\pi$$

在确定了 H_k、θ_k，即 $H(k)$ 后，就可以利用内插公式［式(7-39)］来求设计所得的实际滤波器的频率响应 $H(e^{j\omega})$。

综合前述分析，将频率抽样法设计 FIR 线性滤波器的步骤总结如下：

1）确定过渡带抽样点数 m。

2）估算抽样点数 N。

3）确定所希望逼近的频率响应函数 $H_d(e^{j\omega})$。一般选择 $H_d(e^{j\omega})$ 为理想频率响应，注意应确保相位 $\theta(\omega)$ 为线性相位，而要 $H_d(\omega)$ 满足线性相位要求。

4）对 $H_d(e^{j\omega})$ 进行频域抽样，得到 $H(k)$。先确定在通带内的抽样点数 k_c+1（k_c 为小于或等于$\frac{\omega_c N}{2\pi}$的最大整数，$\omega=0\sim\pi$）；然后进行抽样，抽样间隔为$\frac{2\pi}{N}$，并加入过渡带抽样点，其值可以通过经验法或优化法确定。对于一点过渡带抽样点，其值一般可取在 0.3～0.5。

5）求解所设计滤波器单位抽样响应 $h(n)$。对 $H(k)$ 做 N 点离散傅里叶反变换即得

$$h(n)=\mathrm{IDFT}[H(k)]=\frac{1}{N}\sum_{k=0}^{N-1}H(k)W_N^{kn},\ n=0,1,\cdots,N-1$$

6）设计结果验证。将 $H(k)$ 代入内插公式［式(7-39)］，求得 $H(\mathrm{e}^{\mathrm{j}\omega})$，据此分析滤波器的性能，从而验证设计结果是否满足要求。

频率抽样法特别适合用于设计窄带选频滤波器，因为这时 $H(k)$ 只有少数几个非零值，运算量较小。但这种方法也有很大的缺点：由于各 $H(k)$ 的 k 值仅能取 $2\pi/N$ 的整数倍的值，所以当 ω_c 不是 $2\pi/N$ 的整倍数时，不能确保 ω_c 准确取值。要想实现尽可能精确的截止频率 ω_c，抽样点数 N 值必须足够大，计算量也就很大。

例 7-4　运用频率抽样法设计一个 FIR 低通数字滤波器，要求截止频率 $\omega_c=0.4\pi$，阻带最小衰减 $\alpha_s\geqslant 40\mathrm{dB}$，过渡带宽度 $\Delta\omega\leqslant 0.1\pi$，所设计的滤波器应具有第一类线性相位。

解：（1）确定需增加的过渡带抽样点数 m。

根据所要求的 α_s 确定 m。由表 7-3 看出，当 $m=1$ 时，满足 $\alpha_s\geqslant 40\mathrm{dB}$ 的要求。

表 7-3　m 与 α_s 关系经验数据表

m	1	2	3
α_s/dB	40 ~ 54	60 ~ 75	80 ~ 95

（2）估算频域抽样点数 N。

$$N\geqslant(m+1)2\pi/\Delta B=(1+1)\times 2\pi/(0.1\pi)=40$$

因此，可取 $N=41$。

（3）构造所希望的频域响应函数。依据题意选择以下理想函数：

$$H_d(\mathrm{e}^{\mathrm{j}\omega})=H_d(\omega)\mathrm{e}^{-\mathrm{j}\omega\frac{N-1}{2}}=\begin{cases}\mathrm{e}^{-\mathrm{j}\omega\frac{N-1}{2}}, & |\omega|\leqslant 0.4\pi\\ 0, & 0.4\pi<|\omega|\leqslant\pi\end{cases}$$

由于要求设计第一类线性相位滤波器，所以上式中 $H_d(\mathrm{e}^{\mathrm{j}\omega})$ 的相位为 $-\dfrac{N-1}{2}\omega$。

（4）频域抽样，求得 $H(k)$。

先计算 k_c。依据所要求的截止频率，得

$$k_c=\mathrm{int}\left(\frac{\omega_c N}{2\pi}\right)=\mathrm{int}(8.2)=8$$

所以在通带内抽样 9 点（$\omega=0\sim\pi$）。

本例是 $h(n)$ 为偶对称、N 为奇数的情况。所以，从 $\omega=0$ 开始对 $H_d(\omega)$ 在 $\omega=0\sim 2\pi$ 内抽样 41 点，得到的幅度抽样为

$$H_k=\begin{cases}1, & k=0,1,\cdots,8,33,34,\cdots,40\\ 0, & k=9,10,\cdots,32\end{cases}$$

在 H_k 原为零的 $k=9$，32 处加入值为 0.38 的过渡带抽样点，即 $H_9=H_{32}=0.38$，则

$$H_k=\begin{cases}1, & k=0,1,\cdots,8,33,34,\cdots,40\\ 0.38, & k=9,32\\ 0, & k=10,11,\cdots,31\end{cases}$$

又依据式(7-46) 得到相位抽样为

$$\theta_k=-\theta_{N-k}=-\frac{40}{41}k\pi,\quad k=0,1,\cdots,20$$

由此得频率抽样为

$$H(k)=H_k e^{j\theta_k}=\begin{cases} e^{-j\frac{40}{41}k\pi}, & k=0,1,\cdots,8 \\ 0.38e^{-j\frac{40}{41}k\pi}, & k=9 \\ 0, & k=10,11,\cdots,31 \\ 0.38e^{j\frac{40}{41}k\pi}, & k=32 \\ e^{j\frac{40}{41}k\pi}, & k=33,34,\cdots,40 \end{cases}$$

(5) 求解 $h(n)$。对 $H(k)$ 做 41 点离散傅里叶反变换即得

$$h(n)=\mathrm{IDFT}[H(k)]=\frac{1}{41}\sum_{k=0}^{40}H(k)W_{41}^{kn},\quad n=0,1,\cdots,40$$

(6) 分析所设计滤波器的频域性能。

将 $H(k)$ 表达式代入内插公式［式(7-39)］化简，得

$$H(e^{j\omega})=e^{-j20\omega}\left\{\frac{\sin\left(\frac{41}{2}\omega\right)}{41\sin\left(\frac{\omega}{2}\right)}+\sum_{k=1}^{8}\left[\frac{\sin\left(\frac{41\omega}{2}-k\pi\right)}{41\sin\left(\frac{\omega}{2}-\frac{k\pi}{41}\right)}+\frac{\sin\left(\frac{41\omega}{2}+k\pi\right)}{41\sin\left(\frac{\omega}{2}+\frac{k\pi}{41}\right)}\right]+\right.$$
$$\left.0.38\left[\frac{\sin\left(\frac{41\omega}{2}-\pi\right)}{41\sin\left(\frac{\omega}{2}-\frac{9\pi}{41}\right)}+\frac{\sin\left(\frac{41\omega}{2}+\pi\right)}{41\sin\left(\frac{\omega}{2}+\frac{9\pi}{41}\right)}\right]\right\}$$

依据上式分析滤波器的性能，从而验证设计结果是否满足指标要求。结果波形如图 7-14 所示。

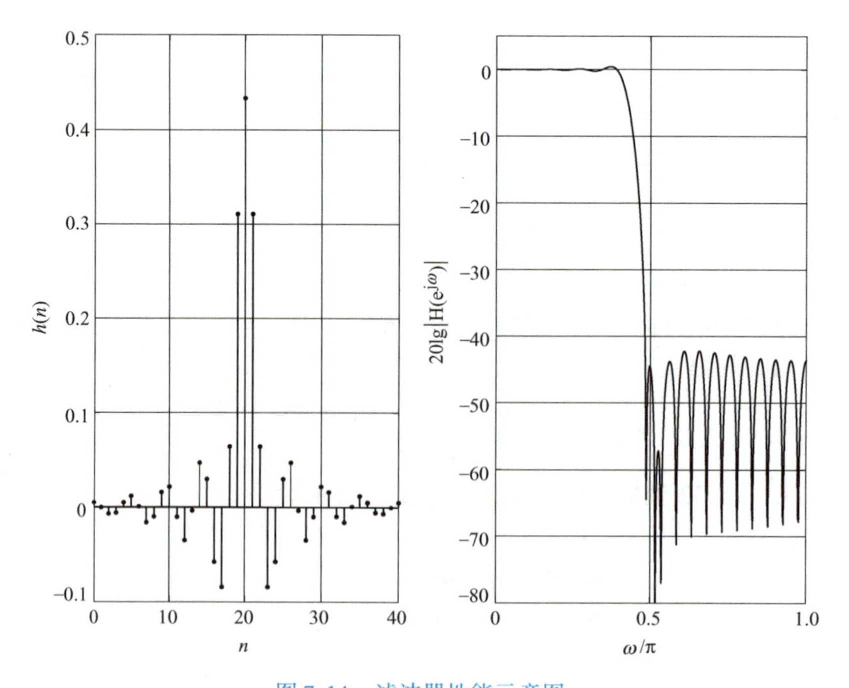

图 7-14　滤波器性能示意图

7.4　IIR 滤波器和 FIR 滤波器的比较

至此，我们介绍了 IIR 和 FIR 两种滤波器的设计方法。为了在实际应用时，更好地选择合适的滤波器，下面对这两类滤波器做一个简单的比较。

1. 性能方面的比较

IIR 滤波器可以用较少的阶数获得很高的选择特性，因此，所用存储单元少，运算次数少，较为经济而且高效。但是这个高效率的代价是相位的非线性，即选择性越好，相位的非线性越严重。相比较而言，FIR 滤波器则需要较多的存储器和较多的运算，成本比较高，信号延时较大。然而，若要求相同的选择性和相同的线性相位，则 IIR 滤波器就必须加全通网络来进行相位校正，因此，同样要大大增加滤波器的阶数和复杂性。所以如果相位要求严格一点，那么采用 FIR 滤波器在性能上和经济上都将优于 IIR 滤波器。

2. 结构方面的比较

IIR 滤波器必须采用递归型结构，极点位置必须位于单位圆内，否则系统将不稳定。此外，运算过程中对序列的舍入处理有时会引起微弱的寄生振荡。FIR 滤波器则主要采用非递归型结构，不论在理论上还是在实际的有限精度运算中都不存在稳定性问题，运算误差也较小。而且由于为有限长，因此，FIR 滤波器可以采用 FFT 算法，在相同阶数的条件下，运算速度要快得多。

3. 设计工具方面的比较

IIR 滤波器的设计可以借助模拟滤波器的成果，一般都有有效的封闭形式的设计公式可用，计算准确。同时，又有许多数据和表格可供查询，设计计算的工作量比较小，对计算工具的要求不高。FIR 滤波器的设计则一般没有现成的设计公式。窗函数法虽然对窗函数给出了计算公式，但计算通带、阻带的衰减等仍无显式表达式。一般 FIR 滤波器的设计只有计算程序可循，需要借助计算机来完成。

4. 设计灵活性方面的比较

IIR 滤波器设计法主要是用于设计具有分段常数特性的标准滤波器，如低通、高通、带通及带阻等滤波器，往往脱离不了模拟滤波器的格局。而 FIR 滤波器则要灵活得多，尤其是频率抽样设计法更容易适应各种幅度特性和相位特性的要求，设计出理想的希尔伯特（Hilbert）变换器、理想差分器、线性调频等各种重要网络。因而具有更大的适应性和更广阔的天地。

由以上比较可以看到，IIR 滤波器与 FIR 滤波器各有特点，应根据实际应用的要求，从多方面的考虑来加以选择。例如，在对相位要求不高的应用场合（如语音通信等），选用 IIR 滤波器较为合适；而在对线性相位要求较高的应用中（如图像信号处理、数据传输等以波形携带信息的系统），则采用 FIR 滤波器较好。当然，没有哪一类滤波器在任何应用中都是绝对最佳的，在实际设计时，还应综合考虑经济成本、计算工具等多方面的因素。

7.5 本章涉及的 MATLAB 函数

例 7-5 用 MATLAB 实现 FIR 滤波器的Ⅰ型、Ⅱ型、Ⅲ型以及Ⅳ型线性相位滤波器。

解：(1) Ⅰ型线性相位滤波器，程序如下：

```
h=[-4 3 -5 -2 5 7 5 -2 -1 8 -3]
M=length(h);
n=0:M-1;
[Hr,w,a,L]=hr_type1(h);
subplot(2,2,1);
stem(n,h);
xlabel('n');
ylabel('h(n)');
title('脉冲响应')
grid on
subplot(2,2,3);
stem(0:L,a);
xlabel('n');
ylabel('a(n)');
title('a(n)系数')
grid on
subplot(2,2,2);
plot(w/pi,Hr);
xlabel('频率/\pi');ylabel('Hr');
title('Ⅰ型幅度响应')
grid on
subplot(2,2,4);
pzplotz(h,1);
grid on
```

程序运行结果如图 7-15 所示。

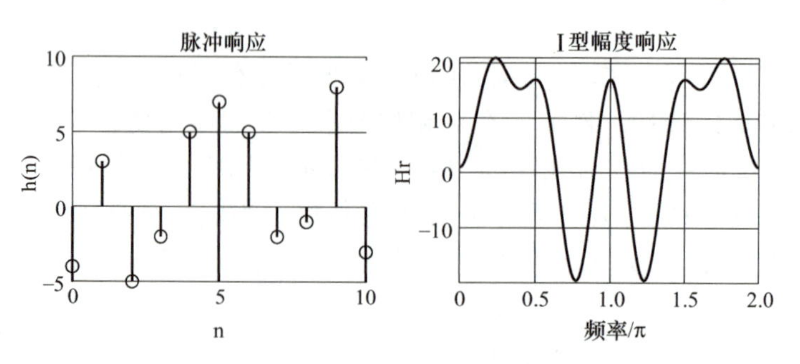

图 7-15　Ⅰ型线性相位滤波器

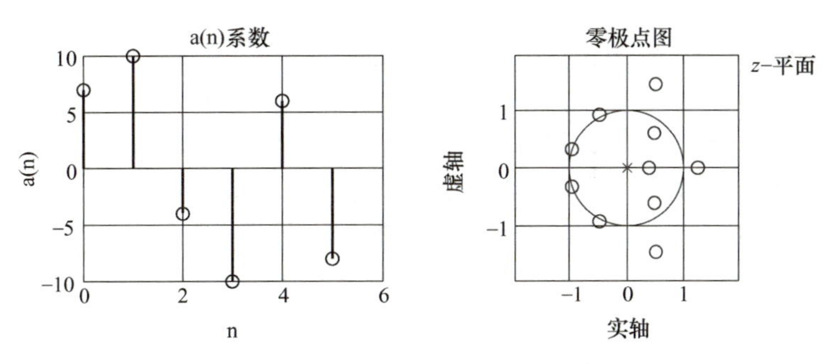

图 7-15　Ⅰ型线性相位滤波器（续）

（2）Ⅱ型线性相位滤波器，程序如下：

```
h=[-3 2 -1 -2  5 6 5 -2 -1 1 -3]
M=length(h);
n=0:M-1;
[Hr,w,b,L]=hr_type2(h);
subplot(2,2,1);
stem(n,h);
xlabel('n');
ylabel('h(n)');
title('脉冲响应')
grid on
subplot(2,2,3);
stem(1:L,b);
xlabel('n');
ylabel('b(n)');
title('b(n)系数')
grid on
subplot(2,2,2);
plot(w/pi,Hr);
xlabel('频率/\pi');ylabel('Hr');
title('Ⅱ型幅度响应')
grid on
subplot(2,2,4);
pzplotz(h,1);
grid on
```

程序运行结果如图 7-16 所示。

（3）Ⅲ型线性相位滤波器，程序如下：

```
h=[-3 1 -1 -2  5 6 5 -2 -1 1 -3]
M=length(h);
```

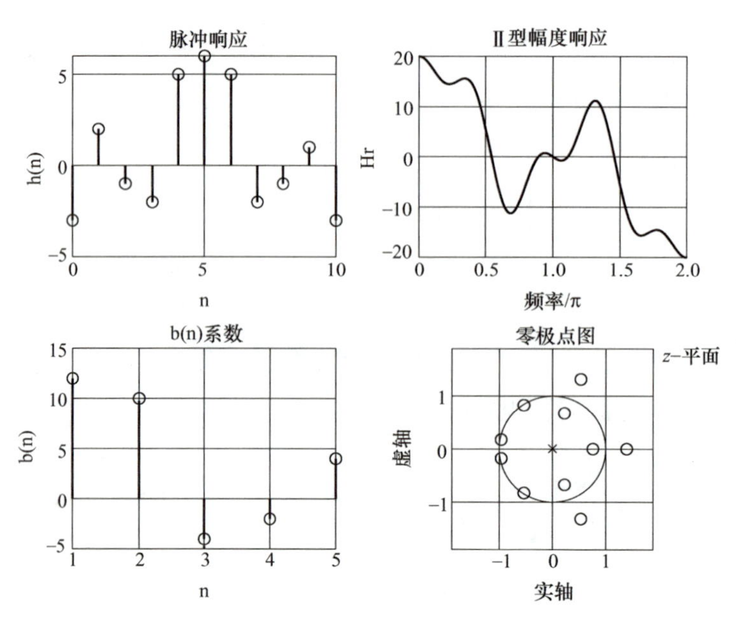

图 7-16　Ⅱ型线性相位滤波器

```
n=0:M-1;
[Hr,w,c,L]=hr_type3(h);
subplot(2,2,1);
stem(n,h);
xlabel('n');
ylabel('h(n)');
title('脉冲响应')
grid on
subplot(2,2,3);
stem(0:L,c);
xlabel('n');
ylabel('c(n)');
title('c(n)系数')
grid on
subplot(2,2,2);
plot(w/pi,Hr);
xlabel('频率/\pi');ylabel('Hr');
title('Ⅲ 型幅度响应')
grid on
subplot(2,2,4);
pzplotz(h,1);
grid on
```

程序运行结果如图 7-17 所示。

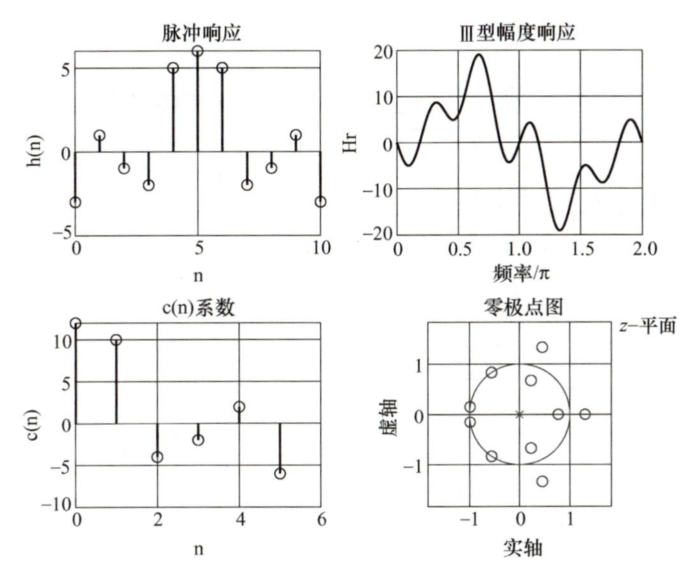

图 7-17　Ⅲ型线性相位滤波器

（4）Ⅳ型线性相位滤波器，程序如下：

```
h=[-3 1 -1 -2  5 6 5 -2 -1 1 -3]
M=length(h);
n=0:M-1;
[Hr,w,d,L]=hr_type4(h);
subplot(2,2,1);
stem(n,h);
xlabel('n');
ylabel('h(n)');
title('脉冲响应')
grid on
subplot(2,2,3);
stem(1:L,d);
xlabel('n');
ylabel('d(n)');
title('d(n)系数')
grid on
subplot(2,2,2);
plot(w/pi,Hr);
xlabel('频率/\pi');ylabel('Hr');
title('Ⅳ型幅度响应')
grid on
subplot(2,2,4);
pzplotz(h,1);
grid on
```

程序运行结果如图 7-18 所示。

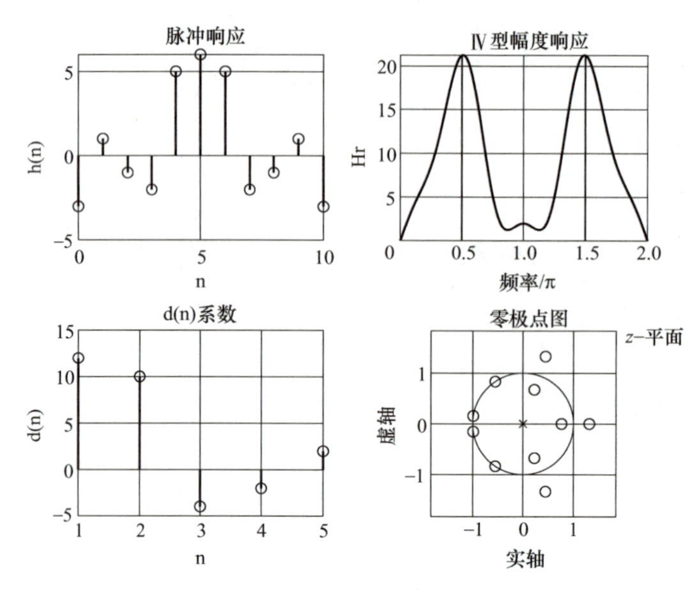

图 7-18　Ⅳ型线性相位滤波器

例 7-6　用窗函数法设计一线性相位高通滤波器。该滤波器在通带和阻带具有相同的波动幅度 $\delta \leqslant 0.01$，通带范围 $0.35\pi \sim \pi$，阻带范围 $0 \sim 0.2\pi$。

解：程序如下：

```
f=[0.2 0.35];
a=[0 1];
dev=[0.01 0.01];
[M, Wc, beta, ftype]=kaiserord(f, a, dev);
h=fir1(M,Wc,ftype, kaiser(M+1,beta));
[h1,w1]=freqz(h,1);
subplot(211)
stem([0:M], h);
xlabel('n');ylabel('h(n)');
subplot(212)
plot(w1/pi,20* log10(abs(h1)));
axis([0,1,-80,10]);grid;
xlabel('归一化频率/\pi');ylabel('幅度/dB');
```

程序运行结果如图 7-19 所示。

例 7-7　用矩形窗设计一个线性相位高通滤波器。其中

$$H_d(e^{j\omega})=\begin{cases} e^{-j(\omega-\pi)} & 0.3\pi \leqslant \omega \leqslant \pi \\ 0 & 0 \leqslant \omega \leqslant 0.3\pi \end{cases}$$

解：程序如下：

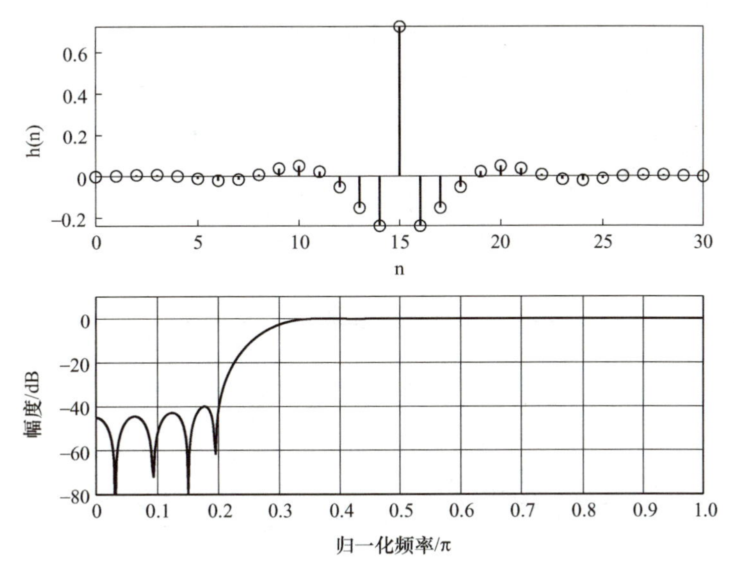

图 7-19　窗函数法设计线性相位高通滤波器

```
N=9;
alpha=(N-1)/2;
wc=0.3* pi;
n=(0:8);
i=n-alpha;
i=i+(i==0)* eps;
h=(-1).^n.* sin((i).* wc)./((i).* pi);
w=(0:1:500)* 2* pi/500;
H=h* exp(-j* n'* w);
magH=abs(H);
subplot(211);
stem(n,h);
title('矩形窗设计 h(n)');
xlabel('n');ylabel('h(n)');
subplot(212);
plot(w/pi,magH);
xlabel('w/\pi');
ylabel('幅度/dB');
title('振幅谱');
```

程序运行结果如图 7-20 所示。

例 7-8　根据下列技术指标，设计一个 FIR 数字低通滤波器：$\omega_p=0.2\pi$，$\omega_s=0.4\pi$，$\alpha_p=0.25\text{dB}$，$\alpha_s=50\text{dB}$，选择一个适当的窗函数，确定单位抽样响应，绘出所设计的滤波器的幅度响应。

（提示：根据窗函数最小阻带衰减的特性表，可采用海明窗可提供大于 50dB 的衰减，其过渡带为 $6.6\pi/N$，因此具有较小的阶次）。

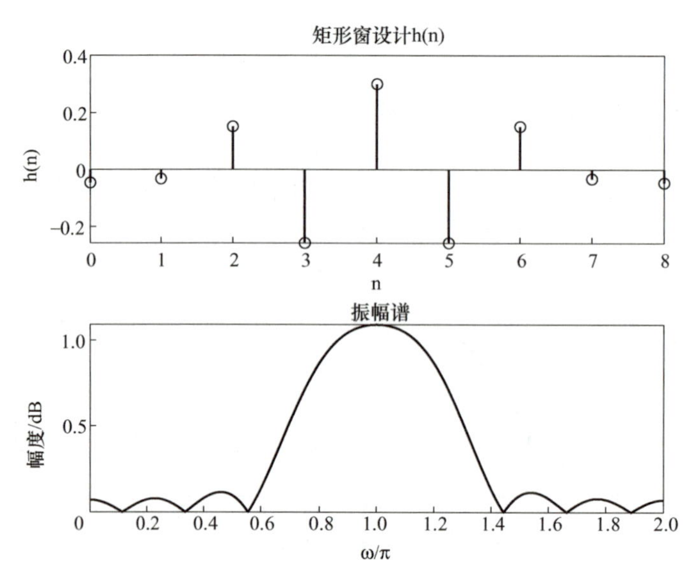

图 7-20　矩形窗设计线性相位高通滤波器

解： 程序如下：

```
wp=0.2* pi;ws=0.4* pi;ap=0.25;as=50;
wide=ws-wp;
N=ceil(6.6* pi/wide)+1;                        % 阶数
n=0:N-1;
wc=(wp+ws)/2;                                  % 截止频率
alpha=(N-1)/2;
hd=sin(wc* (n-alpha))./(pi* (n-alpha));        % 低通滤波器的单位抽样响应
subplot(4,1,1);
plot(n,hd);
xlabel('n');ylabel('hd(n)');
title('低通滤波器的单位抽样响应');grid on;
windon_ham=(hamming(N))';
subplot(4,1,2);
xlabel('n');ylabel('w(n)');
plot(n,windon_ham);
title('海明窗');
grid on;
y=hd.* windon_ham;                             % 实际单位脉冲响应
subplot(4,1,3);plot(n,y);title('实际单位脉冲响应');grid on;
[h,w]=freqz(y,1);
db=20* log10(abs(h))/max(abs(h));
xlabel('n');ylabel('h(n)');
subplot(4,1,4);
plot(w/pi,db);
```

```
xlabel('w/\pi');ylabel('幅度/dB');
title('幅度响应/dB');
grid on;
axis([0,1,-100,10]);
```

程序运行结果如图 7-21 所示。

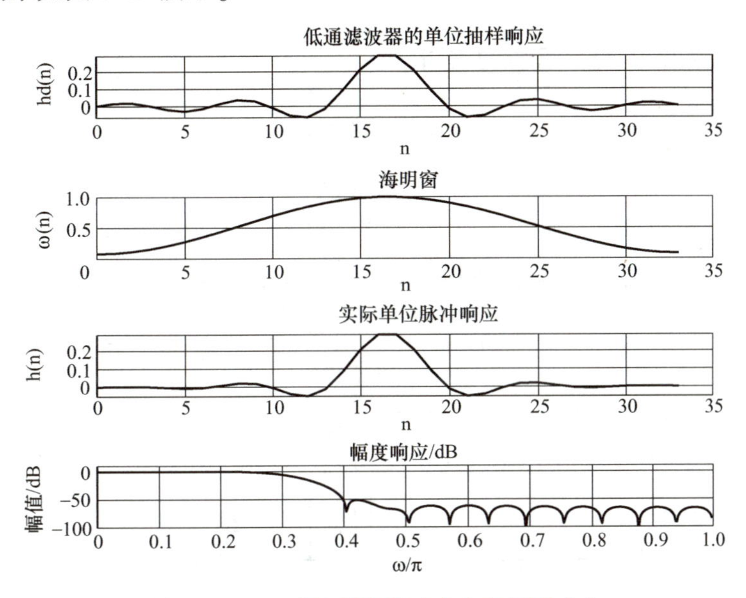

图 7-21　FIR 滤波器的脉冲响应和幅频响应

例 7-9　用矩形窗函数法设计一个理想 LPF，其截止频率为$\omega_c=0.3\pi$，取窗函数长 $N=41$ 和 $N=121$ 两种情况。

解： 程序如下：

```
omegac=0.3* pi;
N=40;
n=0:N;
hd=omegac/pi.* sinc(omegac/pi* (n-N/2));
figure(1)
subplot(2,1,1)
stem([0:N],hd);
xlabel('样值序号 n');ylabel('h(n)');
title('N=41');
h=hd;H=fft(h,1024);H_db=20* log10(abs(H)/max(abs(H)));
subplot(2,1,2)
N1=120;n=0:N1;hd1=omegac/pi.* sinc(omegac/pi* (n-N1/2));stem([40:80],
hd1(41:81));
xlabel('样值序号 n');ylabel('h(n)');
title('N=121');
```

```
h1=hd1;[H1,w]=freqz(h1);H1_db=20* log10(abs(H1)/max(abs(H1)));
figure(2)
c=plot(w/pi,abs(H(1:512)),w/pi,abs(H1),'r--');grid
xlabel('频率 w/\pi');ylabel('归一化幅度特性 |H(w)|');
title('不同 N 值下 LPF 的幅度响应');
legend('N=41','N=121';axis([0 1 0 1.2]);
```

程序运行结果如图 7-22、图 7-23 所示。

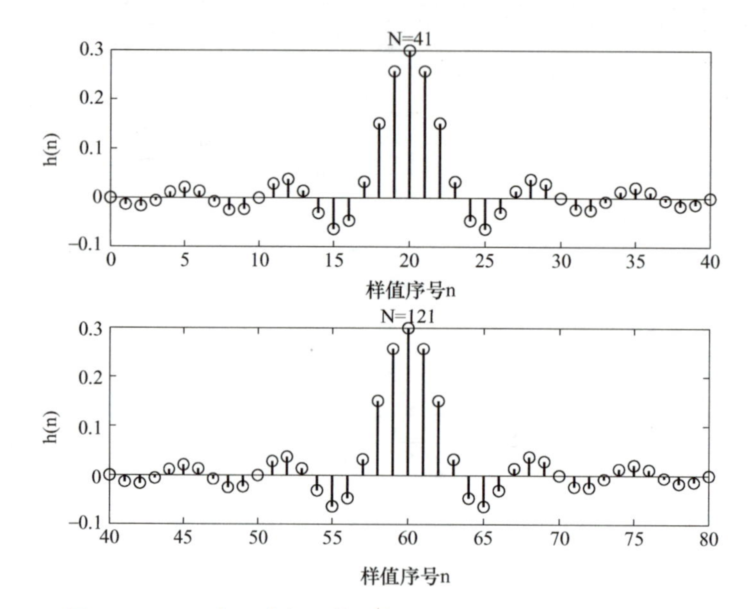

图 7-22　LPF 在两种窗函数长度下的理想单位抽样脉冲响应

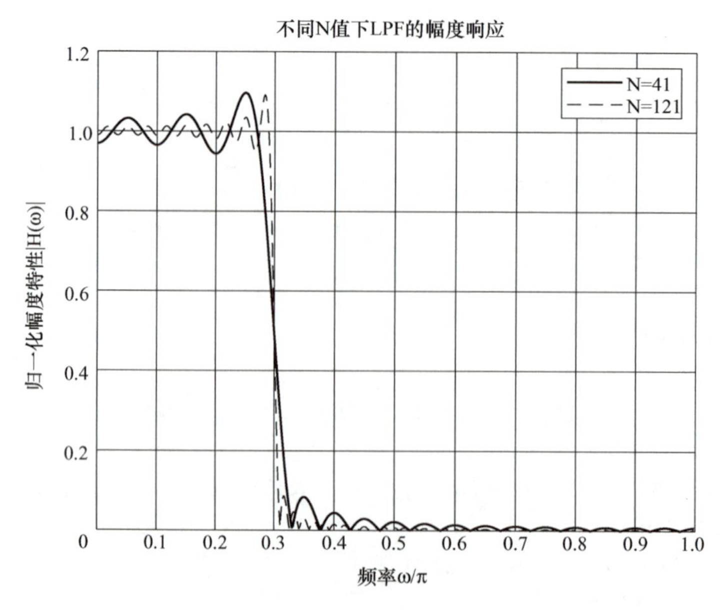

图 7-23　LPF 在两种窗函数长度下的 $|H(\omega)|$

例 7-10　分别用海明窗和布莱克曼窗设计一个 48 阶的 FIR 带通滤波器，通带为 $\omega_n=[0.45, 0.55]$。

解： 程序如下：

```
n=48;
wn=[0.45,0.55];
b1=fir1(n,wn,hamming(n+1));
b2=fir1(n,wn,blackman(n+1));
[h1,w]=freqz(b1,1);
[h2,w]=freqz(b2,1);
subplot(2,1,1);
plot(w/pi,20* log10(abs(h1)));
xlabel('w/\pi');ylabel('幅度/dB');
grid on;
title('海明窗');
subplot(2,1,2);
plot(w/pi,20* log10(abs(h2)));
xlabel('w/\pi');ylabel('幅度/dB');
grid on;
title('布莱克曼');
```

程序运行结果如图 7-24 所示。

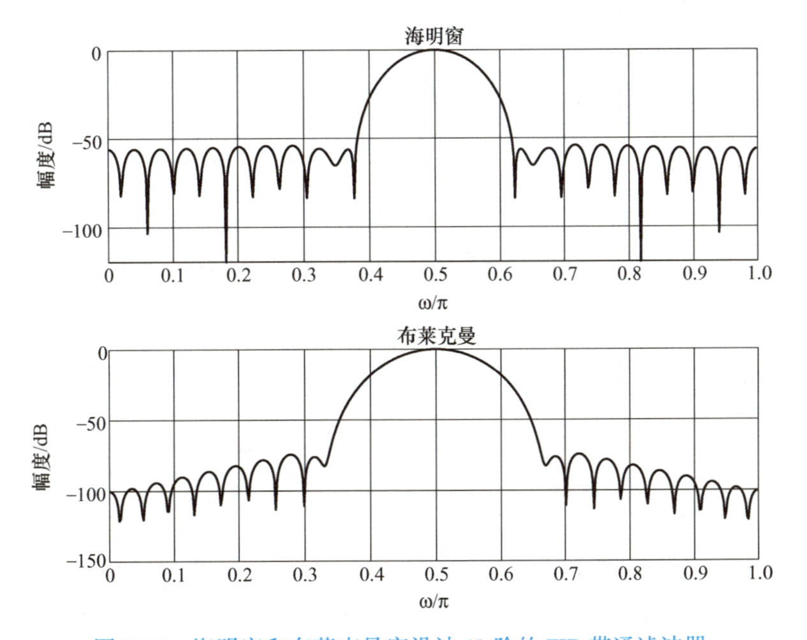

图 7-24　海明窗和布莱克曼窗设计 48 阶的 FIR 带通滤波器

例 7-11　用布莱克曼窗设计满足下列技术指标的数字带通滤波器。

阻带：$\omega_{s1}=0.2\pi,\ A_{s1}=60\text{dB};\ \omega_{s2}=0.8\pi,\ A_{s2}=60\text{dB}$

通带：$\omega_{p1}=0.35\pi,\ R_{p1}=1\text{dB};\ \omega_{p2}=0.65\pi,\ R_{p2}=1\text{dB}$

解：程序如下：

```
ws1 =0.2* pi;wp1 =0.35* pi;
ws2 =0.8* pi;wp2 =0.65* pi;
As =60;
tr_width =min((wp1 -ws1),(ws2 -wp2))
N =ceil(11* pi/tr_width) +1
n =[0:1:N];
wc1 = (ws1 +wp1)/2;wc2 = (ws2 +wp2)/2;
wn =[wc1/pi;wc2/pi];
h =fir1(N,wn,blackman(N +1));
[db,mag,pha,grd,w] =freqz_m(h,[1]);
delta_w =2* pi/1000;
Rp = -min(db(wp1/delta_w +1:1:wp2/delta_w +1))
As = -round(max(db(ws2/delta_w +1:1:501)))
```

运行结果如下：

```
N =75(滤波器阶数)
Rp =0.0028 (实际的通带波动)
As =75 (实际的阻带衰减)
```

其时域和频率响应曲线如图 7-25 所示。

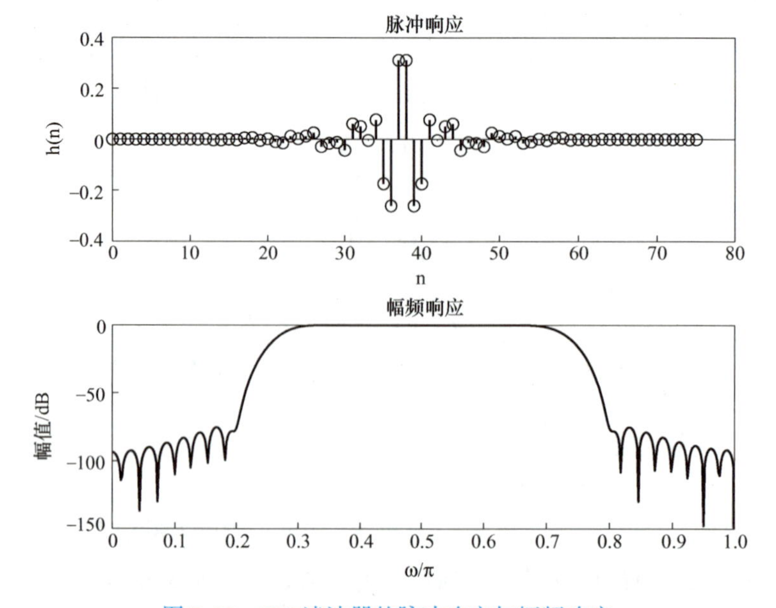

图 7-25　FIR 滤波器的脉冲响应与幅频响应

例 7-12　用凯塞窗设计满足下列指标的具有两个通带 FIR 滤波器。

$$\omega_{s1}=0.1\pi,\ \omega_{p1}=0.2\pi;\ \omega_{s2}=0.5\pi,\ \omega_{p2}=0.4\pi;$$

$$\omega_{s3}=0.6\pi,\ \omega_{p3}=0.7\pi;\ \omega_{s4}=0.9\pi,\ \omega_{p4}=0.8\pi;\ d_s=0.01$$

解：程序如下：

```
f=[0.1 0.2 0.4 0.5 0.6 0.7 0.8 0.9];
a=[0,1,0,1,0];
Rs=0.01;
dev=Rs* ones(1,length(a));
[N,Wc,beta,ftype]=kaiserord(f,a,dev);
h=fir1(N,Wc,ftype,kaiser(N+1,beta));
omega=linspace(0,pi,512);
mag=freqz(h,1,omega);
plot(omega/pi,20* log10(abs(mag)));
xlabel('归一化频率/\pi');
ylabel('幅度/dB');
grid;axis([0 1 -80 5]);
```

其运行结果如图 7-26 所示。

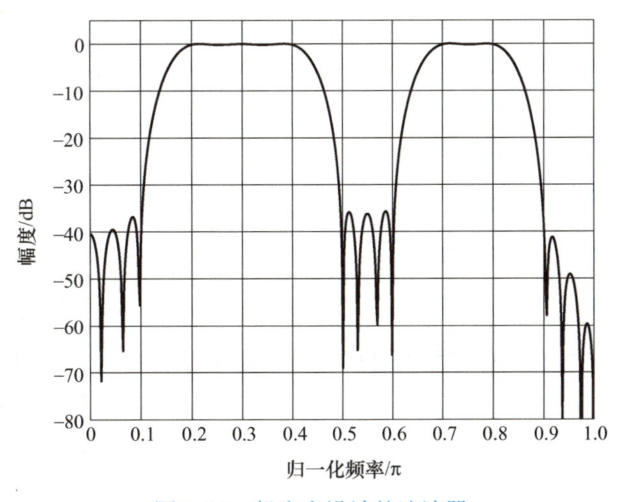

图 7-26　凯塞窗设计的滤波器

例 7-13　运用频率抽样法设计一个 FIR 低通数字滤波器，要求截止频率为 $\omega_c=0.5\pi$，阻带最小衰减 $\alpha_s\geq 40\text{dB}$，过渡带宽度 $\Delta B\leq\pi/15$，所设计的滤波器应具有第一类线性相位。

解：程序如下：

```
D=input('D=');
N=61;wc=0.5* pi;
Np=fix(wc* N/(2* pi));
Ns=N-2* Np-1;
Ak=[ones(1,Np+1),zeros(1,Ns),ones(1,Np)];
```

```
Ak(Np+2)=D;Ak(N-Np)=D;
thetak=-pi*(N-1)*(0:N-1)/N;
Hk=Ak.*exp(j*thetak);
hn=real(ifft(Hk));
subplot(121);
stem(0:N-1,hn,'k.');
xlabel('n');ylabel('h(n)');
grid on;
Hw=fft(hn,1024);
wk=2*pi*[0:1023]/1024;
Hgw=Hw.*exp(j*wk*(N-1)/2);
subplot(122);
plot(wk/pi,20*log10(abs(Hgw)),'k');
xlabel('w/\pi');ylabel('20lg|H(e^jw)|');
axis([0 1 -80 5]);
grid on;
```

当 $D=0.38$ 时，运行结果如图 7-27 所示。

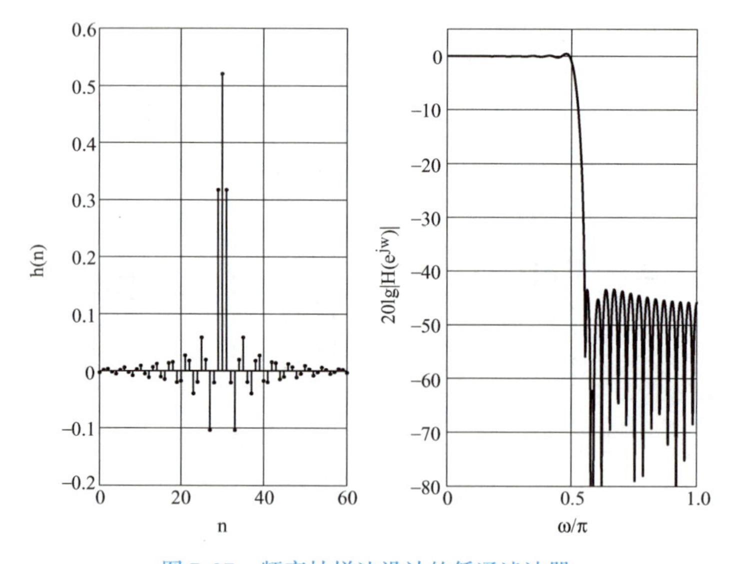

图 7-27　频率抽样法设计的低通滤波器

本章小结

本章首先讨论实现 FIR 滤波器线性相位对其单位抽样响应所提出的约束性条件，然后介绍 FIR 滤波器设计方法，包括窗函数法和频率抽样法。

习　题

7-1　用矩形窗设计一个 FIR 线性相位低通滤波器。已知：$\omega_c = 0.5\pi$，$N = 21$。求出 $h(n)$ 并画出 $20\lg|H(e^{j\omega})|$的曲线。

7-2　用汉宁窗设计一个线性相位高通滤波器：

$$H_d(e^{j\omega}) = \begin{cases} e^{-j(\omega-\pi)\alpha} & , \quad \pi-\omega_c \leqslant \omega \leqslant \pi \\ 0 & , \quad 0 \leqslant \omega \leqslant \pi-\omega_c \end{cases}$$

求出 $h(n)$ 的表达式，确定 α 与 N 的关系，并画出 $20\lg|H(e^{j\omega})|$的曲线。设 $\omega_c = 0.5\pi$，$N = 51$。

7-3　用海明窗设计一个线性相位带通滤波器：

$$H_d(e^{j\omega}) = \begin{cases} e^{-j\omega\alpha} & \omega_0-\omega_c \leqslant \omega \leqslant \omega_0+\omega_c \\ 0 & 0 \leqslant \omega < \omega_0-\omega_c, \omega_0+\omega_c < \omega \leqslant \pi \end{cases}$$

求出 $h(n)$ 的表达式并画出 $20\lg|H(e^{j\omega})|$的曲线。设 $\omega_c = 0.2\pi$，$\omega_0 = 0.5\pi$，$N = 51$。

7-4　用窗长 $N = 25$ 的矩形窗设计低通 FIR 滤波器，要求通带边缘位于 2kHz，取样频率 20kHz。

（1）确定过渡带宽度（Hz）；

（2）画出滤波器的幅频特性图；

（3）求出并画出具有下列指标的滤波器的冲激响应：低通、通带线性相位、取样频率 16kHz、通带边缘频率 4.5kHz、阻带边缘频率 6kHz、阻带衰减 75dB。

7-5　对 10kHz 取样信号设计低通 FIR 滤波器，通带边缘在 2kHz，阻带边缘在 3kHz，阻带衰减 20dB，求滤波器的抽样响应和差分方程。

7-6　FIR 滤波器具有如下指标：阻带衰减 50dB、通带边缘 1.75kHz、过渡带宽度 1.5kHz、取样频率 8kHz。

（1）写出滤波器的差分方程；

（2）画出滤波器的幅度响应（dB 对 Hz）曲线，验证它满足指标。

7-7　设计 FIR 带通滤波器满足下列指标：取样频率 16kHz、中心频率 4kHz、通带边缘频率在 3kHz 和 5kHz、过渡带宽度 900Hz、阻带衰减 40dB。求出并画出滤波器的抽样响应。

7-8　在 24kHz 取样系统里，要从传感器信号中提取（2～8）kHz 信号，所需滤波器至少要有 50dB 的带阻衰减，过渡带宽度不大于 500Hz。计算确定滤波器的抽样响应。

7-9　如果取样频率为 24kHz，则用低通滤波器和高通滤波器设计带通滤波器，通过（7～8）kHz 之间的频率，阻带衰减至少为 70dB，过渡带宽度不能超过 500Hz。

7-10　试证明用窗函数法设计 FIR 滤波器时，对于所求的频率响应，矩形窗能提供一种最小均方误差意义下的最好逼近。

7-11　用频率抽样结构实现传递函数，$H(z) = \dfrac{5-2z^{-3}-3z^{-6}}{1-z^{-1}}$，取样点 $N = 6$，修正半径 $r = 0.9$。

参考文献

[1] 程佩青. 数字信号处理教程［M］. 4版. 北京：清华大学出版社，2013.

[2] 丁玉美，高西全. 数字信号处理［M］. 4版. 西安：西安电子科技大学出版社，2018.

[3] 刘顺兰，吴杰. 数字信号处理［M］. 3版. 西安：西安电子科技大学出版社，2015.

[4] 刘记红，孙宇舸，叶柠，等. 数字信号处理原理与实践［M］. 2版. 北京：清华大学出版社，2014.

[5] 余成波，陶红艳，杨菁，等. 数字信号处理及MATLAB实现［M］. 2版. 北京：清华大学出版社，2008.

[6] 李永全，杨顺辽，孙祥娥. 数字信号处理［M］. 武汉：华中科技大学出版社，2011.

[7] 周素华. 数字信号处理基础［M］. 北京：北京理工大学出版社，2017.

[8] 邓小玲，徐梅宣，刁寅亮. 数字信号处理［M］. 北京：北京理工大学出版社，2019.

[9] 傅华明. 数字信号处理原理及应用［M］. 武汉：中国地质大学出版社，2016.

[10] 吕勇，李昌利，谭国平，等. 数字信号处理［M］. 北京：清华大学出版社，2019.

[11] 李莉. 数字信号处理原理和算法实现［M］. 3版. 北京：清华大学出版社，2018.

[12] 高新波，阔永红，田春娜. 数字信号处理［M］. 北京：高等教育出版社，2014.

[13] 彭启琮，林静然，杨錬，等. 数字信号处理［M］. 北京：高等教育出版社，2017.

[14] 吴镇扬. 数字信号处理［M］. 3版. 北京：高等教育出版社，2016.

[15] 陈后金. 数字信号处理［M］. 3版. 北京：高等教育出版社，2018.

[16] 唐向宏，孙闽红. 数字信号处理：原理、实现与仿真［M］. 2版. 北京：高等教育出版社，2012.